Jacques Mercier
Pierre Vergély
Yves Missenard

Tectonique

3e édition

DUNOD

Tout le catalogue sur
www.dunod.com

DUNOD
ÉDITEUR DE SAVOIRS

Illustration de couverture : Faille normale dans le Permien de Lodève (Languedoc, France). Les grès roses et les pélites rouge foncé sont recoupées par une faille normale dont le rejet est d'environ 80 cm. L'ensemble de la formation est basculée vers la gauche (ouest) postérieurement au jeu de la faille.
© Pierre Vergély

ISBN 978-2-10-055536-9

TABLE DES MATIÈRES

Avant-propos

À l'occasion de cette 3e édition il nous a paru indispensable d'ajouter aux notions essentielles des éditions précédentes, quelques idées et concepts qui sont nés et se sont développés ces dix dernières années.

Dans la réalisation du nouvel ouvrage nous avons conservé l'esprit qui avait guidé la première édition à savoir, en un premier temps une approche « naturaliste » de la tectonique qui privilégie la qualité de l'acquisition des données tant sur le terrain qu'au laboratoire, puis en un second temps l'interprétation de ces données, qui fait appel aux concepts de base de la mécanique et de la physique des matériaux.

Dans les nouvelles parties de la présente édition (que vous allez découvrir), nous insistons sur l'utilisation profitable de la modélisation analogique et numérique, outil indispensable à la résolution des divers problèmes posés dans toute étude tectonique. De la même manière, nous voulons montrer l'apport important de l'imagerie géophysique qui ausculte de plus en plus précisément la lithosphère, objet même de l'étude.

Les nouveautés concernent les failles et leur organisation (chapitre 5), le plissement (stratigraphie mécanique, modèles de plis, équilibrage et restauration de la déformation, chapitre 9). Enfin dans le chapitre 10, nous avons traité le concept ancien mais profondément revu, du prisme orogénique, les questions relatives à l'exhumation des roches dans les chaînes de montagnes et les récents développements de la tectonique salifère.

Afin de rendre plus concrète cette nouvelle présentation il a été possible d'illustrer divers aspects de la déformation, avec des images originales abondamment légendées, rassemblées spécialement dans un cahier couleur.

Ce manuel n'a pas la prétention d'être exhaustif. Les auteurs ont limité le contenu aux connaissances générales en tectonique qui doivent être acquises par tous ceux et celles qui suivent une formation en géosciences du niveau L3 et M1. Le lecteur qui souhaite compléter ses connaissances trouvera en fin d'ouvrage, une liste indicative de livres en français ou en anglais. Nous avons également indiqué les références des articles scientifiques dans lesquels nous avons puisé nos données et informations scientifiques utilisées lors de la rédaction du manuel.

Nous conseillons enfin les lecteurs à utiliser (sans modération) l'accès à certains site du net comme :

- Google Earth (www.google.fr/intl/fr/earth/index.html);
- MGDS (www.marine-geo.org/);
- GeoMapApp.(http://www.geomapapp.org);
- NASA World Wind (http://worldwind.arc.nasa.gov/);
- Géoportail (www.geoportail.fr/).

PRÉSENTATION 1

1.1 QU'EST-CE QUE LA TECTONIQUE ?

La Tectonique est la discipline des Sciences de la Terre qui traite des déformations de l'écorce terrestre. Ce terme, créé à la fin du siècle dernier, vient du grec «Tektonikos», adjectif qui signifie propre au charpentier, à l'architecte ; il implique donc une notion de structure. D'ailleurs, le terme de Géologie Structurale est souvent employé comme synonyme de Tectonique. Toutefois, chez les auteurs de langue anglaise, une distinction tend à s'imposer entre ces deux termes. La *Géologie Structurale* («Structural Geology») est essentiellement l'étude de la géométrie des structures. Par contre, la *Tectonique* («Tectonics») concerne plutôt l'étude de ces structures en relation avec les mouvements (*Cinématique*) et les forces (*Dynamique*) qui les ont créées.

1.2 LES DÉFORMATIONS TECTONIQUES ET LES MOUVEMENTS DES PLAQUES LITHOSPHÉRIQUES

Les déformations de l'écorce terrestre et de la partie supérieure du manteau résultent du mouvement des *grandes plaques lithosphériques* à la surface du globe (Fig. 1.1). Les limites de ces plaques sont des zones de déformations sismiquement actives. Là où les plaques s'écartent, divergent, leurs bordures sont soumises à une traction (ou tension), donc à des déformations en *allongement*, dites aussi en *extension* (Fig. 1.2a) ; c'est ce qui se produit au niveau des *rides médio-océaniques* ou dans certaines régions continentales (les rifts). Là où les plaques convergent, leurs bordures peuvent être soumises à une compression, donc à des déformations en *raccourcissement* ; c'est ce qui se produit le long des zones de *collision* (Fig. 1.2b) et de certaines zones de *subduction*. Là où les plaques glissent les unes par rapport aux autres, sans converger ni diverger, les déformations résultent de déplacements horizontaux (sans épaississement ni amincissement vertical) appelés *coulissements* ; c'est ce qui se produit le long des *failles transformantes* (Fig. 1.2c). En *Tectonique globale*, c'est-à-dire à une échelle de plusieurs milliers de km, ces plaques sont considérées en première approximation comme indéformables car l'essentiel de la déformation se produit aux limites de plaques. Mais en réalité, il existe aussi des déformations intraplaques qui peuvent être importantes à l'échelle de l'analyse structurale. Ces déformations intraplaques résultent elles aussi de raccourcissements, d'allongements ou de coulissements.

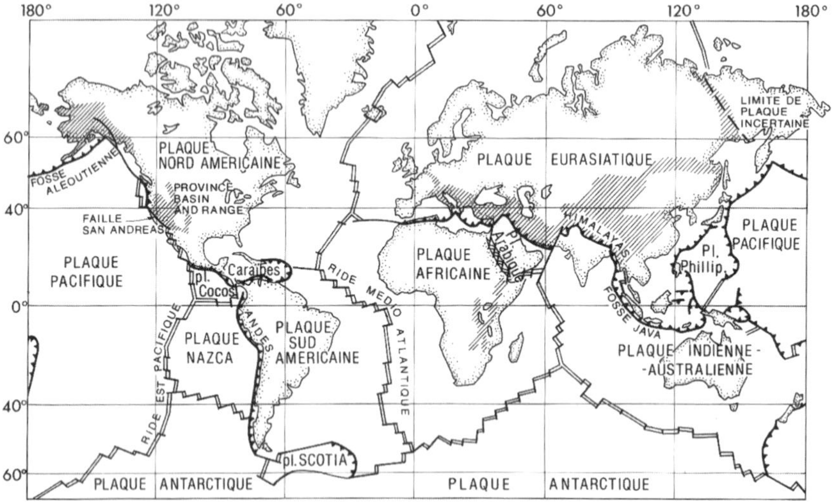

Figure 1.1 – Carte simplifiée des grandes plaques lithosphériques. Doubles lignes : zones d'expansion océanique ; lignes avec triangles : zones de subduction et de collision ; ligne simple : failles transformantes ; hachurés : déformations intracontinentales actives.

1.3 L'ANALYSE ET L'INTERPRÉTATION DES DÉFORMATIONS TECTONIQUES

La simple observation des roches dans des régions très déformées, comme les chaînes de montagnes, montre de façon évidente deux grands types de déformations : d'une part, des plis et d'autre part, des cassures qu'on appelle des failles. Plis et failles correspondent respectivement à des déformations continues ou ductiles et à des déformations discontinues ou cassantes. L'analyse de ces déformations peut se faire à différentes échelles. La cartographie géologique, l'analyse des photographies aériennes et des images par satellites permettent de décrire la géométrie en deux dimensions (2-D) des structures de tailles supérieures au km ; les forages et l'imagerie sismique permettent parfois d'en connaître la géométrie en 3-D. Mais l'étude des déformations peut aussi se faire de l'échelle de l'affleurement à celle de l'échantillon (1 cm < d < 100 m) et de celle du microscope optique à celle du microscope électronique (d < 1 cm).

L'interprétation de ces déformations naturelles est basée sur le principe de l'*uniformitarisme* de Lyell (1833) qui admet que les «phénomènes qui ont eu lieu au cours des temps géologiques sont les mêmes que ceux qui produisent les mêmes effets à l'époque actuelle». Leur interprétation se fait donc en tenant compte des données fournies par l'observation des déformations actuelles (*sismotectoniques*) ou

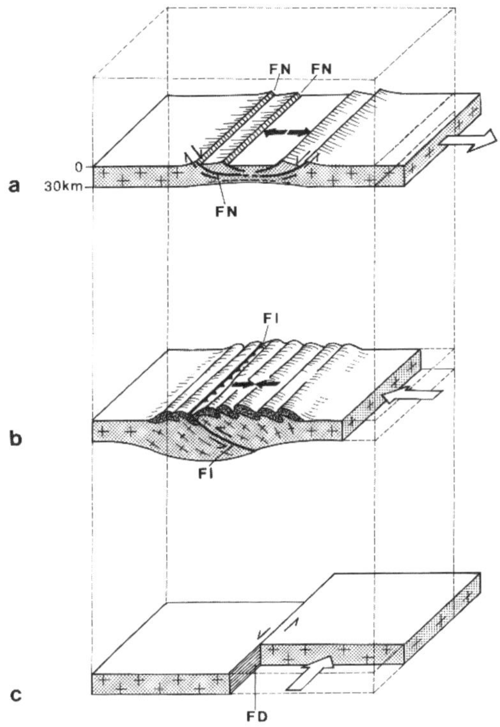

Figure 1.2 – Les grands types de déformations tectoniques (d'après M. Mattauer et J. Mercier, 1984). (a) allongement ; (b) raccourcissement ; (c) coulissement ; FN : faille normale ; FI : faille inverse ; FD : faille décrochante .

récentes (*néotectoniques*), de celles fournies par les expériences de mécanique ou de physique des matériaux géologiques, enfin de celles fournies par la simulation soit analogique (modèles réduits) soit numérique (sur ordinateur). L'interprétation des déformations géologiques par les déformations actuelles n'est en fait valable que pour autant qu'on considère un état physique et chimique de la planète proche de l'état actuel. Les déformations actuelles ne peuvent guère nous renseigner sur celles qui se sont produites au cours de l'Archéen (> $2{,}5.10^9$ ans) quand les conditions de température sur la Terre étaient plus élevées qu'actuellement. Toutefois, ce qui est important c'est que les interprétations respectent les lois fondamentales de la physique d'où l'intérêt de l'expérimentation qui permet de comprendre les mécanismes de déformation des roches dans des conditions physico-chimiques fort diverses. Dans la suite de ce volume, nous montrerons quelques exemples de chacune de ces démarches.

Ce volume s'adresse aux étudiants de Licence 3 et Master. Son ambition n'est donc pas de faire un exposé exhaustif sur la Tectonique mais d'en présenter sous une forme succinte les notions essentielles.

NOTIONS ÉLÉMENTAIRES DE CONTRAINTE ET DE DÉFORMATION

2

En Dynamique, si deux forces **F** et **F′** de même direction, de sens opposés et d'intensités égales sont appliquées en un point P, leur somme **F** + **F′** = 0 et leur travail $W_{F,F'} = 0$. Ceci est vrai dans le cas où P est un point virtuel mais s'il s'agit d'un bloc rocheux, non parfaitement rigide, celui-ci se déforme. Les forces agissant à la surface de ce bloc produisent dans celui-ci des forces internes. On dit que ce bloc rocheux est en *état de contrainte*.

2.1 NOTION DE FORCE ET DE CONTRAINTE

2.1.1 Notion de force

Les forces agissant sur un bloc rocheux peuvent être séparées en forces de volume et forces de surface.

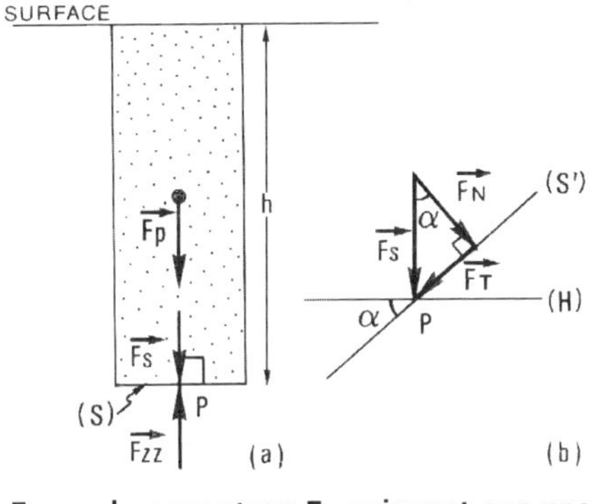

Figure 2.3 – **Force de pesanteur F_p agissant sur une colode roche et force de surface F_s agissant sur sa base horizontale (S).**

Les *forces de volume* agissent sur tout le volume rocheux. L'exemple le plus évident est la force de pesanteur $\mathbf{F_p} = \mathbf{Mg}$. Une colonne de roche de section S, de hauteur h et de densité ρ_c (Fig. 2.1a), est soumise à une force de pesanteur $\mathbf{F_p} = Sh\rho_c\mathbf{g}$, **g** étant l'accélération de la pesanteur. Cette force $\mathbf{F_p}$ est verticale et dirigée vers le bas. La force d'Archimède est aussi une force de volume qui agit sur les volumes rocheux. Supposons un bloc continental de densité $\rho_c = 2,7$ reposant en équilibre hydrostatique sur le manteau de densité $\rho_m = 3,3$; ce bloc reçoit une poussée verticale $\mathbf{F_a}$ dirigée vers le haut (Fig. 2.2) égale au poids du volume de manteau déplacé : $\mathbf{F_a} = Sr\rho_m\mathbf{g}$. Le bloc étant en équilibre, on peut écrire $F_p = F_a$

$$Sh\rho_c g = Sr\rho_m g \quad \text{d'où} \quad r = h(\rho_c/\rho_m)$$

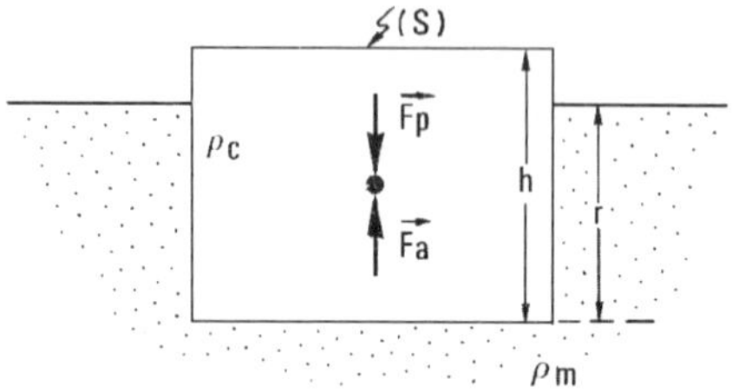

Figure 2.2 – **Force d'Archimède F_a et force de pesanteur F_p agissant sur un bloc continental en équilibre hydrostatique sur le manteau.**

Ainsi, un bloc continental d'épaisseur totale h = 70 km, présente une partie basale r de 57 km d'épaisseur immergée dans le manteau de telle sorte que la force de pesanteur $\mathbf{F_p}$ soit équilibrée par la poussée d'Archimède $\mathbf{F_a}$. Le problème est ici très simplifié puisqu'on néglige la croûte et la couche d'eau océaniques.

Les *forces de surface* agissent, elles, sur les surfaces limitant le volume rocheux. Sur la Fig. 2.1a, la force de surface agissant sur la base horizontale de la colonne de roche à une profondeur h est $\mathbf{F_s} = Sh\rho_c\mathbf{g}$. Elle est normale à cette surface et résulte de la force de volume agissant sur la colonne de roche sus-jacente. La pression $p = F_S/S$, à la base de cette colonne est la pression ou *contrainte lithostatique* (σ_{ZZ}) agissant sur la surface S au point P. Le système étant en équilibre, $\mathbf{F_S}$ est équilibrée par une force $\mathbf{F_{ZZ}}$ de même direction, de sens opposé et d'intensité égale. Si cette force $\mathbf{F_S}$ est appliquée sur une surface S′ faisant avec l'horizontale H un angle α (Fig. 2.1b), $\mathbf{F_S}$ se décompose vectoriellement en une force $\mathbf{F_N}$ normale à la surface et une force $\mathbf{F_T}$ qui lui est tangentielle. Dans le cas de la subduction d'une lithosphère océanique sous une lithosphère continentale par exemple (Fig. 2.3), l'interface des deux lithosphères est soumis à des forces de surface horizontales $\mathbf{F_{XX}}$ résultant de la convergence des deux lithosphères et verticales $\mathbf{F_{ZZ}}$ induites par les forces de volume. Ces forces de surface se décomposent en *forces tangentielles* (ou *cisaillantes*) et *forces normales* à l'interface.

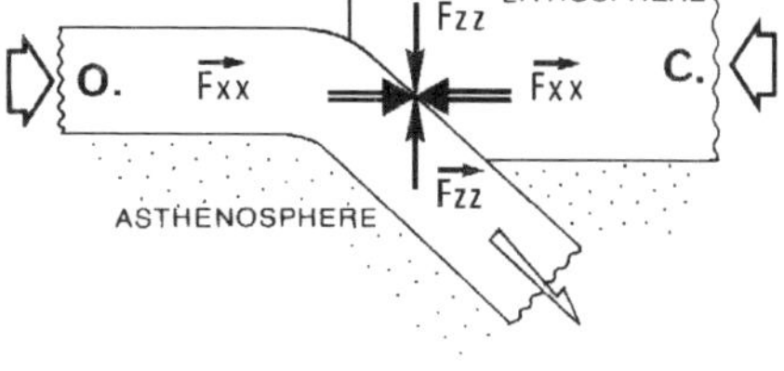

Figure 2.3 – **Forces à l'interface entre une lithosphère océanique (O) et une lithosphère continentale (C) dans une zone de subduction.**

Une force s'exprime par le produit de la masse par une accélération γ, c'est-à-dire par une équation aux dimensions de la forme $F = M\ L\ T^{-2}$, M, L et T étant les dimensions de la masse, de la longueur et du temps. Dans le système C.G.S, la force s'exprime en *dyne* (g cm s^{-2}) et dans le système international (S.I.) en *newton* (kg m s^{-2}) ; 1 newton (N) = 10^5 dynes.

2.1.2 Notion de contrainte

2.1. *Contrainte sur un plan.* Maintenant, supposons idéalement un corps macroscopiquement continu (Fig. 2.4), soumis à aucune force, à aucune torsion dont les atomes se trouvent dans une position d'équilibre et soumettons ce corps à des forces externes. Supposons qu'une surface ΔS de normale ν, passant par un point P, sépare ce corps en deux parties. L'ensemble des forces exercées par la partie C1 sur la partie C2 a pour résultante **ΔF** puisqu'il n'y a pas de torsion.

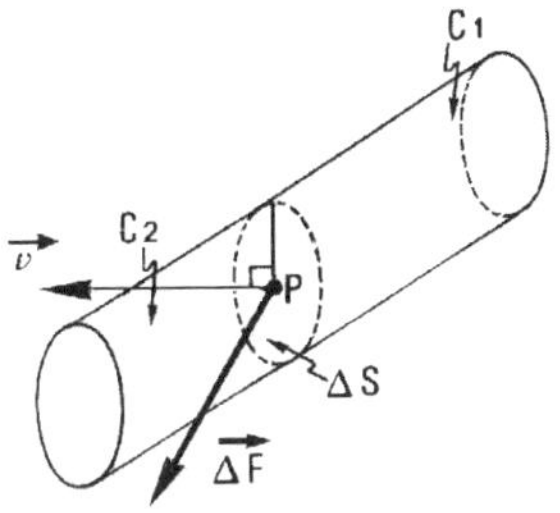

Figure 2.4 – Force résultante ΔF exercée par la partie C1 du solide sur la partie C2, au point P sur la surface ΔS.

$$\text{Quand } \Delta S \text{ tend vers zéro : } \left(\frac{\Delta \mathbf{F}}{\Delta S}\right) \longrightarrow \frac{d\mathbf{F}}{dS} = \sigma \qquad (1)$$

Le vecteur σ est la *contrainte* (en anglais : stress) appliquée à la surface dS au point P, due aux forces externes. La contrainte a les dimensions d'une pression et s'exprime par une équation aux dimensions $\Sigma = FS^{-1} = ML^{-1}\ T^{-2}$. On ne peut donc additionner des vecteurs-contraintes que s'ils s'appliquent à une même surface, ce qui est différent des vecteurs-forces. La contrainte s'exprime en pascal (kg m^{-1} s^{-2}) dans le système S.I. et en bar dans le système C.G.S. (1 bar = 10^6 dynes cm^{-2} = 10^6 g cm^{-1} s^{-2}) ; 1 bar = 10^5 Pa.

Dans le cas général, le vecteur-contrainte σ est oblique à la surface dS. L'intensité de la contrainte varie avec l'orientation de la surface dS passant par le point P (c'est une *pression anisotrope*). Ceci est très différent de ce qui se passe dans les liquides dans lesquels la pression p est normale à toute surface passant par le point P et de même intensité (*pression isotrope*). Le vecteur-contrainte σ étant oblique à la surface dS il peut se décomposer (Fig. 2.5) comme le vecteur-force en une *contrainte normale* σ_N et une *contrainte tangentielle* σ_T (notée souvent τ) au plan S.

2.2. *États de contrainte uniaxial et biaxial.* Supposons un solide isotrope soumis à deux forces **F** et **F′** opposées et égales, appliquées orthogonalement aux faces opposées

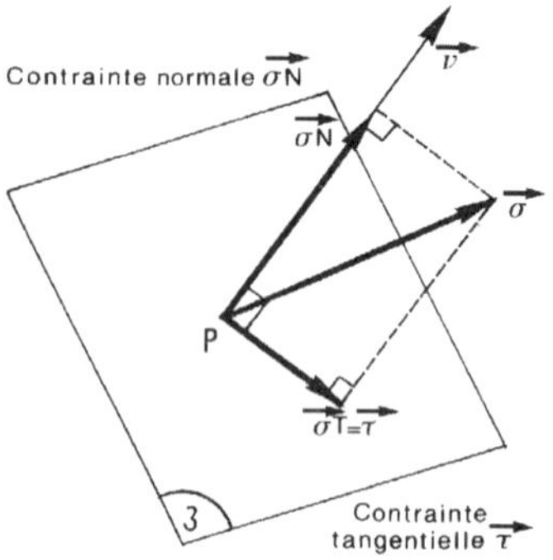

Figure 2.5 – **Décomposition vectorielle d'une contrainte s appliquée à un plan S en une contrainte normale σ_N et une contrainte tangentielle τ.**

et parallèles A de ce solide (Fig. 2.6a). Calculons la contrainte appliquée au point P sur une surface SS′ faisant avec A un angle Θ′ (Θ′ est aussi l'angle entre la direction de la contrainte et la normale au plan SS′) :

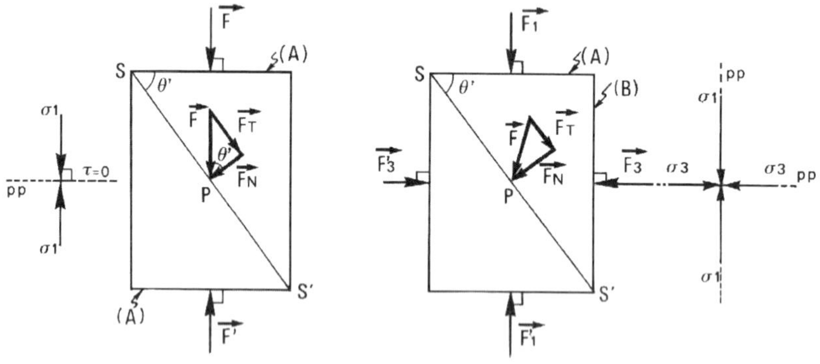

Contrainte uniaxiale **(a)** Contrainte biaxiale **(b)**

Figure 2.6 – **Contrainte uniaxiale (a) et contrainte biaxiale (b) appliquée à un plan SS′.**

– contrainte normale $\sigma_N = \dfrac{F_N}{SS'} = \dfrac{F\cos\Theta'}{F/\cos\Theta'} = \dfrac{F}{A}\cdot\cos^2\Theta' = \dfrac{F}{A}\cdot\dfrac{1+\cos^2\Theta'}{2}$

– contrainte tangentielle $\tau = \dfrac{F_T}{SS'} = \dfrac{F\sin\Theta'}{A/\cos\Theta'} = \dfrac{F}{A}\cdot\sin\Theta'\cdot\cos\Theta' = \dfrac{F}{A}\cdot\dfrac{\sin 2\Theta'}{2}$

Il existe un plan remarquable pour lequel σ_N est maximum et égal à F/A et sur lequel $\tau = 0$. C'est le plan pour lequel cos 2Θ′ = 1 et sin 2Θ′ = 0, c'est-à-dire pour Θ′ = 0. Ce plan est dit un *plan principal* (p.p., fig. 2.6a) et la contrainte normale à ce plan est la *contrainte principale* $\sigma_1 = F/A$. On peut alors écrire

$$\sigma_N = 1/2\ \sigma_1\ (1+\cos 2\Theta') \quad \text{et} \quad \tau = 1/2\sigma_1\ .\ \sin 2\Theta' \qquad (2)$$

Il existe par ailleurs deux plans sur lesquels la *contrainte* tangentielle (ou *cisaillante*) τ est *maximum* : ce sont les plans pour lesquels $\sin 2\Theta' = 1$ donc $\Theta' = 45°$.

En *contrainte biaxiale* (ou *contrainte plane*), pour un échantillon soumis sur ses faces orthogonales A et B à des forces $\mathbf{F_1}$ et $\mathbf{F_3}$ orthogonales (avec $F_1 > F_3$, Fig. 2.6b), il existe deux contraintes principales $\sigma_1 = F_1/A$ et $\sigma_3 = F_3/B$ puisque les faces A et B sont par définition des plans principaux. La contrainte appliquée au point P sur une surface SS′ faisant avec la face A un angle Θ', s'exprime aussi en fonction des contraintes principales σ_1 et σ_3. En faisant la somme des contraintes normales et tangentielles sur le même plan SS′ du fait des contraintes σ_1 et σ_3, on obtient :

$$\sigma_N = \sigma_1 \,.\, \cos^2 \Theta' + \sigma_3 \,.\, \cos^2 (\pi/2 - \Theta') = \sigma_1 \,.\, \cos^2 \Theta' + \sigma_3 \,.\, \sin^2 \Theta'$$

$$\tau = \sigma_1 \,.\, \cos \Theta' \,.\, \sin \Theta' - \sigma_3 \,.\, \cos(\pi/2 - \Theta') \,.\, \sin (\pi/2 - \Theta')$$

$$= (\sigma_1 - \sigma_3) \sin \Theta' \,.\, \cos \Theta'$$

En écrivant ces valeurs en fonction de l'angle $2\,\Theta'$, on obtient :

$$\sigma_N = 1/2\ (\sigma_1 + \sigma_3) + 1/2\ (\sigma_1 - \sigma_3) \cos 2\Theta'$$

$$\text{et } t = 1/2\ (\sigma_1 - \sigma_3) \sin 2\Theta' \qquad (3)$$

Si on appelle Θ l'angle que fait la contrainte principale compressive σ_1 et le plan de glissement SS′ (ce que nous ferons toujours par la suite) alors le signe entre les deux termes de σ_N devient moins (–) ; l'expression de τ ne change pas. La différence ($\sigma_1 - \sigma_3$) est appelée la *contrainte différentielle*. Ce cas de la contrainte plane est une simplification, applicable aux problèmes à deux dimensions, du cas de la contrainte triaxiale.

2.3. *État de contrainte triaxial.* Analysons le cas d'un corps isotrope soumis à un système quelconque de forces. Soit un corps déformable C en état de contrainte, sans torsion du matériau (Fig. 2.7a). L'état de contrainte dans ce corps est déterminé quand en chaque point on connaît les contraintes sur trois plans arbitrairement choisis. Menons par le point O quelconque trois plans parallèles aux plans de coordonnées dans le système d'axes **Ox**, **Oy**, **Oz** et un plan S suffisamment proche de O ; ces 4 plans définissent un tétraèdre élémentaire (Fig. 2.7a). L'interaction de ce tétraèdre élémentaire sur le corps C se fait par des contraintes qui dans le cas général sont obliques sur les plans qui le limitent (Fig. 2.4).

Chacune de ces contraintes **Sx**, **Sy**, **Sz** peut se décomposer suivant les trois axes du repère, par exemple (Fig. 2.7b) pour $\mathbf{S_z}$, le vecteur-contrainte sur la face du tétraèdre ayant pour normale **Oz**, on obtiendra : σ_{zz} suivant **Oz** et σ_{zx}, σ_{zy} dans le plan de normale **Oz** (le premier indice est alors z) suivant les axes **Ox** et **Oy** (le deuxième indice est alors respectivement x et y). Si nous notons les contraintes tangentielles par τ et la contrainte normale par σ, ces trois composantes s'écrivent : σ_{zz}, τ_{zx} et τ_{zy}. On obtient neuf paramètres pour les contraintes $\mathbf{S_x}$, $\mathbf{S_y}$ et $\mathbf{S_z}$ sur les 3 faces du tétraèdre élémentaire (Fig. 2.7a) soit neuf quantités scalaires qui peuvent s'écrire sous la forme suivante :

$$T_\sigma = \begin{pmatrix} \sigma_{xx} & \tau_{xy} & \tau_{xz} \\ \tau_{yz} & \sigma_{yy} & \tau_{yz} \\ \tau_{zx} & \tau_{zy} & \sigma_{zz} \end{pmatrix}$$

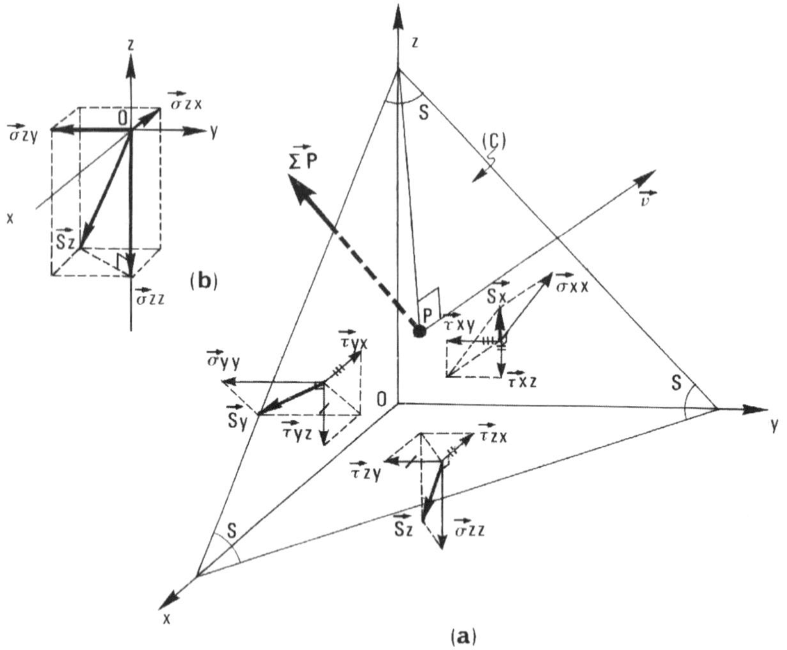

Figure 2.7 – **État de contrainte triaxial en un point P d'un corps (C). Les indices simples x, y, z indiquent que les vecteurs contraintes sont appliqués aux trois faces du tétraèdre, orthogonales respectivement aux directions Ox, Oy, Oz sans être orientées eux-mêmes suivant ces directions.**

Ces 9 paramètres représentent un opérateur mathématique appelé *tenseur* qui est une matrice carrée 3 ξ 3 définissant complètement l'état de contrainte au point P. En fait s'il n'y a pas de torsion dans le solide, nécessairement $\tau_{xy} = \tau_{yx}$, $\tau_{xz} = \tau_{zx}$ et $\tau_{yz} = \tau_{zy}$ (Fig. 2.7a). Ceci nous ramène à 6 paramètres indépendants et le tenseur des contraintes est symétrique par rapport à sa diagonale (σ_{xx}, σ_{yy}, σ_{zz}).

De même que pour la contrainte uniaxiale, il existe un plan principal et que pour la contrainte biaxiale il existe deux plans principaux orthogonaux, on montre que dans le cas général il existe trois plans principaux orthogonaux sur lesquels la contrainte tangentielle est nulle. Les normales à ces plans principaux sont les *directions principales de la contrainte*. Suivant deux de ces directions, les *valeurs principales des contraintes* passant par le point P sont respectivement *maximum* σ_1 (ou)σ_1)) et *minimum* σ_3 ; suivant la troisième direction la valeur σ_2 est *intermédiaire* entre σ_1 et σ_3. Dans le repère particulier (O, X, Y, Z) des contraintes principales σ_1, σ_2, σ_3, on peut donc écrire le tenseur des contraintes sous une forme simplifiée puisque les contraintes tangentielles y sont nulles :

$$T_\sigma = \begin{pmatrix} \sigma_1 & 0 & 0 \\ 0 & \sigma_2 & 0 \\ 0 & 0 & \sigma_3 \end{pmatrix}$$

Trois paramètres sont représentés par les valeurs principales σ_1, σ_2, σ_3, les trois autres sont ceux qui définissent l'orientation du repère principal (O, X, Y, Z) par rapport à un système quelconque, par exemple le repère géographique dans lequel sont faites les mesures structurales. Ce tenseur des contraintes permet de calculer tout vecteur appliqué au point P sur un plan donné de normale **v** (ayant pour cosinus directeurs l, m, n) par le produit de deux matrices :

$$T_\sigma\{\nu\} = \begin{pmatrix} \sigma_1 & 0 & 0 \\ 0 & \sigma_2 & 0 \\ 0 & 0 & \sigma_3 \end{pmatrix} \begin{pmatrix} 1 \\ m \\ n \end{pmatrix} \quad (4)$$

On montre en particulier qu'il existe deux plans de *cisaillement maximum* qui comme dans le cas des contraintes uniaxiale et biaxiale, forment un angle de 45° avec les contraintes principales σ_1 et σ_3. Ces plans ont pour intersection l'axe σ_2. La contrainte appliquée à un plan est donc une quantité vectorielle alors que l'état de contrainte en un point P de ce plan est défini par un tenseur du second ordre.

2.1.3 L'ellipsoïde des contraintes et le champ de contrainte

Le lieu géométrique des extrémités des vecteurs-contraintes pour toutes les surfaces S passant par P est un ellipsoïde qui a pour axes les trois axes principaux de la contrainte. En effet, soit une surface A de normale ν (Fig. 2.8), faisant avec la direction principale **OX** un angle Θ ; σ_1 et σ_2 sont les contraintes principales. La contrainte s appliquée en P sur la surface A a pour composantes σ_x et σ_y suivant les directions principales **OX** et **OY**. On peut alors écrire :

$\sigma_x \,.\, A = \sigma_1 \,.\, A\sin\Theta$ et $\sigma_y \,.\, A = \sigma_2 \,.\, A\cos\Theta$

$$\frac{\sigma_x^2}{\sigma_1^2} = \sin^2\Theta \quad \text{et} \quad \frac{\sigma_y^2}{\sigma_2^2} = \cos^2\Theta$$

→ comme $\sin^2\Theta + \cos^2\Theta = 1$, il s'en suit que :

$$\frac{\sigma_x^2}{\sigma_1^2} + \frac{\sigma_y^2}{\sigma_2^2} = 1 \quad (5)$$

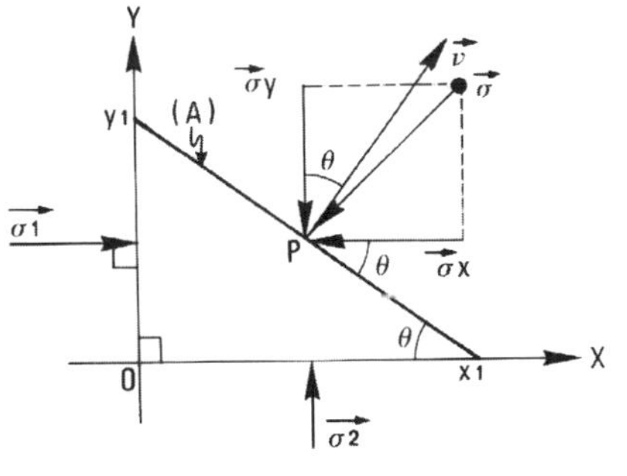

Figure 2.8 – **État de contrainte biaxial et vecteur contrainte en un point P sur une surface A faisant avec la direction de σ_1 un angle Θ.**

Ceci est l'équation d'une ellipse centrée sur P et ayant pour grand et petit axes σ_1 et σ_2. Les extrémités des vecteurs-contraintes σ appliqués au point P sont situées sur cette ellipse. On montrerait de la même façon en trois dimensions que :

$$\frac{\sigma_x^2}{\sigma_1^2} + \frac{\sigma_y^2}{\sigma_2^2} + \frac{\sigma_z^2}{\sigma_3^2} = 1$$

ce qui est l'équation d'un ellipsoïde ayant pour axes σ_1, σ_2, σ_3. L'ellipsoïde des contraintes *triaxial* est dit *polyaxial* (Fig. 2.9a) dans le cas général où $\sigma_1 > \sigma_2 > \sigma_3$. Si $\sigma_1 = \sigma_2 > \sigma_3$ ou $\sigma_1 > \sigma_2 = \sigma_1$ (Fig. 2.9b) il est dit de révolution, ou *axial*, respectivement autour des axes σ_3 et σ_1. Si $\sigma_1 = \sigma_2 = \sigma_3$, l'ellipsoïde devient une sphère (Fig. 2.9c) et l'état de *contrainte* est de type *hydrostatique*.

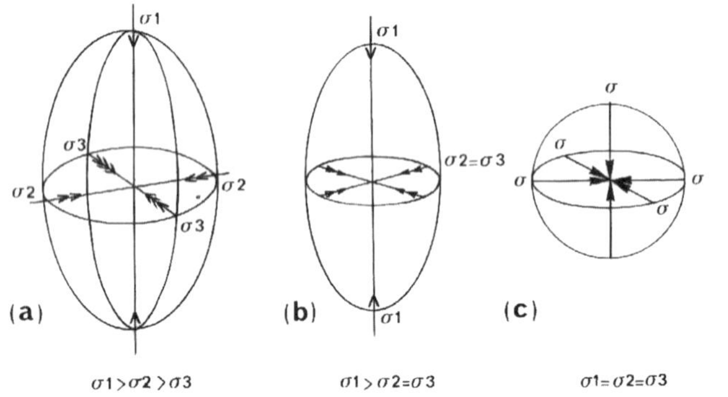

Figure 2.9 – **Ellipsoïde de contrainte triaxial ; (a) : polyaxial, (b) : de révolution, (c) : hydrostatique.**

Si les ellipsoïdes sont identiques en forme et en orientation en tout point d'un volume considéré on dit que le *champ de contrainte* (*stress field*) dans ce volume est *homogène ou uniforme*. C'est ce qui a été supposé dans toutes les démonstrations précédentes. Sinon on dit que le *champ de contrainte est hétérogène*.

2.1.4 Contrainte moyenne et contrainte déviatorique

Dans tout état de contrainte on peut définir une *contrainte moyenne* correspondant à la partie hydrostatique du tenseur qui ne produit qu'un changement de volume du matériau : $\bar{\sigma} = 1/3\,(\sigma_1 + \sigma_2 + \sigma_3)$ (6)

La partie restante $(\sigma - \bar{\sigma})$ qui dévie de cette partie hydrostatique est appelée *contrainte déviatorique* ou *déviateur* des contraintes. C'est elle qui produit le changement de forme du matériau. Les trois valeurs principales de la contrainte déviatorique sont :

$$\begin{aligned} \sigma'_1 &= \sigma_1 - \bar{\sigma} = 1/3\,(\sigma_1 - \sigma_2 - \sigma_3) \\ \sigma'_2 &= \sigma_2 - \bar{\sigma} = 1/3\,(\sigma_2 - \sigma_3 - \sigma_1) \\ \sigma'_3 &= \sigma_3 - \bar{\sigma} = 1/3\,(\sigma_3 - \sigma_1 - \sigma_2) \end{aligned} \quad (7)$$

Le tenseur des contraintes déviatoriques a donc une diagonale (ou trace) nulle puisque $\sigma'_1 + \sigma'_2 + \sigma'_3 = 0$. En géologie structurale, la valeur principale la plus grande σ'_1, compressive, est notée positivement, la valeur principale la plus petite σ'_3 est nécessairement négative, σ'_2 est soit positive soit négative. On dit que σ'_1 est en compression et σ'_3 en traction (ou tension) alors que souvent dans les roches, à une profondeur donnée, les contraintes totales σ_1 et σ_3 sont respectivement la plus grande et plus petite compression.

2.2 Notion de déformation

Quand un solide est soumis à une contrainte, il se déforme : chacune de ses particules est déplacée et occupe une position nouvelle.

2.2.1 Les composantes élémentaires de la déformation : translation, rotation, distorsion

1.1. *Définition de la déformation.* On appellera donc *déformation* d'un corps de forme, de dimensions et de localisation connues dans l'espace, toute opération qui fait varier la forme, les dimensions et la localisation de ce corps d'un état initial à un état final. Soit dans un système de coordonnées (**Ox**, **Oy**), un corps dans son état initial O et dans son état final F (Fig. 2.10). Le changement de position des particules A, B, C, D… est représenté par les *vecteurs-déplacements* **a**, **b**, **c**, **d**… Ce faisceau de vecteurs détermine un *champ de déplacement.* Si ce champ est homogène (les vecteurs-déplacements sont alors parallèles et de même module), le corps ne subit qu'*une translation* (Fig. 2.10a). Si le champ de déplacement est hétérogène (Fig. 2.10b), alors les couples de particules (A,B), (A,C)… sont séparées à l'état final par des distances différentes de celles de l'état initial. Le corps a subi non seulement une *translation* mais aussi un changement de forme appelé *distorsion*. Par ailleurs, si nous repérons une droite Δ dans ce corps, celle-ci peut avoir subi aussi une *rotation*. Prenons l'exemple d'une nappe charriée sur plusieurs kilomètres sans changement de forme ; elle a subi une simple translation. Par contre, si elle contient des couches qui ont été plissées par flexion pendant la translation, celles-ci ont subi une translation plus une rotation et, en outre, si ces couches contiennent des fossiles ayant changé de forme, ceux-ci ont subi une translation, plus une rotation, plus une distorsion.

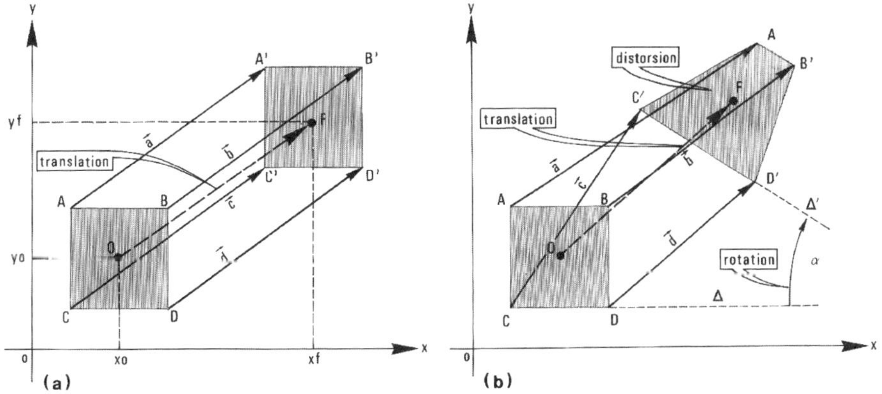

Figure 2.10 – **Les composantes élémentaires de la déformation : translation, rotation, distorsion.**

Une déformation est donc définie par un champ de déplacement liant l'état initial à l'état final. C'est la comparaison de conditions à deux instants différents alors que la contrainte, elle, spécifie une condition à un instant donné.

1.2. *Déformation homogène et hétérogène.* Si des lignes parallèles dans un corps à l'état initial restent parallèles à l'état final, ce corps a subi une *déformation* dite *homogène*. En effet, on voit sur la Fig. 2.11 a que les petits carrés dans le corps (ABCD) à l'état initial O ont été transformés à l'état final F′ en de petits parallélogrammes tous identiques de forme, de dimensions et d'orientation.

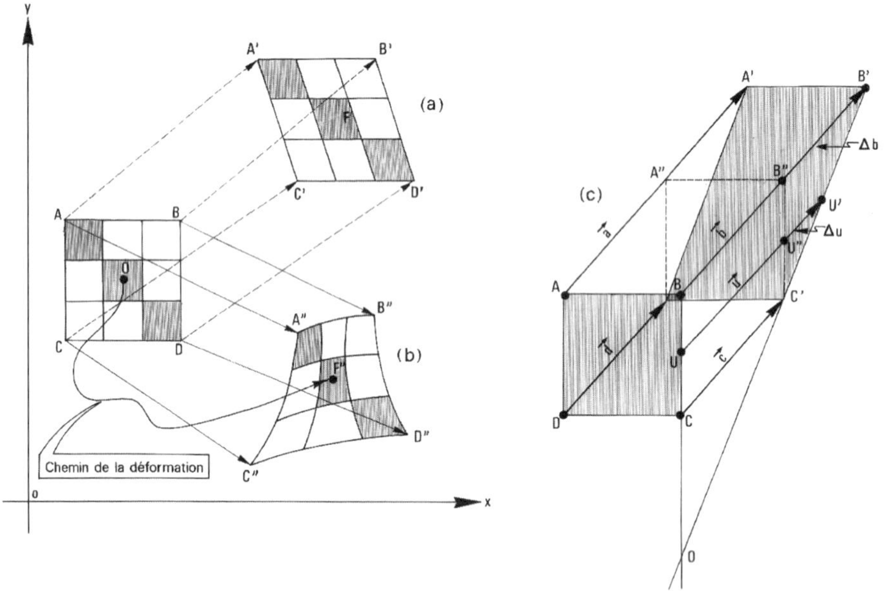

Figure 2.11 - **Déformation homogène (a) et déformation hétérogène (b) ; gradient de déplacement en déformation homogène (c).**

Dans ce cas (Fig. 2.11c), si Δb et Δu sont les accroissements de déplacements par rapport aux distances finales b et u, B″B′/U″U′ = BB′/UU′ ou Δb/b = Δu/u = k, k étant le rapport d'homothétie des triangles (OBB′) et (C′B″B′). De façon générale, pour une déformation homogène, l'accroissement du déplacement Δu/u, ce qu'on appellera le *gradient de déplacement* Δu/u, est constant pour chaque particule du corps déformé. Si ce gradient n'est pas constant, la *déformation* est dite *hétérogène* (Fig. 2.11b) ; les lignes parallèles dans l'état initial ne sont alors plus parallèles dans l'état final.

1.3. *Distorsion et déformation interne.* La *distorsion* est définie par des rapports dimensionnels entre l'état initial et l'état final, rapports appelés *déformation interne* (en anglais, strain). Ceux-ci expriment des changements de longueur et de forme.

- *la déformation linéaire*. Plusieurs rapports sont utilisés pour caractériser le changement de longueur d'un état initial l_0 à un état final l_1 (Fig. 2.12a) :

– l'*allongement relatif* ou *extension* : $\varepsilon = \Delta l/l = (l_1 - l_0)/l_0$; ε est négatif quand il y a raccourcissement et positif quand il y a allongement

– l'*étirement* : $S = l_1/l_0 = 1 + \varepsilon$
– l'*élongation quadratique* : $\lambda = (1 + \varepsilon)^2$

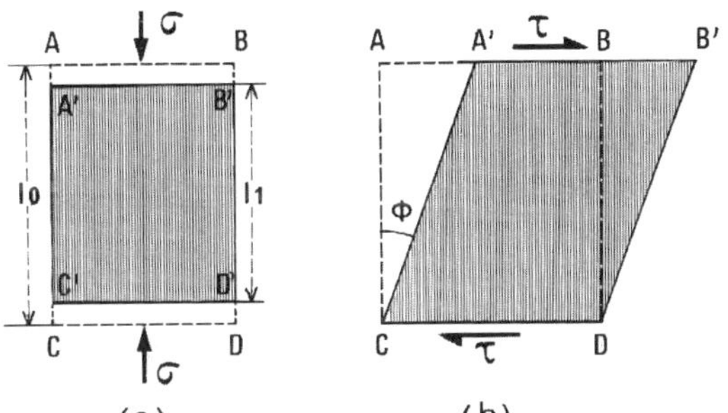

Figure 2.12 – Déformation linéaire (a) et déformation angulaire (b).

Suivant les problèmes abordés on utilise l'une ou l'autre de ces valeurs.

- *La déformation angulaire ou déformation cisaillante.* Un corps de forme rectangulaire par exemple devient un parallélogramme (Fig. 2.12b). Ce changement de forme est mesuré par la déviation angulaire de deux droites orthogonales dans l'état initial par ce qu'on appelle le *cisaillement angulaire* Φ et la *déformation cisaillante* $\lambda = \mathrm{tg}\Phi$.

Dans une déformation homogène (Fig. 2.11a) toutes les droites de même direction dans le corps déformé ont la même déformation linéaire ε et la même déformation cisaillante λ.

2.2.2 Ellipse et ellipsoïde de déformation

2.1. *Déformation plane, ellipse de déformation.* Prenons deux exemples particuliers, simples, de déformation plane (dans le plan de la feuille de papier). Sur la Fig. 2.13a, un carré de côté égal à 1 est transformé en un rectangle tel que tout point $A(x_0,y_0)$ du carré est transformé en un point A′ de coordonnées $x_1 = x_0 (1 + \varepsilon_x)$ et $y_1 = y_0 (1 + \varepsilon_y)$. Dans le cas où la transformation se fait sans changement de surface : $S = (1 + \varepsilon_x)(1 + \varepsilon_y) - 1 = 0$ d'où $(1 + \varepsilon_x) = 1/(1 + \varepsilon_y)$. Cette déformation est appelée *cisaillement pur.* Sur la Fig. 2.13b, la déformation est d'un type différent : les deux côtés du carré, parallèles à l'axe **Oy**, subissent un cisaillement angulaire sans changement de longueur. Tout point $A(x_0, y_0)$ du carré sera donc transformé en un point A′ de coordonnées $x_1 = x_0 + y_0\,\mathrm{tg}\Phi$ et $y_1 = y_0$. Cette déformation est appelée *cisaillement simple*.

En déformation homogène, tout cercle inscrit dans ces carrés sera transformé en une ellipse (Fig. 2.13). On peut le démontrer simplement dans le cas du cisaillement pur (Fig. 2.14). Un raccourcissement suivant **Oy** transforme tout point M d'ordonnée y_0 sur le cercle en un point B_y d'ordonnée y_1 tel que (Fig. 2.14a)

$$\frac{SO}{AO} = \frac{MO'}{B_yO'} = \frac{1}{1 + \varepsilon_y}$$

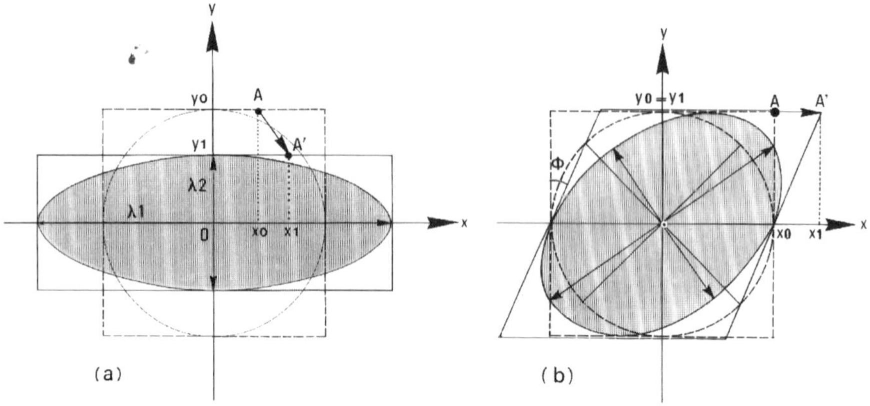

Figure 2.13 – **Déformation plane en cisaillement pur (a) et en cisaillement simple (b).**

Cette transformation est une affinité qui transforme le cercle en une ellipse mais, dans ce cas, avec diminution de la surface. Une affinité de rapport $1/(1 + \varepsilon_x)$ sur l'axe des abscisses (Fig. 2.14b) transforme également le cercle en une ellipse mais, dans ce cas, avec augmentation de la surface. Par contre deux affinités (Fig. 2.14c) telles que $1 + \varepsilon_x = 1/(1 + \varepsilon_y)$ transforment le cercle en une ellipse en conservant la surface initiale du cercle et ce cas est celui du cisaillement pur. De façon générale quelle que soit la déformation homogène, on montre qu'en coordonnées cartésiennes tout point du cercle dont l'équation est $x^2 + y^2 = 1$ se trouve sur une ellipse dite ellipse de déformation dont l'équation peut s'écrire sous la forme :

$$\frac{x^2}{\lambda_1} + \frac{y^2}{\lambda_2} = 1 \quad \text{avec} \quad \lambda_1 = (1 + \varepsilon_1)^2 \quad \text{et} \quad \lambda_2 = (1 + \varepsilon_2)^2 \qquad (8)$$

qui sont respectivement les grand et petit axes de l'ellipse.

Les axes principaux de cette ellipse de déformation étaient aussi orthogonaux sur le cercle avant la déformation (Fig. 2.13 et 2.14). L'ellipse de déformation permet d'aborder de façon simple, en deux dimensions, le cas le plus général de la déformation en trois dimensions.

2.2. *Déformation triaxiale, ellipsoïde de déformation.* En trois dimensions on montrerait de la même façon que pour une déformation homogène tout point situé sur une sphère unitaire à l'état initial se trouve situé à l'état final sur la surface d'un ellipsoïde dont l'équation est :

$$\frac{x^2}{\lambda_1} + \frac{y^2}{\lambda_2} + \frac{z^2}{\lambda_3} = 1 \quad \text{avec} \quad \lambda_1 \,.\, \lambda_2 \,.\, \lambda_3 \qquad (9)$$

qui sont les 3 axes de l'ellipsoïde. Les axes de cet ellipsoïde correspondent aux *directions principales de la déformation* : λ_1 (ou X) l'*axe d'allongement*, λ_2 (ou Y) l'*axe intermédiaire*, λ_3 (ou Z) l'*axe de raccourcissement*. Les longueurs de ces axes

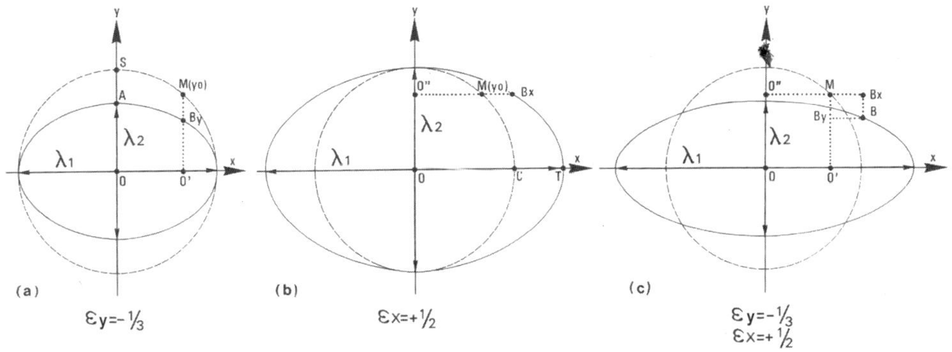

Figure 2.14 – Affinités transformant le cercle en une ellipse de déformation, (a) : avec diminution de surface. (b) : avec augmentation de surface, (c) : avec conservation de surface.

sont les *déformations principales longitudinales* et peuvent être exprimées soit par ε, soit par (1 + ε), soit par $\lambda = (1 + \varepsilon)^2$. Les 3 plans qui contiennent deux axes principaux de l'ellipsoïde sont les *plans principaux de la déformation*. Comme pour l'ellipsoïde de contrainte, il existe plusieurs types d'ellipsoïdes de déformation que nous examinerons plus en détail en étudiant les marqueurs de la déformation ductile (Chap. 7).

L'état de distorsion en un point est donc complètement déterminé si l'on donne l'orientation et la valeur des déformations principales longitudinales. Mais la *déformation* n'est pleinement définie que si l'on connaît en outre la translation et la rotation qu'a subi l'ellipsoïde de déformation. La déformation d'un corps est homogène si en tout point de ce corps les axes principaux de l'ellipsoïde de déformation ont même orientation et même valeur.

2.3. *Déformation rotationnelle et déformation non rotationnelle.* Si une déformation se produit sans rotation des axes principaux de la déformation par rapport à un référentiel externe (**Ox**, **Oy**, **Oz**), on dira que c'est une déformation *non rotationnelle*. S'il y a rotation, la déformation est *rotationnelle*. Dans les cas particuliers de déformation plane examinés précédemment, le cisaillement pur (Fig. 2.13a) est une déformation non rotationnelle : les axes principaux de l'ellipse ont à l'état final la même orientation qu'ils avaient sur le cercle à l'état initial ; le cisaillement simple est une déformation rotationnelle : les axes principaux de la déformation ont subi une rotation de l'état final à l'état initial (Fig. 2.13b). Déformation rotationnelle et non-rotationnelle ne doivent pas être confondues avec *déformation non-coaxiale* et *coaxiale* qui concernent les relations angulaires des axes principaux au cours d'une déformation progressive. Ce cas sera analysé dans le Chapitre 7.

2.4. *Déformation infinitésimale, déformation finie et chemin de déformation.* L'ellipsoïde de déformation peut décrire une déformation très petite, ou *déformation infinitésimale* correspondant à l'état instantané de la contrainte qui a produit cette déformation. Il peut aussi décrire une grande déformation entre un état initial et un état final, ou *déformation finie*, résultant de l'accumulation de petites déformations successives (ou *incréments* de déformation). Celles-ci peuvent résulter soit d'un même état de contrainte soit d'états de contraintes différents. Dans ce cas, les vecteurs-déplacements qui lient l'état final à l'état initial et qui décrivent la déformation finie, peuvent être très différents du *chemin de déformation* réel (Fig. 2.11) celui qui retrace les accumulations successives des déformations infinitésimales. Il est donc en général impossible de lier une déformation finie à un chemin de déformation et donc à un état de contrainte ou à des états de contrainte successifs. De plus, en général, seul l'état final est observé et l'état initial n'est pas connu.

2.2.3 Tenseur des déformations

Il est hors du propos de cet ouvrage de traiter en détail du *tenseur des déformations*. Par une certaine analogie avec le tenseur des contraintes, on acceptera que la déformation en un point donné est définie par 9 paramètres, quantités scalaires, qui décrivent complètement la déformation en un point et qui peuvent s'écrire sous la forme suivante :

$$T_\varepsilon = \begin{pmatrix} \varepsilon_{11} & \varepsilon_{12} & \varepsilon_{13} \\ \varepsilon_{21} & \varepsilon_{22} & \varepsilon_{23} \\ \varepsilon_{31} & \varepsilon_{32} & \varepsilon_{33} \end{pmatrix}$$

Les trois composantes de la diagonale du tenseur ε_{11}, ε_{22}, ε_{33} sont les déformations linéaires de 3 lignes initialement parallèles aux axes de coordonnées $\mathbf{Ox_1}$, $\mathbf{Ox_2}$, $\mathbf{Ox_3}$ (ou si l'on préfère **Ox**, **Oy**, **Oz**). Les 6 autres composantes décrivent les déformations cisaillantes de lignes initialement parallèles aux axes de coordonnées. L'ordre des indices ($_1$, $_2$ et $_3$) des déformations e est le même que celui utilisé pour les indices ($_x$, $_y$, $_z$) du tenseur des contraintes (Fig. 2.7). Si les axes $\mathbf{Ox_1}$, $\mathbf{Ox_2}$ et $\mathbf{Ox_3}$ étaient initialement orthogonaux, c'est-à-dire s'ils correspondent aux axes principaux de l'ellipsoïde de déformation, le tenseur peut s'écrire sous une forme symétrique par rapport à sa diagonale qui correspond aux axes principaux de la déformation car alors $\varepsilon_{12} = \varepsilon_{21}$, $\varepsilon_{13} = \varepsilon_{31}$, $\varepsilon_{23} = \varepsilon_{32}$. Dans le cas de grandes déformations, finies, le traitement mathématique devient rapidement très compliqué (voir par ex. Jaeger, 1969) et ne peut être envisagé ici. Dans le cas de la déformation infinitésimale et, de façon générale, des petites déformations, le tenseur des déformations ne comporte que 6 paramètres indépendants car il est symétrique et peut s'écrire sous la forme :

$$T_\varepsilon = \begin{pmatrix} \varepsilon_{11} & 1/2\gamma_{12} & 1/2\gamma_{13} \\ 1/2\gamma_{21} & \varepsilon_{22} & 1/2\gamma_{23} \\ 1/2\gamma_{31} & 1/2\gamma_{32} & \varepsilon_{33} \end{pmatrix} \quad (10)$$

γ étant la déformation cisaillante. En déformation plane infinitésimale d'un solide homogène et isotrope, les déformations linéaires et demi-déformations cisaillantes d'une ligne faisant avec l'axe ε_1 un angle de $\Theta°$ sont :

$$\varepsilon_N = 1/2(\varepsilon_1 + \varepsilon_2) - 1/2\,(\varepsilon_1 - \varepsilon_2)\cos 2\Theta \quad \text{et} \quad \gamma/2 = 1/2\,(\varepsilon_1 - \varepsilon_2)\sin 2\Theta \quad (11)$$

On notera la similitude de forme des équations de ε_N et $\gamma/2$ avec respectivement celles de σ_N et τ en contrainte plane [(3), § 2.1.2].

ÉTUDE PHÉNOMÉNOLOGIQUE DE LA RÉPONSE DES ROCHES À LA CONTRAINTE

3

Déformations discontinues et déformations continues

Le comportement d'un matériau soumis à une contrainte, ce qu'on appelle sa *rhéologie* (du grec rhéo : couler, fluer), dépend de ses caractéristiques intrinsèques et des conditions physiques dans lesquelles il se déforme. Pour un matériau géologique donné, ces conditions physiques sont la pression hydrostatique et la température, qui dépendent de la profondeur à laquelle se produit la déformation, les conditions thermodynamiques et la contrainte déviatorique appliquée à la roche. Nous envisagerons ici ce que les essais mécaniques sur des échantillons de roches apportent à la compréhension de la rhéologie des matériaux géologiques.

3.1 LE COMPORTEMENT DES ROCHES SOUMIS À CONTRAINTE

3.1.1 Les essais mécaniques en contrainte uniaxiale ; les relations contrainte-déformation

Les essais mécaniques se font sur des échantillons de quelques cm de long sur lesquels on s'efforce d'obtenir la déformation la plus homogène possible. L'échantillon est soumis à une *charge* qu'on assimile par simplification à une contrainte uniaxiale homogène $\sigma = F/S$. Le raccourcissement relatif $\varepsilon = \Delta l / l$ de l'échantillon supposé aussi homogène est représenté par un graphe $\varepsilon = f(\sigma)$, (Fig. 3.1). Celui-ci montre un tracé d'abord linéaire à pente forte ; la déformation est proportionnelle à la contrainte $\varepsilon = \sigma/E$. Lorsqu'on cesse d'appliquer la contrainte, la déformation est instantanément réversible : elle est appelée *déformation élastique*. À partir d'une limite σ_E, dite limite d'élasticité ou seuil de plasticité, la pente du graphe décroît. Pour cette partie du graphe, en A par exemple (Fig. 3.1), si l'on cesse d'appliquer la contrainte, la déformation est partiellement restituée élastiquement (tracé AA′, Fig. 3.1) mais il reste une déformation permanente (εp) appelée *déformation plastique*. Si l'on recharge l'échantillon, le graphe de charge suit approximativement le tracé A′A puis le tracé qu'il aurait eu s'il n'y avait pas eu interruption de la charge. La nouvelle limite d'élasticité est devenue σ_A qui est plus élevée que σ_E. On dit alors qu'il y a eu *durcissement* du matériau ; la déformation plastique a donc changé l'état du matériau. Puis la pente du graphe diminue mais un durcissement linéaire se maintient. La déformation peut ensuite mener à la rupture (Fig. 3.1). Lorsque les roches sont déformées à pression et température ambiantes, souvent la rupture se produit sans déformation plastique appréciable (voir Fig. 3.6). Dans certains cas, le tracé peut devenir parallèle à l'axe des e (voir Fig. 3.6). Dans certains cas, le tracé peut devenir parallèle à l'axe des ε (voir Fig. 3.6) ; à contrainte constante σ_p, la déformation augmente alors avec le temps ; ce phénomène est appelé le *fluage* (en anglais, creep). C'est une forme particulière, à contrainte constante, de *l'écoulement plastique* ; la limite σ_p est appelée seuil d'écoulement plastique.

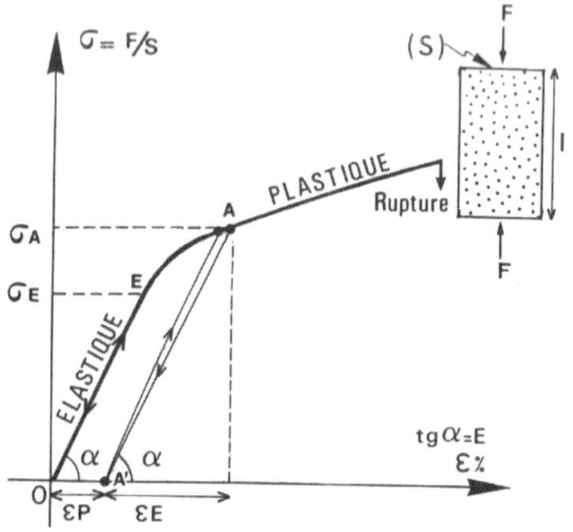

Figure 3.1 – **Graphe contrainte – déformation d'un cylindre de roche en compression uniaxiale.**

3.1.2 Le comportement des matériaux

Le comportement des matériaux réels est complexe. Il est donc commode de considérer des comportements idéaux, quitte ensuite à préciser le comportement réel par rapport aux comportements idéaux. On distingue le domaine de l'*élasticité* et le domaine de la *plasticité*.

2.1. *Les corps élastiques* sont caractérisés par une réponse instantanée et réversible du solide à la contrainte donc indépendante du temps. Si la déformation est proportionnelle à la contrainte, *l'élasticité* est dite *hookéenne*. La déformation linéaire ε est telle que $\varepsilon = \sigma/E$; pour un solide élastique hookéen isotrope, E (= module de Young) est le même pour toute direction de l'espace. En cisaillement simple (Fig. 3.2a), sa déformation cisaillante est proportionnelle à la contrainte tangentielle : $\gamma = \tau/G$ (G = module de rigidité). Soumis à une pression hydrostatique, le solide subit une variation relative de volume $\Delta V/V$ proportionnelle à la variation de pression hydrostatique ΔP : $\Delta V/V = \Delta P/K$ (K = module d'incompressibilité). Si la déformation n'est pas proportionnelle à la contrainte, l'élasticité est dite non-linéaire.

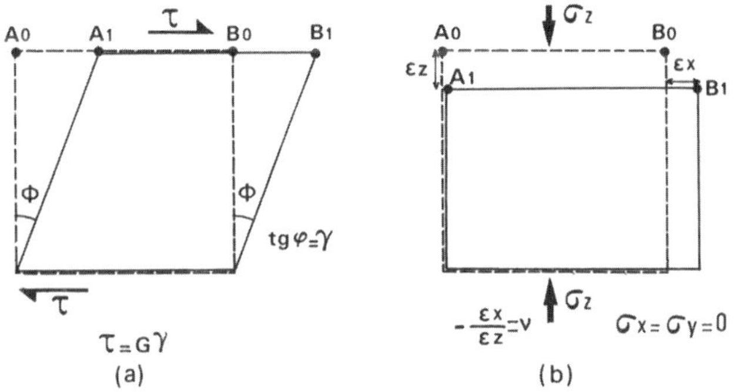

Figure 3.2 – **(a) Déformation cisaillante d'un corps élastique ; (b) Déformation linéaire d'un corps élastique en compression uniaxiale.**

Sous l'effet d'une compression uniaxiale σ_z, un corps élastique hookéen isotrope se raccourcit donc de ε_z mais il s'allonge aussi de ε_x dans la direction perpendiculaire à σ_z (Fig. 3.2b). Le rapport $\nu = -\varepsilon_x/\varepsilon_z$ est appelé le coefficient de Poisson ; sa valeur absolue est inférieure à 0,5. Ainsi $\varepsilon_x = -\nu\varepsilon_z$ et $\sigma_z = E\varepsilon_z = -E\varepsilon_x/\nu$. Il s'en suit qu'un cube soumis à des compressions triaxiales σ_x, σ_y, σ_z orthogonales à ses faces, se raccourcit de ε_{zz} dû à la contrainte σ_z mais qu'il s'allonge aussi suivant la même direction de quantités ε_{xz} et ε_{yz} dûes respectivement aux contraintes σ_x et σ_y (ici les premiers indices $_x$, $_y$, $_z$ de ε indiquent que les déformations linéaires suivant la direction z résultent respectivement des contraintes σ_x, σ_y, σ_z, insistons sur le fait qu'il ne s'agit pas là de déformations cisaillantes), (Fig. 3.3), d'où :

$$\varepsilon_z = \varepsilon_{zz} - \varepsilon_{xz} - \varepsilon_{yz} = \sigma_z/_E - \nu\,\sigma_x/_E - \nu\,\sigma_y/_E$$

$$\varepsilon_z = 1/E\,[\sigma_z - \nu\,(\sigma_x + \sigma_y)]$$

Les valeurs de ε_x et ε_y se déduisent de cette équation par permutation circulaire des indices.

Donc dans le domaine des déformations élastiques (en général des faibles déformations), pour un corps isotrope, il existe une relation linéaire entre tenseur des contraintes T_σ et tenseur des déformations T_ε car chaque déformation $\varepsilon_{i,j}$ (avec i, j égal au choix à x, y, z) est reliée linéairement à l'ensemble des $\sigma_{i,j}$. Ce qui est vrai pour les contraintes normales quand i = j [voir relation (1) ci-dessus] est également vrai pour les contraintes cisaillantes quand $i \neq j$ car la déformation cisaillante du tenseur $\gamma/2 = \tau/2G$ [(10), Chap. 2]. La rhéologie des corps élastiques hookéens est représentée par un modèle de ressort (Fig. 3.4a). De façon générale les roches ne sont ni parfaitement élastiques sauf pour de faibles contraintes, ni isotropes.

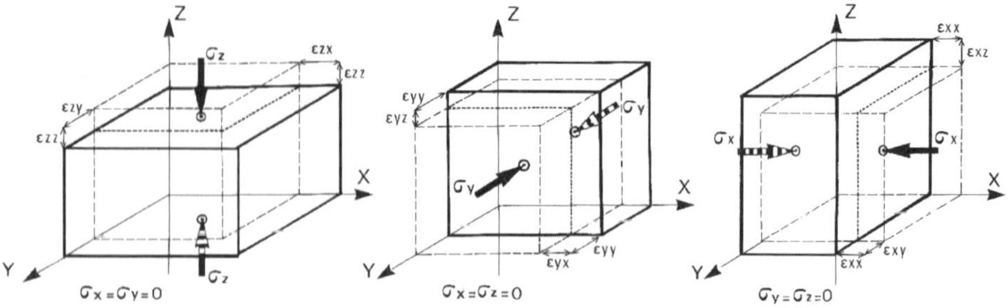

Figure 3.3 – **Déformations linéaires élastiques d'un cube soumis à des compressions orthogonales à ses faces.**

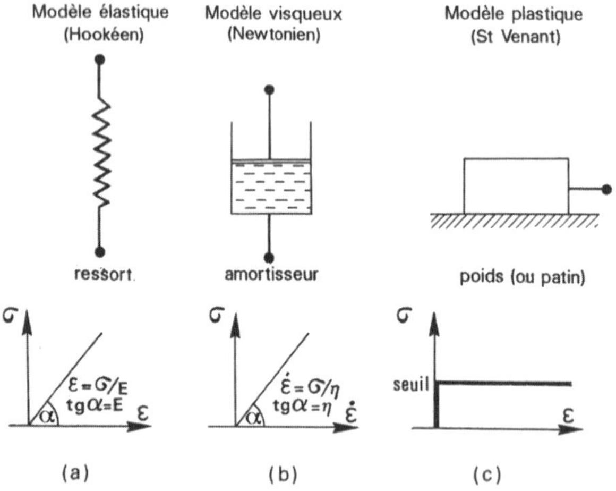

Figure 3.4 – **Modèles rhéologiques simples (a) d'un corps hookéen, (b) d'un liquide newtonien, (c) d'un corps de St Venant ; e est la déformation et e la vitesse de déformation.**

2.2. *Les corps plastiques* sont caractérisés par une réponse non réversible à la contrainte ; il se produit un écoulement de la matière qui dépend du temps tel par exemple le fluage *plastique à contrainte constante* (Fig. 3.6 et 3.7). Ce fluage peut dans certains cas se produire à vitesse constante, c'est le *fluage stationnaire*. Mesurée dans ce cas, la vitesse de déformation ε est proportionnelle à la contrainte telle que $\dot{\varepsilon} = \alpha\sigma$ (T et P étant constants) ; α est appelé la *fluidité* et $1/\alpha = \eta$, la *viscosité*. La viscosité est une constante qui dépend du matériau, de la température, de la pression et de la vitesse de déformation. Deux cas peuvent être considérés :

a. La viscosité est indépendante de la contrainte. La vitesse de fluage ε est proportionnelle à la contrainte : $\varepsilon = \sigma/\eta$ (2)

c'est le *comportement visqueux newtonien* des liquides et de certains solides. Pour des roches à petite taille de grains (inférieur à 20 µm, par exemple les mylonites), ce comportement peut être une bonne approximation de la déformation à haute température (1 000-1 500°C) et faible vitesse de déformation (10^{-12} à 10^{-14} sec^{-1}).

b. La viscosité dépend de la contrainte. La vitesse de fluage ε est aussi proportionnelle à la contrainte mais elle est exprimée alors empiriquement par une loi rhéologique qui dépend d'un exposant de la contrainte :

$$\dot{\varepsilon} = \sigma^n / \eta \qquad (3)$$

avec n ≈ 3 – 5 ou plus, souvent égal à 3. C'est un *comportement dit non-newtonien.*

Nous avons utilisé ici la terminologie des physiciens du solide (voir Nicolas et Poirier, 1976) qui étudient les lois de l'écoulement plastique [$\dot{\varepsilon} = f(\sigma)$] des minéraux et des roches (voir Chap. 7). Mais il existe une autre terminologie fréquemment utilisée par les mécaniciens et les structuralistes (voir Turcotte et Schubert, 1982 ; Hobbs, 1976 ; Mattauer, 1973) qui admettent implicitement que la réponse du matériau n'est pas sensible à la vitesse de déformation. Pour ceux-ci un *corps idéalement visqueux* est un corps incapable de supporter une contrainte, sa déformation permanente se produit sans seuil et la vitesse de déformation est linéairement liée à la contrainte ; c'est donc un corps (par exemple, un liquide) visqueux newtonien sans seuil de déformation. Il est représenté par un modèle d'amortisseur (en anglais : dashpot), (Fig. 3.4b). Un *corps idéalement plastique* est un corps incapable de supporter une contrainte au-delà d'un seuil – le seuil d'écoulement plastique σ_p (Fig. 3.6 et 3,7) – à partir duquel il se déforme de façon permanente ; c'est le comportement d'un corps dit de St Venant qui est représenté par un modèle de patin (Fig. 3.4c) c'est-à-dire par un poids reposant sur un plan, poids qui est mis en mouvement pour une contrainte σ atteignant le seuil de friction. L'association de ces modèles rhéologiques simples permet de décrire des comportements plus complexes, élastico-plastique, visco-élastique, plastico-visqueux (voir § 3.2.3). Il n'y a pas de contradiction fondamentale entre les terminologies des mécaniciens et des physiciens du solide ; le point de vue est simplement différent : le premier concerne le comportement global du matériau, le second les lois de fluage du matériau.

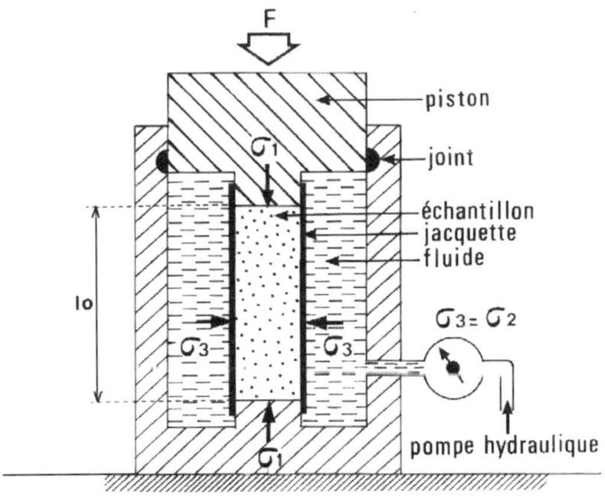

Figure 3.5 – Schéma d'une presse utilisée pour la déformation d'échantillons de roches en contrainte triaxiale (de révolution).

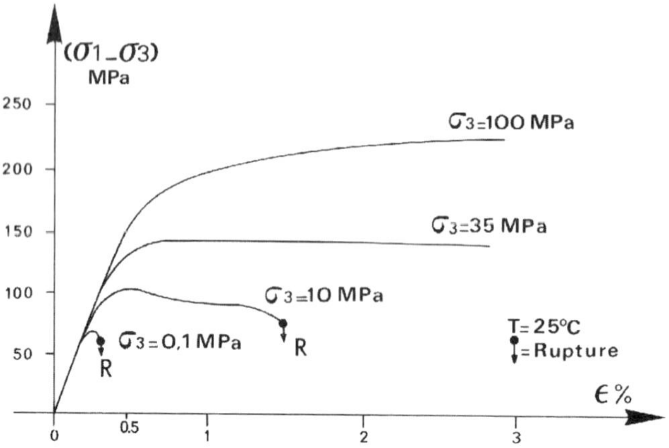

Figure 3.6 – **Graphe contrainte différentielle – déformation pour des cylindres (l ≈ 12 cm, diamètre ≈ 5 cm) de marbre de Wombeyan déformés à vitesse (3 mm/mn) et température constante pour des pressions de confinement variables (d'après M.S. Paterson, 1958, *Bull. Geol. Soc. Am*, 69, 463).**

3.2 L'INFLUENCE DES CONDITIONS PHYSIQUES SUR LA DÉFORMATION DES ROCHES

Nous examinerons successivement l'influence de la pression hydrostatique, de la température, de la vitesse de déformation.

3.2.1 L'influence de la pression hydrostatique

1.1. *Les effets d'une augmentation de la pression hydrostatique sur la déformation des roches.* Dans un milieu rocheux naturel, la pression lithostatique σ_{zz} (= ρgh) augmente avec la profondeur. Ceci a pour conséquence une augmentation de la partie hydrostatique du tenseur des contraintes $\bar{\sigma}$ [(6), Chap. 2] dont les effets ont été analysés par de nombreux essais en compression.

Des échantillons sont placés dans l'enceinte d'une presse (Fig. 3.5). Ils sont soumis à une pression hydrostatique extérieure à l'échantillon dite *pression de confinement* ($\sigma_3 = \sigma_2$), fournie par une pompe hydraulique et transmise à l'échantillon par un fluide. L'échantillon est recouvert d'un manchon de caoutchouc mou pour empêcher le fluide de pénétrer dans la roche. La contrainte uniaxiale $\sigma_1 = F/S$ est fournie par un piston. L'échantillon est déformé à une vitesse constante et la déformation, mesurée par son changement de longueur ε, est étudiée en fonction de la contrainte différentielle ($\sigma_1 - \sigma_3$). Chaque expérience est menée sur un échantillon pour une pression de confinement σ_3 fixée qui n'est pas exactement la pression hydrostatique régnant à l'intérieur de l'échantillon laquelle est $\bar{\sigma} = 1/3(2\sigma_3 + \sigma_1)$. Tous les échantillons sont taillés dans un même bloc rocheux pour être aussi identiques que possible dans chacune des expériences. La Fig. 3.6 montre des résultats d'expériences menées sur un marbre à des pressions de confinement σ_3 allant de 0,1 à 100 MPa. Il apparaît clairement :

– que la fracturation est retardée par une augmentation de la pression de confinement,
– que lorsque la pression de confinement atteint une valeur suffisamment élevée (dans cette expérience 30 MPa), la rupture est supprimée pour des déformations qui atteignent 3 % et éventuellement jusqu'à 20 % de raccourcissement.

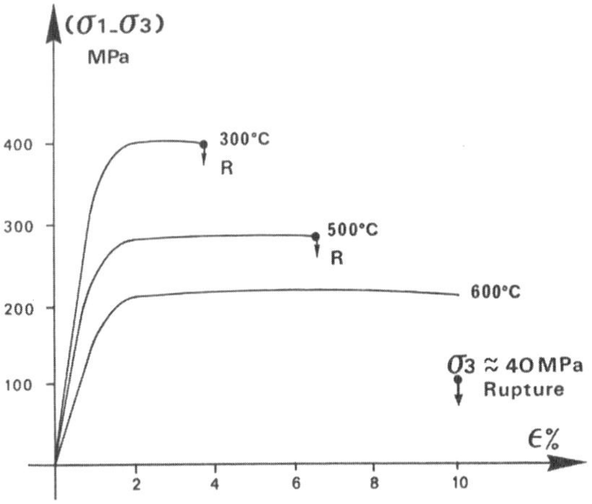

Figure 3.7 - **Graphe contrainte différentielle - déformation pour le calcaire de Solenhofen, déformé en compression, à pression de confinement σ_3 constante et température variable (d'après H.C. Heard, 1960, *Geol. Soc. Am. Memoir*, 79, 193).**

En fait une augmentation de la pression hydrostatique a pour effet une suppression de la microfracturation dans la roche et permet ainsi de la maintenir dans le domaine de la ductilité.

1.2. *La transition ductile-cassante.* Les roches polycristallines contiennent naturellement de nombreuses microfissures. Lorsqu'elles sont soumises à une contrainte et qu'elles se déforment élastiquement, les microfissures tendent à se propager (voir Chap. 4, § 4.3.2 et 4.3.4). Par ailleurs, de nouvelles microfissures se forment quand certains grains de la roche commencent à se déformer plastiquement. Ceci sera traité de façon plus détaillée au Chap. 7 ; disons simplement que les grains favorablement orientés par rapport à la contrainte se déforment plastiquement les premiers. Les déplacements qui en résultent sont limités par les grains voisins. Il se développe ainsi des contraintes internes dans les grains. Si les roches ne sont pas naturellement très ductiles (c'est-à-dire si elles ne satisfont pas au critère de Von Misès, voir Chap. 7, § 7.2.2-2.1) et si les contraintes sont suffisamment élevées, ces dernières produisent de nouvelles microfractures. La formation et la croissance des microfractures entraînent une augmentation du volume global du matériau qu'on appelle la *dilatance* et leur propagation conduit par leur co-halescence à la *rupture* macroscopique de la roche.

Comme une augmentation de la pression hydrostatique s'oppose à l'augmentation de volume par dilatance, elle gêne le développement et la co-halescence des microfissures et donc retarde la rupture macroscopique ce que montrent les expériences (Fig. 3.6). Ainsi une augmentation de la pression hydrostatique tend à faire reculer vers les hautes contraintes la transition ductile-cassante.

3.2.2 L'influence de la température

Mais la température croît aussi avec la profondeur : le gradient géothermique normal est voisin de 20 °C/km mais peut atteindre dans certaines régions 100 °C/km.

2.1. *Les effets d'une augmentation de la température sur la déformation des roches* ont été analysés avec des appareillages semblables à celui représenté sur la Fig. 3.5 auquel a été ajouté un dispositif permettant de faire varier la température. La Fig. 3.7 résume les résultats d'expériences menées, à pression de confinement constante et température variable, sur un calcaire à grain fin. On y observe clairement qu'une augmentation de température abaisse le seuil de fluage plastique, donc produit un *amollissement* de la roche et augmente la quantité de déformation plastique avant la rupture.

Ainsi, en profondeur, la pression hydrostatique retarde la rupture et la température abaisse le seuil de plasticité. Par leurs effets conjugués, elles contribuent à étendre le domaine de la ductilité des roches.

2.2. *La transition solide-liquide (plastique-visqueuse).* Une forte augmentation de température peut conduire à la fusion partielle de la roche. Celle-ci contient alors des poches de fluide qui, si la fusion est suffisante, affaiblissent le solide. Celui-ci devient un milieu poreux, hétérogène. La déformation de telles roches comporte un premier seuil qui correspond au moment où la trame solide poreuse devient perméable : les poches liquides communiquent alors entre elles pour former un réseau continu. La vitesse de déformation s'accroît alors brutalement (Fig. 3.8). Un deuxième seuil correspond à une perte de continuité de la trame solide ; ceci se produit pour environ 35 % de liquide de fusion. Des fragments de la trame solide baignent alors dans un milieu liquide et la déformation suit une loi de déformation visqueuse.

Il existe donc deux seuils qui séparent le comportement de trois ensembles de trames solides imparfaitement connectées puisque séparées par un fluide et qu'on appelle seuils de *percolation.* Les progrès récents de la physique des solides désordonnés permettent de mieux décrire les *instabilités* de comportement de tels milieux hétérogènes au voisinage des seuils de percolation (voir Guyon et Roux, 1987). Un tel type de déformation intéresse non seulement les roches métamorphiques subissant une fusion anatectique et les roches magmatiques en cours de cristallisation mais aussi la déformation de sédiments imprégnés d'eau.

3.2.3 L'influence de la vitesse de déformation

Les essais en laboratoire se font à des taux $\dot{\varepsilon}$ de l'ordre de 10^{-5} à 10^{-8} s^{-1} allant jusqu'à 10^{-9} s^{-1} pour le fluage expérimental. Ceci est loin de représenter les

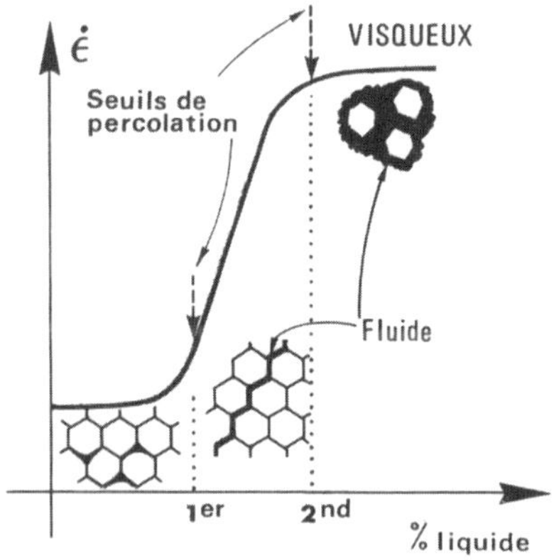

Figure 3.8 – **Vitesse de déformation ($\dot{\varepsilon}$) d'une roche à la transition plastique-visqueuse en fonction du pourcentage de liquide de fusion (d'après A. Nicolas, 1989, Masson, Paris).**

vitesses des phénomènes géologiques qui sont de l'ordre de $10^{-14}\ s^{-1}$ à $10^{-15}\ s^{-1}$ pour les déplacements horizontaux. Comment donc se comportent les roches aux vitesses de déformation géologiques ?

3.1. *Les expériences à vitesses de charge imposées.* Pour des expériences semblables à celles représentées sur la Fig. 3.1 on peut imposer des vitesses différentes de mise en charge des échantillons. On constate alors (Fig. 3.9) que, quand la vitesse de charge augmente, il y a diminution du domaine d'écoulement plastique et qu'en même temps il y a augmentation de la limite d'élasticité σ_E. Donc, pour des vitesses de déformation croissantes, le domaine de plasticité diminue ; la roche devient plus cassante.

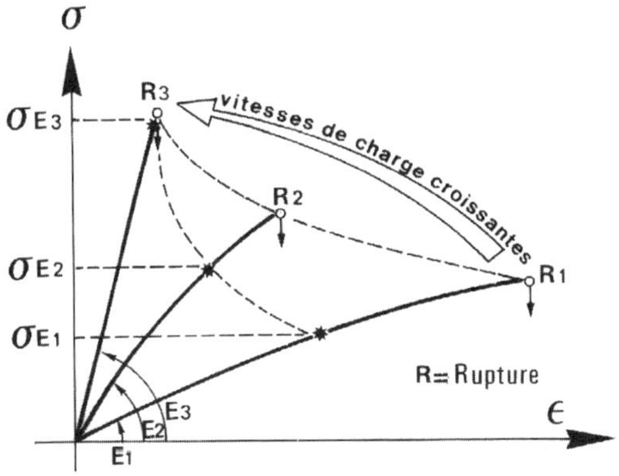

Figure 3.9 – **Influence d'une vitesse de charge croissante sur la déformation d'une roche en compression uniaxiale (d'après Poulet, 1976, *Rev. Inst. Franc. Pétrole*, 31, 781). E : module d'Young.**

3.2. *Les expériences à charges constantes, le fluage.* Des expériences menées à hautes pressions de confinement (Fig. 3.10) montrent qu'après avoir obtenu une déformation due à la mise en charge, si l'on maintient la contrainte constante, la déformation se poursuit : c'est le fluage plastique à contrainte constante (voir § 3.1.1). On observe que la vitesse de fluage $\dot{\varepsilon}$ est d'autant plus grande que la contrainte différentielle est plus élevée.

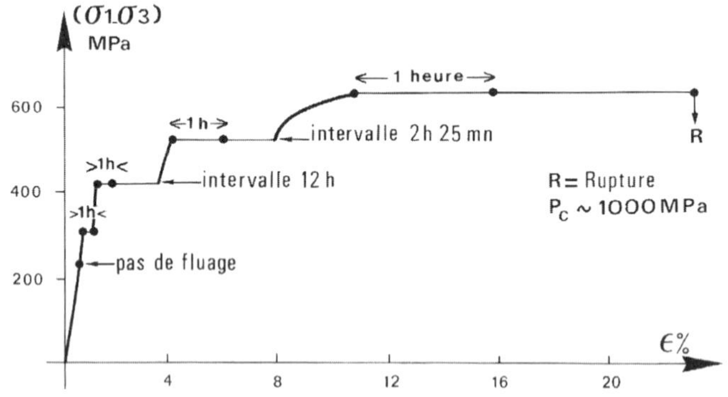

Figure 3.10 – Fluage plastique à contrainte constante du calcaire de Solenhofen à pression de confinement de 100 MPa (d'après Griggs, 1936, *J. Geol*, 44, 541).

D'autres expériences ont été réalisées en soumettant des barreaux de roches à des charges constantes, à pression et température ambiantes, pour des durées de l'ordre de l'année. Le comportement des roches représenté par un graphe déformation-temps (Fig. 3.11) montre que :

- pour des charges très inférieures à la contrainte critique de rupture, le fluage décélère et tend vers une limite ; c'est le *fluage primaire* ou fluage transitoire (Fluage I, Fig. 3.11a),
- pour des charges élevées (Fig. 3.11b) après un fluage primaire (Fluage I), on observe un fluage stationnaire c'est-à-dire à vitesse constante, c'est le *fluage secondaire* (Fluage II) ou «pseudo-visqueux». Il est suivi d'un fluage accéléré ou *fluage tertiaire* (Fluage III) qui peut mener à la rupture.

La décharge de l'échantillon renseigne sur le fluage. Lorsque la décharge intervient au cours du fluage primaire (A, Fig. 3.11b), une partie de la déformation est restituée instantanément donc élastiquement ; le reste est totalement restitué mais progressivement, cette élasticité retardée est appelée *anélasticité* (ou *viscoélasticité*). Au cours du fluage secondaire (A′, Fig. 3.11b), la déformation est restituée d'abord élastiquement puis anélastiquement mais il reste une déformation permanente. Le comportement élastique est représenté (Fig. 3.12) par un modèle de ressort, le comportement anélastique par un modèle de ressort associé en parallèle à un amortisseur (unité dite de Voigt), ce dernier ralentit la restitution de l'énergie du ressort. La déformation permanente est représentée par un amortisseur associé en série à un patin qui fixe le seuil d'écoulement visqueux newtonien d'où le terme de fluage

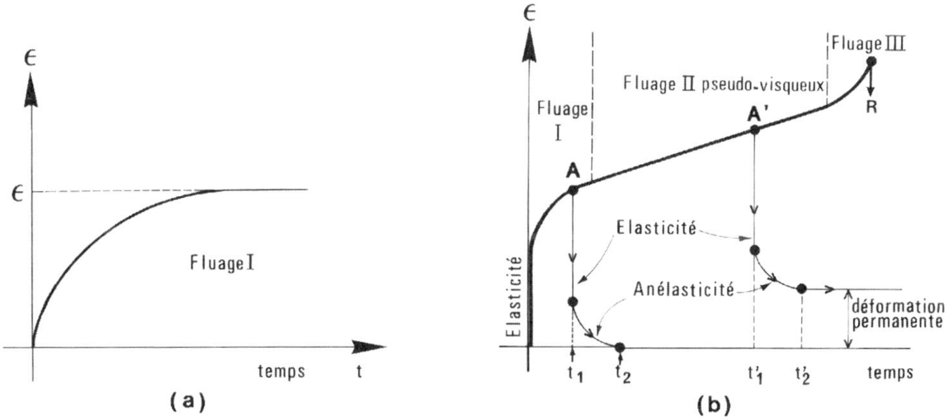

Figure 3.11 – **Courbes théoriques déformation – temps du fluage à contrainte constante pour des charges faibles (a) et élevées (b), (d'après Nadaï, 1950, McGraw-Hill, 572 p.).**

pseudo-visqueux (ou *plastico-visqueux*). Pour des roches compactes à comportement élastique, soumises à une contrainte faible, le fluage primaire demeure peu important, inférieur à 10 % de la déformation permanente. Par contre, pour les roches plastiques telles les évaporites ou pour les roches devenues plastiques à température élevée, le fluage peut devenir un facteur important de la déformation.

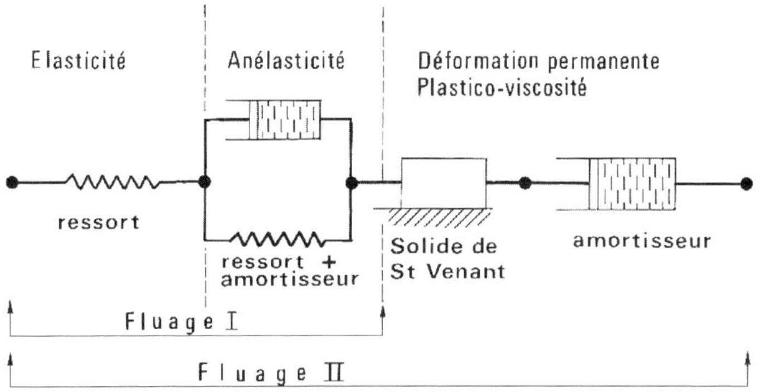

Figure 3.12 – **Modèle rhéologique simple du fluage primaire (I) et secondaire (II).**

3.3 Le rôle de la nature des roches

Il est certain que l'influence des conditions physiques sur la déformation des roches dépend beaucoup de leur rhéologie intrinsèque, de leur homogénéité ou de leur hétérogénéité.

3.3.1 Les roches homogènes

Les roches peuvent présenter des comportements élastiques, élasto-plastiques ou plastiques dans les conditions ambiantes. Toutefois, en géologie structurale, on décrit leur comportement de façon plus courante en distinguant des *roches cassantes* dites aussi fragiles et des *roches ductiles*. Les roches cassantes se déforment élastiquement et peu plastiquement avant rupture, leurs *déformations* sont *discontinues*. Les roches ductiles subissent de grandes déformations sans rupture, leurs *déformations* sont *continues*. En fait le terme *ductile* s'applique à un volume de matériau que l'on considère comme un *continuum* homogène à une échelle donnée. Il ne préjuge pas du mécanisme de l'écoulement (voir Chap. 7, § 7.1). Certaines roches peuvent subir une déformation ductile notable avant d'atteindre la rupture ; leur *comportement* est dit *ductile-cassant* ou aussi ductile-fragile (voir § 3.2.1-1.2).

3.3.2 Les roches hétérogènes

La déformation des roches hétérogènes est extrêmement complexe ; aussi n'est-il généralement envisagé que la déformation de volumes rocheux que l'on peut considérer en première approximation comme homogènes. Encore faut-il dire que cette notion d'homogénéité dépend beaucoup de l'échelle spatiale à laquelle on observe la déformation. À l'échelle microscopique pratiquement toutes les roches sont hétérogènes. Un calcaire gréseux par exemple est un matériau tout à fait hétérogène à l'échelle de la lame mince mais un banc de calcaire gréseux à l'échelle d'un pli de plusieurs centaines de mètres de longueur d'onde peut être considéré comme un matériau homogène avec une bonne approximation bien que sa déformation soit, elle, hétérogène (voir Chap. 8).

Un cas particulier mérite d'être envisagé, c'est celui des roches contenant un fluide. Des dispositifs expérimentaux permettent de faire varier la pression de fluide à l'intérieur des échantillons dans les enceintes représentées sur la Fig. 3.5. Les résultats obtenus montrent que pour des pressions de confinement et des températures élevées (Fig. 3.13a), une augmentation de la teneur en fluide « adoucit », amollit, les roches et favorise la déformation ductile.

Sans entrer dans les détails (voir Chap. 7, § 7.2), disons que la présence d'un fluide qui mouille les joints des grains minéraux, augmente la diffusion des éléments à la surface des grains et favorise leur déformation. Par contre, à faible pression de confinement et faible température (Fig. 3.13b), une augmentation de pression du fluide dans les pores de la roche favorise la rupture. Les fluides peuvent aussi agir en corrodant sélectivement les fonds de fissures dans la roche. Cette *corrosion sous contrainte* permet la propagation lente de fissures à une contrainte inférieure à celle de la contrainte critique de rupture ; elle peut intervenir par exemple dans la propagation des fissures dans les volcans. Les fluides agissent aussi par leur pression propre à l'intérieur des pores. Cette pression interstitielle des fluides tend à ouvrir les pores et s'oppose à la pression lithostatique qui, elle, tend à les fermer, ainsi la pression hydrostatique effective diminue ce qui favorise la *fracturation* qui est dite *assistée par pression de fluide* (voir pour plus de détails : Chap. 4, Fig. 4.9).

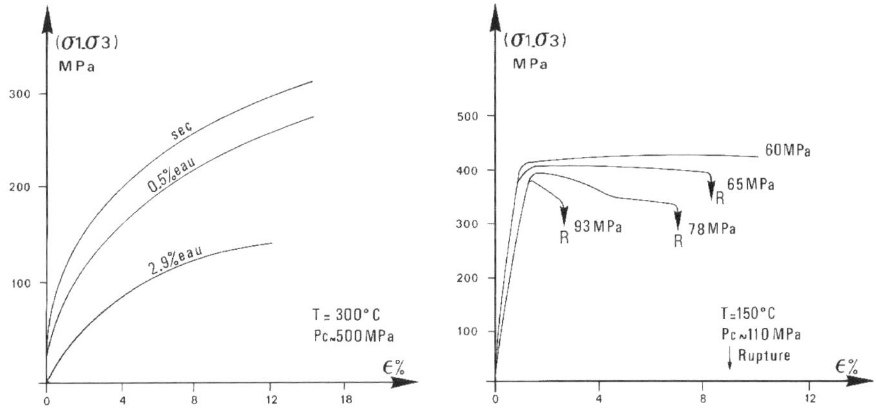

Figure 3.13 – Effets de la teneur en fluide sur la déformation des roches (a) Déformation ductile d'un marbre de Yule à température élevée, à sec et en présence d'eau (d'après Griggs *et al.*, 1953, *Bull. Geol. Soc. Am.*, 64, 1327) ; (b) Déformation cassante d'un calcaire de Solenhofen à température faible pour des pressions interstitielles de fluides variables données à côté de chaque courbe (d'après H.C. Heard, 1960).

3.4 Les domaines de la déformation géologique en fonction de la profondeur

On peut distinguer en fonction de la profondeur, donc de la pression hydrostatique et de la température, un domaine superficiel qui est essentiellement celui de la déformation cassante (ou fragile) et un domaine plus profond de la déformation ductile, soit des roches solides (plastique), soit ayant subi une fusion partielle (visqueuse) si la température est suffisamment élevée (Fig. 3.14). Cette figure 3.14 doit se lire non pas uniquement en fonction de la profondeur mais suivant les lignes correspondant au géotherme dT/dP. On pourra ainsi avoir une évolution de la déformation en fonction de la profondeur qui sera différente pour des faibles ou forts gradients géothermiques. Mais il faut se garder de n'envisager la déformation géologique qu'en fonction des seuls paramètres P-T. La déformation, nous l'avons vu, dépend aussi de la nature des roches. Beaucoup de roches sédimentaires élastiques et élasto-plastiques ont un comportement cassant jusqu'à 4 000 m de profondeur (≈ 150 °C, 100 MPa) ; pour un gradient géothermique normal, il faut atteindre une profondeur de 9 000 m et une température de 300 °C pour qu'elles montrent un comportement ductile. Par contre, pour des conditions P-T semblables (300 °C, 200 MPa), les roches ductiles comme le sel gemme subissent déjà un fluage plastique à contrainte différentielle constante de ≈ 10 MPa. La déformation dépend aussi des fluides présents dans la roche : si la pression des fluides y est très élevée une déformation cassante peut se produire quelle que soit la profondeur (voir Fig. 3.13b et Chap. 4, § 4.3.4-4.2). Enfin, la déformation dépend de la vitesse de déformation : des roches sédimentaires désolidarisées d'un socle par un niveau très ductile et déformées à de très faibles vitesses peuvent se plisser dans un domaine superficiel. Par contre, dans des conditions de P-T identiques, si ces roches sont solidaires d'un socle métamorphique ou granitique cassant qui se déforme par glissements intermittents mais rapides sur des failles, les roches sédimentaires situées au-dessus de ces failles auront aussi un comportement cassant.

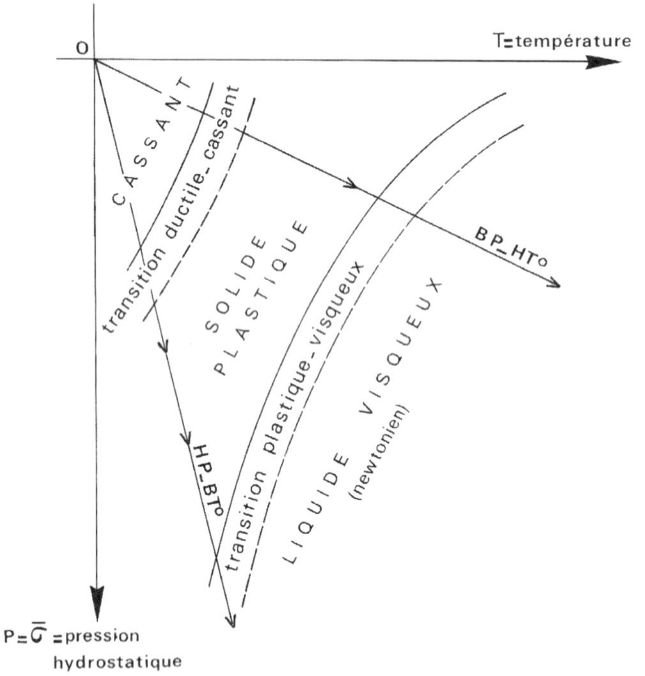

Figure 3.14 – Représentation schématique des domaines de déformation naturelle en fonction de la pression hydrostatique et de la température.

Il n'est certes pas toujours facile d'estimer l'influence des paramètres physiques dans la déformation géologique d'autant plus que les valeurs obtenues par expérimentation dépendent beaucoup des conditions expérimentales et ne sont donc pas immédiatement transposables aux déformations géologiques. Toutefois, les tendances montrées par ces expériences doivent être gardées présentes à l'esprit dans les interprétations tectoniques car ces paramètres contrôlent nécessairement la genèse des structures géologiques.

La déformation cassante des milieux rocheux continus

4

Initiation des fractures

Tout comme les échantillons soumis aux essais mécaniques, les milieux rocheux continus peuvent se déformer par rupture, se fracturer, quand ils sont soumis à des contraintes tectoniques. Les déformations cassantes naturelles ainsi formées peuvent être regroupées en deux grands types : d'une part les failles et les joints de cisaillement, d'autre part les fentes et les diaclases.

4.1 Failles et joints de cisaillement, fentes de tension et diaclases

4.1.1 Failles et joints de cisaillement

La plupart des grandes fractures observées sur le terrain, sur photographies aériennes ou sur images satellites sont ce qu'on appelle des failles.

1.1. *Définition et nomenclature.* Une *faille* est une fracture macroscopique des matériaux de l'écorce terrestre, fracture accompagnée d'un glissement l'un par rapport à l'autre des blocs que celle-ci sépare. Il existe des failles de l'échelle de la centaine de kilomètres (ce sont dans ce cas plutôt des zones de failles) à celle de l'affleurement ou de l'échantillon ; dans ces derniers cas, on parle souvent de *micro-failles*. Puisqu'il y a glissement relatif des blocs, c'est qu'il existe une contrainte cisaillante τ sur le plan de fracture ; on emploie donc souvent le terme de *joint de cisaillement* pour désigner des microfailles sur lesquelles le déplacement est en général très faible.

Le plan de faille est donc un plan de cisaillement (Fig. 4.1). En fait, c'est souvent une surface irrégulière, ondulée ou courbe, parfois remplacée par une zone plus ou moins épaisse contenant de nombreux plans de cisaillement (voir Fig. 5.5). Au contact du plan de faille les blocs peuvent être polis au cours du mouvement et former ce qu'on appelle des *miroirs de failles*. Ceux-ci portent souvent des *stries* de friction qui indiquent la direction et le sens du vecteur-glissement **S** (voir chap. 5 § 5.4). Le bloc situé au dessus du plan de faille est appelé le *toit*, celui situé sous le plan de faille est appelé le *mur*. Le *vecteur-glissement* **S** joint sur le plan de faille deux points A et A′ du mur et du toit qui étaient initialement contigus (Fig. 4.1). Le *rejet* **RV** est sa composante suivant la verticale, **RT** est sa composante horizontale dans le plan perpendiculaire au plan de faille et correspond ici à l'allongement du matériau. Dans le cas d'une faille décrochante (Fig. 4.2c, d) le vecteur-glissement est horizontal et il n'existe donc qu'un rejet horizontal suivant la direction de la faille (= rejet-direction **RD**), **RV** = 0. La *direction* de la faille est donnée par l'horizontale (d) tracée sur le plan de faille et son azimut est l'angle β que fait la direction de la faille avec le Nord géographique. Le *pendage* de la faille est l'angle α que fait le plan de faille avec l'horizontale du lieu.

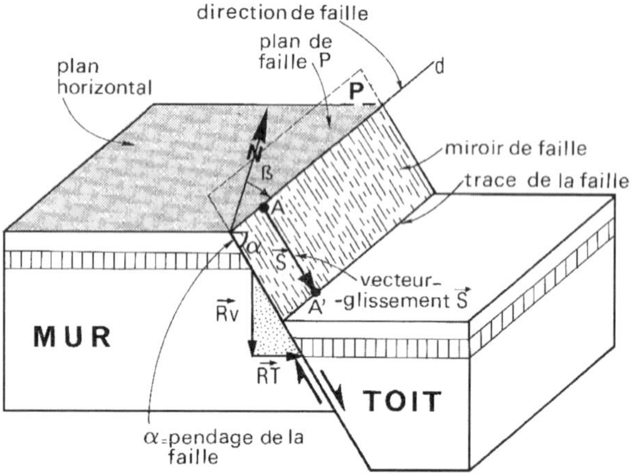

Figure 4.1 – **Nomenclature liée à une faille.**

1.2. *Les types de failles.* Il existe de nombreuses classifications de failles, nous ne donnerons ici que celle, fondamentale, qui est basée sur le glissement réel des blocs séparés par la faille. Nous ne nous intéressons ici volontairement qu'aux failles dont le glissement se fait suivant la ligne de plus grande pente ou suivant la direction de la faille (Fig. 4.2).

Une *faille normale* présente un glissement du toit vers le bas par rapport au mur et produit un allongement horizontal (+ Δl) du matériau (Fig. 4.2a). Une *faille inverse* présente un glissement du toit vers le haut par rapport au mur et produit un raccourcissement horizontal (– Δl) du matériau (Fig. 4.2b).

Les failles à glissement horizontal sont des *failles décrochantes*. Une faille est *décrochante dextre* si l'observateur debout, regardant dans la direction de la faille, a le bloc à sa main droite qui a glissé vers lui (Fig. 4.2c) ; si c'est le bloc à sa main gauche (Fig. 4.2d), la faille est *décrochante senestre*. Associées en système de failles dextres et senestres (Fig. 4.2e), les failles décrochantes produisent à la fois un allongement et un raccourcissement horizontal sans épaississement ni amincissement vertical du matériau.

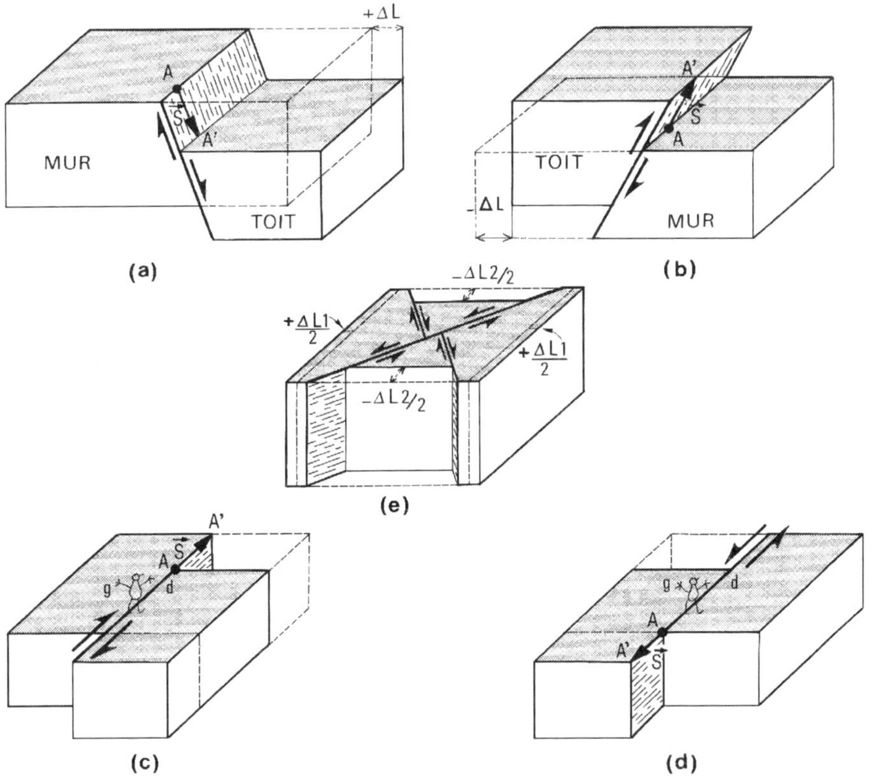

Figure 4.2 - **Les différents types de failles distingués d'après le glissement réel : (a) normale, (b) inverse, (c) décrochante dextre, (d) décrochante senestre.**

4.1.2 Les fentes de tension et les diaclases

Les *fentes de tension* sont des fractures qui, en section, présentent des bords (des épontes) écartés dans la partie centrale et jointifs aux extrémités (Fig. 4.3a). Les épontes ont subi un déplacement (+ Δl) perpendiculaire au plan de fracture, donc sans cisaillement. Des *fibres minérales* cristallisent souvent perpendiculairement aux épontes : cristallisations de calcite dans les calcaires, de gypse ou de sel dans les évaporites, de quartz dans les roches siliceuses et les granites. L'ouverture des fentes est en général millimétrique à décimétrique. Leur longueur axiale va du centimètre à quelques dizaines de mètres, exceptionnellement elle atteint quelques centaines de mètres (= les gjas, voir fig. 6.11).

Les *diaclases* sont des fractures qui, comme les fentes, ne montrent pas de trace de cisaillement mais dont cependant les épontes restent jointives. Elles forment des réseaux de fractures, en gros, perpendiculaires à la stratification. On emploie aussi le terme de «*joint*» dans un sens très général pour désigner des fractures aux épontes jointives sans traces de cisaillement mais ayant, elles, une disposition quelconque par rapport à la stratification. Des réseaux de joints sont souvent associés aux failles.

Lorsque la maille de ces joints est serrée, ceux-ci contribuent à augmenter les capacités de réservoir en fluides (eau, pétrole) des roches.

4.1.3 Les joints stylolithiques

Les *joints stylolithiques* sont des surfaces portant des pics et des creux en forme de colonnes ou de cônes qu'on appelle des pics stylolithiques ou *stylolithes* (Fig. 4.3b) dont la taille varie de quelques millimètres à quelques centimètres. Ces joints stylolithiques se présentent comme des surfaces suivant lesquelles deux blocs adjacents sont étroitement engrenés. Il ne s'agit donc pas de fractures ; ils ne sont cités ici que parce qu'ils sont souvent associés aux fentes de tension. Nous verrons (Chap. 7) qu'il s'agit de surfaces de dissolution par pression, abondantes dans les roches calcaires mais aussi présentes dans les roches siliceuses.

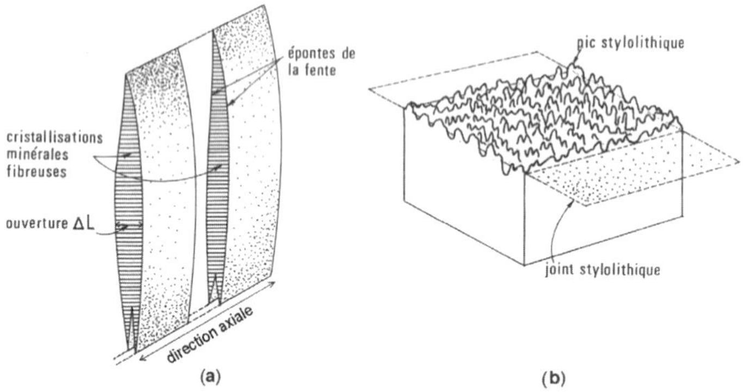

Figure 4.3 – **Fente de tension et joint stylolithique.**

4.2 Les plans de fracture dans les essais mécaniques

Au chapitre 3, nous avons précisé les conditions physiques dans lesquelles se produit la rupture au cours des essais mécaniques. Nous allons maintenant examiner la géométrie des plans de fracture formés.

4.2.1 La rupture en compression

À pression de confinement de 0,1 MPa (Fig. 3.6), la rupture est cassante : elle se produit après une faible déformation élastique. Les surfaces de fracture sont orientées parallèlement à la contrainte uniaxiale σ_1 (Fig. 4.4a). Il y a perte de cohésion du matériau qui se fend le long de ces surfaces sans glissement relatif des blocs. Ces fractures sont des *fentes*.

À pression de confinement ($\sigma_3 = \sigma_2$) plus élevée (Fig. 3.6) et/ou température plus élevée (Fig. 3.7), la rupture est ductile-cassante ; elle se produit après une certaine déformation ductile : l'échantillon cylindrique prend par raccourcissement une forme de barillet (Fig. 4.4b). La rupture se produit le long de deux familles de plans conjugués qui forment un dièdre 2Θ souvent voisin de 60° dont le plan bissecteur contient la direction de compression maximum σ_1. Un glissement relatif des blocs se produit le long de ces plans ; ceux-ci sont donc des *plans de cisaillement*.

4.2.2 La rupture en traction

À pression de confinement de 0,1 MPa, l'échantillon se casse suivant des surfaces non planes approximativement perpendiculaires à la direction de la contrainte uniaxiale σ_3 (Fig. 4.4c). Mais l'existence de défauts préexistants dans la roche fait que, souvent, la rupture en traction se produit préférentiellement sur ceux-ci. Des expériences ont été aussi réalisées à pressions de confinement et/ou températures élevées. La pression de confinement ($\sigma_1 = \sigma_2$) est alors supérieure à la charge (σ_3) ; l'échantillon s'allonge dans la direction de la charge par déformation ductile, préférentiellement dans la partie centrale de l'échantillon formant un étranglement, un «cou». La rupture se produit suivant deux familles de plans de cisaillement conjugués formant un dièdre souvent voisin de 120° dont le plan bissecteur contient la direction de la contrainte compressive minimum σ_3 (Fig. 4.4d). Toutefois, dans la partie centrale du cou, la rupture se fait souvent perpendiculairement à σ_3.

4.2.3 Interprétation de la géométrie des plans de rupture

Comme dans ces expériences la déformation ductile demeure faible, on admettra pour simplifier que le matériau reste isotrope. Une sphère unitaire de matériau se transforme en un ellipsoïde de déformation dont on a représenté une section contenant les axes X et Z (Fig. 4.4 e, f). Remarquons que dans les conditions expérimentales, la déformation est de révolution soit autour de l'axe Z (essais en compression) soit autour de l'axe X (essais en traction). Les fractures formées en traction et en compression sont volontairement représentées sur les mêmes ellipses de déformation bien que dans les deux cas, à la rupture, les axes des ellipses n'aient pas les mêmes élongations pour les mêmes conditions de pression de confinement et de température. Cela permet une interprétation qualitative commode de l'orientation des plans de fracture par rapport aux axes Z et X de déformation. Les fentes formées en compression sont parallèles à l'axe Z, celles formées en traction sont perpendiculaires à l'axe X, donc aussi parallèles à l'axe Z (Fig. 4.4 e). En compression, les plans de cisaillement conjugués forment un dièdre aigu 2Θ souvent voisin de 60° dont la bissectrice est l'axe Z. En traction, les plans de cisaillement conjugués forment un dièdre obtus souvent voisin de 120° dont le plan bissecteur contient l'axe X ; l'axe Z est donc aussi dans le plan bissecteur du dièdre supplémentaire aigu 2Θ.

Si l'on suppose que les déformations sont faibles et que le milieu reste isotrope, comme la déformation est non-rotationnelle, les axes principaux de la déformation et de la contrainte sont co-axiaux (Fig. 4.4 g). Il apparaît alors que, aussi bien en traction qu'en compression, les fentes sont parallèles à σ_1 et perpendiculaires à σ_3 et que les plans de cisaillement conjugués forment un dièdre aigu 2Θ dont le plan bissecteur contient σ_1 et un dièdre obtus (π – 2Θ) dont le plan bissecteur contient σ_3.

En contrainte polyaxiale ($\sigma_1 > \sigma_2 > \sigma_3$), les plans de cisaillement ont pour intersection l'axe σ_2. Dans les conditions expérimentales ($\sigma_1 > \sigma_2 = \sigma_3$ et $\sigma_3 < \sigma_2 = \sigma_1$) les surfaces de cisaillement sont des cônes d'axes σ_1 ou σ_3.

4.2.4 Limite de rupture et angle de rupture

On peut interpréter de façon commode et simplificatrice (Fig. 4.4) l'orientation des plans de fracture par rapport aux axes principaux de la déformation ou, compte tenu des hypothèses faites, des axes principaux de la contrainte. Toutefois, pour un matériau donné, dans les mêmes conditions de pression de confinement et de température, la *résistance à la rupture* des roches est en général beaucoup plus faible en traction qu'en compression (Fig. 4.5a). Par ailleurs, pour un matériau donné, l'angle de rupture 2Θ varie avec la température et la pression de confinement. Les essais mécaniques sur le marbre de Wombeyan (Fig. 3.6) montrent par exemple que l'angle de rupture 2Θ varie entre ; 50 et 65° pour des pressions de confinement allant de 2 à 30 MPa (Fig. 4.5b). D'autre part, l'angle de rupture 2Θ est en général plus faible en traction qu'en compression.

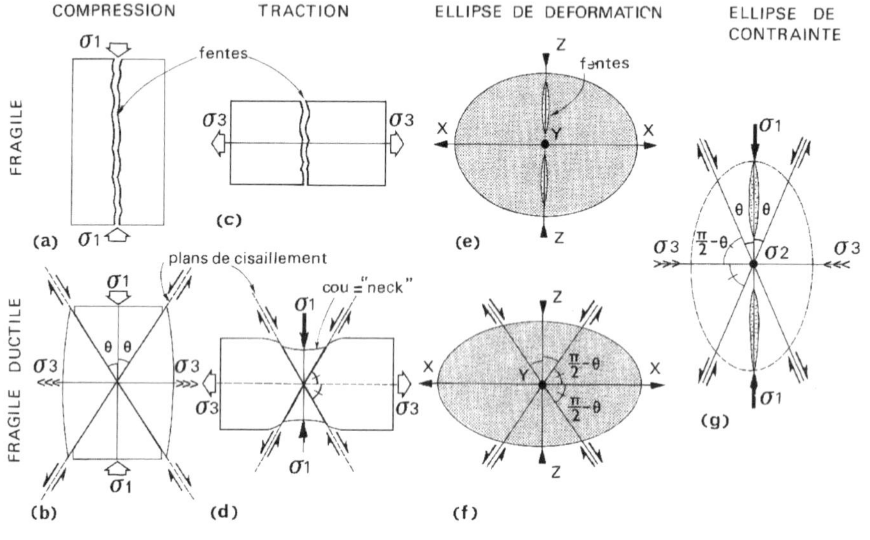

Figure 4.4 – Plans de fracture formés au cours d'essais mécaniques en compression et en traction.

4.3 Les critères de rupture

Pour un système de contraintes donné et pour un matériau donné, il est important de pouvoir disposer d'un critère qui permette de prédire pour quelle contrainte aura lieu la rupture et surtout qui permette de prévoir quelle sera l'orientation du plan de fracture.

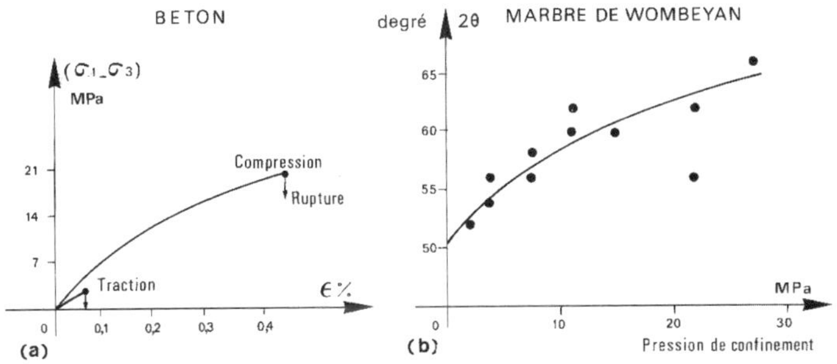

Figure 4.5 – **(a) Résistance d'un béton en traction et en compression, (b) angle de cisaillement 2Θ du marbre de Wombeyan en fonction de la pression de confinement (d'après M.S. Paterson, 1958, *Geol. Soc. Amer. Bull.*, 69, 465).**

4.3.1 Le critère de Coulomb-Navier

Le critère le plus simple est celui de Coulomb (1773) : il admet que la rupture commence quand la contrainte cisaillante τ atteint une valeur C, appelée la *résistance au cisaillement*. Dans les cas simples d'une contrainte uniaxiale ou biaxiale, les relations [(2), (3), Chap. 2], montrent que τ est maximum pour $\sin 2\Theta = 1$, c'est-à-dire pour tout plan faisant avec la direction de compression maximum un angle $\Theta = 45°$.

Mais les résultats expérimentaux montrent que Θ est inférieur à 45° et dans de nombreux cas voisin de 30°. Pour mieux rendre compte de ces résultats, Navier a introduit l'hypothèse que la contrainte σ_N normale au plan de cisaillement s'oppose au glissement et donc augmente la résistance au cisaillement. Il y a là une analogie avec la friction (f) d'un corps placé sur un plan incliné d'un angle φ qui glisse sous son propre poids P pour une force tangentielle T = f (Fig. 4.6a). Alors, $T = N\,\mathrm{tg}\varphi$, T étant la force tangentielle et N la force normale au plan, ce qui s'écrit aussi $T = \mu N$ (Loi d'Amonton) avec le coefficient de friction $\mu = \mathrm{tg}\varphi$. Dans le cas où le corps jusqu'alors immobile commence à glisser, μ est le coefficient dit de friction statique μ_s et dans le cas où le corps glisse à vitesse constante, μ est le coefficient de friction dynamique μ_d ; en général μ_s . μ_d. Le critère de Coulomb-Navier admet donc que la fracture se produit le long d'un plan sur lequel la contrainte cisaillante est suffisamment grande pour vaincre la *cohésion du matériau* C_0 (due aux forces de liaisons interatomiques) et la résistance à la friction statique :

$$\tau_c = C_0 + \mu_i \sigma_N \qquad (1)$$

μ_i est appelé le *coefficient de friction interne* et φ tel que $\mu_i = \mathrm{tg}\varphi$ est *l'angle de friction interne*. La Fig. 4.6b montre que les conditions optima pour que τ soit le plus grand quand σ_N est le plus petit, sont réalisées quand Θ est inférieur à 45° car alors quand Θ décroît, σ_N décroît plus rapidement que τ.

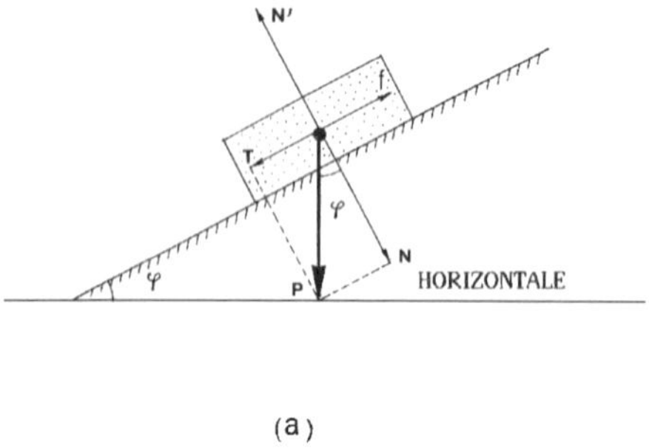

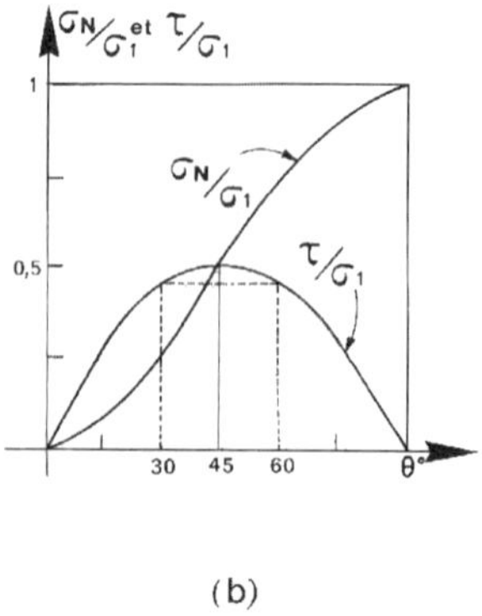

Figure 4.6 – (a) Corps glissant avec friction sur un plan incliné d'un angle φ°, (b) variation des valeurs de τ et σ_N en fonction de l'angle Θ°, en contrainte uniaxiale [voir (2), Chap. 2].

4.3.2 Le critère de Griffith

Toutefois le calcul de la magnitude des forces interatomiques, qui doivent être vaincues pour produire la rupture d'un cristal, montre que ces forces excèdent de 3 ordres de grandeur la résistance à la traction de celui-ci. Griffith (1924) a proposé que ceci est dû à la présence de défauts dans la structure du cristal, défauts dus à des craquelures microscopiques. Ces craquelures ont pour effet de produire une importante concentration de contraintes à leurs extrémités.

Examinons le cas simple d'une contrainte uniaxiale macroscopique T, en traction, appliquée à un échantillon et dont la direction est orthogonale à une craquelure de forme elliptique ayant un grand axe 2c, grand par rapport au petit axe (Fig. 4.7a). Le calcul de la contrainte σ en fond de craquelure en utilisant les lois de l'élasticité linéaire donne :

$$\sigma = 2T\sqrt{c/r_m} \tag{2}$$

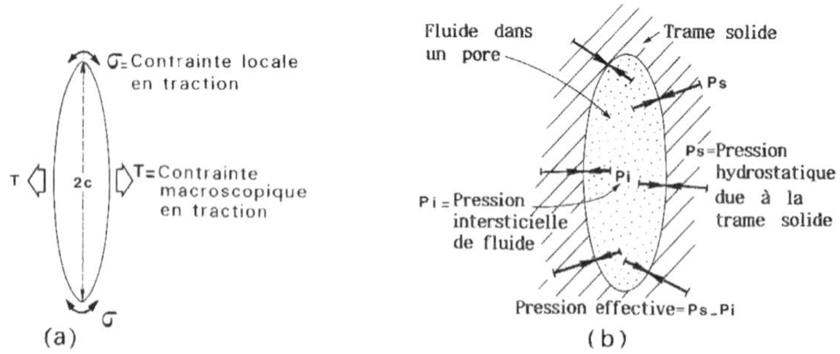

Figure 4.7 – (a) Contrainte σ au fond d'une fissure ayant la forme d'une ellipse et soumise à une traction T orthogonale au grand axe (d'après Price, 1966, Pergamon, Oxford, 338 p.) (b) Pressions appliquées sur les parois d'un pore rempli de fluide.

r_m étant le rayon de courbure en fond de craquelure. Il apparaît alors que, pour un fond de fissure très effilée, quand $r_m \to 0$, la contrainte $\sigma \to \infty$. Dans un matériau où les craquelures sont orientées de façon aléatoire, ce sont les craquelures orientées perpendiculairement, ou presque, à la traction macroscopique (T) qui commenceront à se propager les premières quand la contrainte σ en fond de fissure atteindra une valeur critique dépassant la cohésion interatomique du matériau. Ceci explique en particulier que la résistance des roches en traction soit plus faible qu'en compression, cette dernière tendant à fermer les craquelures (Fig. 4.5a).

4.3.3 La représentation graphique du critère de rupture : le cercle de Mohr et l'enveloppe de Mohr

3.1. *Le cercle de Mohr.* Par souci de simplicité nous nous placerons dans un cas idéal, celui de la contrainte plane. Nous avons montré que si Θ est l'angle que fait un plan donné SS′ avec la contrainte principale compressive σ_1 (Fig. 4.4b), alors la contrainte normale σ_N et la contrainte tangentielle τ à ce plan ont pour valeur [(3), Chap. 2] :

$$\sigma_N = 1/2\,(\sigma_1 + \sigma_3) - 1/2\,(\sigma_1 - \sigma_3)\cos 2\Theta \text{ et } \tau = 1/2\,(\sigma_1 - \sigma_3)\sin 2\Theta \qquad (3)$$

Cette analyse serait la même dans le cas d'une contrainte triaxiale pour l'initiation de plans de rupture ; ceux-ci ayant pour intersection l'axe σ_2, la valeur de σ_2 n'intervient pas dans le calcul de σ_N et de τ pour ces plans. Le cercle de Mohr offre une représentation graphique simple de ces relations (Fig. 4.8a). Si σ_3 et σ_1 sont les abscisses du diamètre d'un cercle dans un système orthonormé (**O**τ, **O**σ) et si 2Θ est

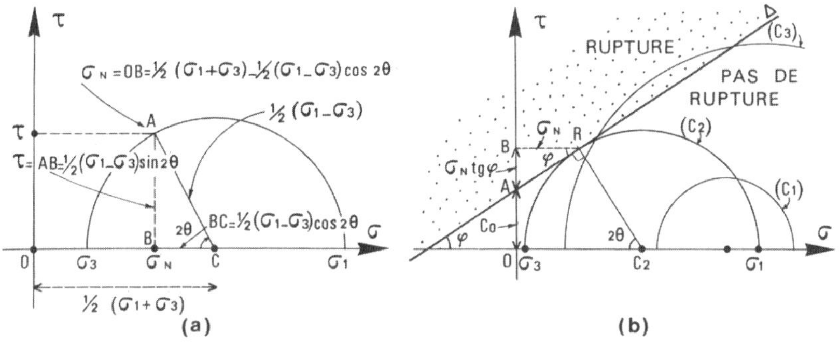

Figure 4.8 – **(a) Représentation par le cercle de Mohr des contraintes normale (σ_N) et tangentielle (τ) sur un plan**
(b) Représentation du critère de rupture par une enveloppe de Mohr.

l'angle que fait la droite des abscisses avec la droite qui joint le centre du cercle à un point A situé sur la circonférence du cercle, alors tout point A sur le cercle a pour abscisse et pour ordonnée respectivement σ_N et τ (Fig. 4.8a). Ce point A représente donc la contrainte appliquée au plan SS′.

3.2. *L'enveloppe de Mohr.* La théorie de Mohr suppose qu'à la rupture, les contraintes normale et cisaillante sont liées par une relation τ = f (σ) que nous supposerons d'abord linéaire et représentée par la droite Δ faisant avec l'axe des σ un angle φ (Fig. 4.8b). Pour tout cercle (C_1) situé en dessous de la droite Δ, les contraintes (τ,σ) représentées par les points sur ce cercle (C_1) n'atteignent pas la valeur critique de rupture, le matériau ne se fracture pas. Pour tout cercle (C_3) qui coupe cette droite Δ, la partie du cercle située au-dessus de la droite, représente des contraintes entraînant la rupture. Pour le cercle C_2 tangent à la droite Δ au point R, ce point représente la contrainte critique à laquelle s'initie la fracture et Θ est l'angle de rupture. On remarque alors que pour tout cercle tangent à cette droite Δ, $\tau_C = OA + AB$; AO est constant et $AB = \sigma_N \cdot tg\ \varphi$, d'où $\tau_C = OA + \sigma_N\ tg\ \varphi$. On retrouve là le critère de rupture de Coulomb-Navier avec $OA = C_o$ la cohésion du matériau, φ l'angle de friction interne et le coefficient de friction interne $\mu_i = tg\varphi$. Pour un matériau donné, on peut déterminer expérimentalement τ et σ_N à la rupture pour différentes valeurs de σ_1 et σ_3 (Fig. 3.6) et tracer les cercles correspondant à ces conditions de rupture. L'enveloppe de tous ces cercles qui représente le critère empirique de rupture du matériau est appelée l'enveloppe de Mohr. En général, ce n'est pas une droite (Fig. 4.9) comme nous l'avons supposé ci-dessus. En compression et pour de fortes pressions hydrostatiques, les conditions de rupture se situent à droite sur la partie rectiligne de l'enveloppe de Mohr ; dans ce cas, le critère de Coulomb-Navier rend bien compte des données expérimentales. Envisageons le cas où la pression hydrostatique P_s augmente, $P_s = \bar{\sigma} = 1/3(\sigma_1 + \sigma_2 + \sigma_3)$ [(6), Chap. 2]. Le centre du cercle de Mohr a pour abscisse $OC = ½ (\sigma_1 + \sigma_3) = 3/2\ P_s - 1/2\ \sigma_2$. Dans le cas de la contrainte plane, $\sigma_2 = 0$, le centre du cercle se déplace vers la droite sur l'axe des abscisses d'une quantité $3/2\ P_s$. Le point de tangence R sur Δ se déplace aussi vers la droite et l'angle 2Θ augmente ; ceci est conforme aux résultats expérimentaux (Fig. 4.5b). Par contre, dans le domaine de la tension, le cercle tangente l'enveloppe de Mohr, à gauche dans sa partie à pente forte ; l'angle 2Θ est petit, voisin de zéro : c'est le domaine de la rupture cassante. Là, la pente forte de l'enveloppe de Mohr traduit le fait que la résistance du matériau à la traction est beaucoup plus faible qu'en compression, ce qui est en accord avec la théorie de Griffith.

4.3.4 L'influence des fluides interstitiels sur la rupture

Les données expérimentales (Fig. 3.13b) montrent qu'une augmentation de la pression de fluides dans les pores de la roche favorise la rupture. Cette observation s'interprète bien par l'enveloppe de Mohr. La pression hydrostatique P_s sur la trame solide exerce une force normale aux parois du pore et tend à les fermer. La pression interstitielle de fluides P_i exerce aussi une force normale aux parois du pore mais elle tend à les ouvrir. La pression effective, P eff. sur les parois du pore est donc $P\ eff. = P_s - P_i$ (Fig. 4.7b).

4.1. *Fracturation assistée par pression de fluide.* Dans un milieu rocheux perméable c'est-à-dire dont les fissures sont connectées, la pression interstitielle P_i est égale au poids de la colonne de fluide sus-jacente de densité ρ_i. La pression hydrostatique P_s sur la trame solide due à la seule pression lithostatique de la colonne de roche sus-jacente de densité ρ_s est égale à $1/3\ \rho_s gh\ [1 + 2\ n/(l-v)]$, [voir (13), § 4.5.1-1.3]. D'où la pression effective :

$$P\ eff. = 1/3\ \rho_s gh\ [1 + 2\ \nu/(1 - \nu)] - \rho_i gh \qquad (4)$$

En profondeur, les communications du réseau de perméabilité devenant de plus en plus difficiles, la pression de fluide P_i augmente et tend vers P_s. Dans la représentation de Mohr, en admettant pour simplifier comme aux § 3.1 et 3.2 une contrainte plane ($\sigma_2 = 0$), le centre du cercle d'abscisse 3/2 P_s se déplace vers la gauche d'une quantité 3/2 P_i (Fig. 4.9) et tangente l'enveloppe de Mohr au point de rupture R. Si la contrainte différentielle ($\sigma_1 - \sigma_3$) est élevée, le rayon du cercle est grand et le point de rupture R sera tel que 2Θ est grand (Fig. 4.9a) ; la fracturation se fait par joints de cisaillement. Si la contrainte différentielle est faible, le rayon du cercle est petit et tangente l'enveloppe de Mohr sur sa partie à pente forte ; la fracturation se fait avec un angle voisin de 0° (Fig. 4.9b), par fentes de traction. La *fracturation assistée par pression de fluides* peut donc favoriser la formation de failles ou de fentes. Toute cause qui libère des fluides, compaction des sédiments, métamorphisme, fusion partielle des roches, fait aussi augmenter P_i et favorise la fracturation assistée par pression de fluide.

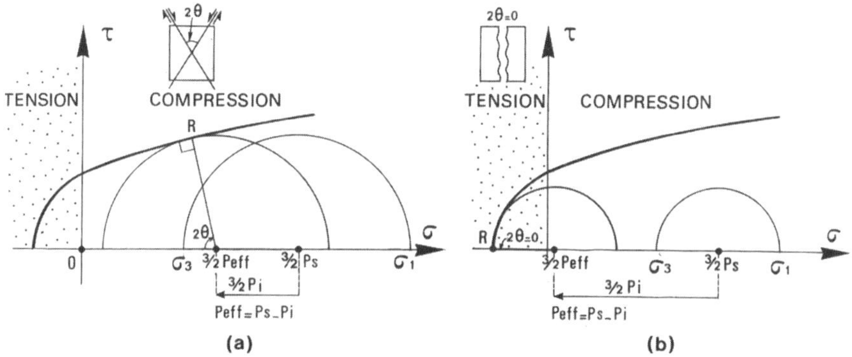

Figure 4.9 – **Représentation par l'enveloppe de Mohr de la fracturation assistée par pression de fluide pour une contrainte différentielle élevée (a) et faible (b).**

4.2. *Fracturation hydraulique.* Quand un milieu imperméable entoure un autre milieu, la libération des fluides dans ce dernier par des réactions métamorphiques de déshydratation ou des fusions partielles de roches, peut conduire à une pression interstitielle P_i plus grande que la pression hydrostatique P_s sur la trame solide. Il y a *fracturation* dite *hydraulique* de la roche. Un réseau de perméabilité s'établit qui correspond à un premier seuil de percolation (Fig. 3.8). Si la teneur en fluide augmente, un 2e seuil de percolation peut être franchi, la trame solide perd sa continuité et le comportement du milieu devient celui du fluide. Nous verrons (Chap. 9) qu'une telle fracturation hydraulique intervient dans les niveaux contenant des évaporites à la base de certaines nappes et favorise leur transport (Chap. 9, § 9.1.4).

4.4 Simulation analogique de l'initiation et de la propagation des failles dans un milieu rocheux

Dans les essais mécaniques, la fracturation ne concerne que de petits échantillons et elle est généralement brutale. On a donc depuis longtemps cherché à simuler la propagation de failles dans un milieu rocheux de dimensions plurikilométriques en utilisant des modèles réduits. Ces *simulations* sont dites *analogiques* ; des simulations numériques sont aussi possibles sur ordinateur.

4.4.1 La théorie des modèles réduits

Pour qu'un *modèle réduit* représente valablement le comportement de l'original, il doit satisfaire aux *conditions de similitude* : les caractéristiques géométriques et mécaniques du modèle doivent être semblables à celles de l'original ; on dit que l'expérience est « dimensionnée ».

L'étude théorique (K. Hubbert, 1937) montre que le facteur de réduction d'une caractéristique du matériau est donné par le rapport des équations aux dimensions de cette caractéristique dans le modèle et dans l'original. Les équations aux dimensions sont établies à partir des paramètres de masse (M), longueur (L) et temps (T). Les rapports de similitude seront donc définis par les rapports des paramètres du modèle (Mm, Lm, Tm) et de l'original (Mo, Lo, To) soit : $M^* = Mm/Mo$, $L^* = Lm/Lo$ et $T^* = Tm/To$. Pour une contrainte, par exemple, qui a les dimensions d'une force ($F = M\gamma$) divisée par une surface (L^{-2}), le facteur de réduction des contraintes (noté Σ^*) est égal à :

$$\Sigma^* = M^*\, L^*\, T^{*-2}.\, L^{*-2} = M^*\, L^{*-1}\, T^{*-2} \qquad (5)$$

À titre d'exemple très simple, on peut calculer quelle doit être la résistance à la rupture en compression (Σm) du matériau homogène d'un modèle carré de côté $Lm = 50$ cm et de 12,5 cm d'épaisseur représentant l'initiation de failles dans une croûte de granite sans défaut de côté $L_0 = 50$ km et de 12,5 km d'épaisseur dont la résistance à la rupture en compression est $\Sigma_0 = 2.10^{\,2}$ MPa. L'expérience représentant des mouvements lents sur une période de temps géologique (donc à l'exclusion de séismes), les accélérations sont petites et les forces d'inertie sont négligeables par rapport aux forces gravitaires et tectoniques. On peut donc admettre que les forces d'inertie sont nulles d'où $F^* = M^*L^*T^{*-2} \approx 0$ (F^* = rapport de similitude des forces), ce qui implique que M^*, L^* et T^* sont indépendants. La seule accélération à considérer est celle de la pesanteur qui est la même pour le modèle et l'original d'où le rapport d'accélération $G^*_g = L^*T^{*-2} = 1$. Ceci permet de sortir L^*T^{*-2} des facteurs de réduction. L'expression de Σ^* peut alors se simplifier :

$$\Sigma^* = M^*\, L^{*-1}\, T^{*-2} = M^*\, L^{*-2} \qquad (6)$$

Remplacer le rapport de masse par le rapport de densité (D^*) donne :

$$\Sigma^* = M^*\, L^{*-2} = D^*\, L^{*3}\, L^{*-2} = D^*\, L^* \qquad (7)$$

Si le matériau utilisé est de l'argile dont on supposera pour simplifier une densité voisine de celle du granite, $D^* \approx 1$ d'où $\Sigma^* \approx L^*$

Le rapport de similitude de la résistance à la rupture en compression est celle des dimensions du modèle soit 10^{-5}, ce qui donne une résistance du matériau du modèle.

$\Sigma_m = 2.10^3$ Pa. C'est l'ordre de grandeur de la résistance d'une argile très molle qui s'étale sous son propre poids. Pour les expériences simulant une déformation ductile de la croûte, les matériaux utilisés (la silicone par exemple) ont une vitesse de déformation (ε) proportionnelle à la contrainte ($\varepsilon = \sigma/\eta$, Fig. 3.4b), les expériences doivent alors tenir compte du rapport des vitesses de déformation du modèle aux vitesses géologiques. Ceci se traduit par un facteur de réduction η^* de la viscosité des matériaux :

$$\eta^* = M^*L^{*-1}\,T^{*-2}/L^*\,L^{*-1}\,T^{*-1} = M^*L^{*-1}\,T^{*-1} \tag{8}$$

Pour autant que les forces d'inertie soient encore négligeables et que la seule accélération à considérer soit la pesanteur, $G^*_g = L^*\,T^{*-2} = 1$, alors

$$\eta^* = M * L^{*-2}\,T^* = D^*\,L^*\,T\ \ * \tag{9}$$

Si D^* et L^* sont fixés par le matériau du modèle et sa taille, T^* détermine le rapport des viscosités ou inversement le rapport des viscosités fixe le facteur de réduction du temps.

4.4.2 La formation des fractures en déformation non rotationnelle

Les simulations de fractures décrites ci-dessous utilisent des gâteaux d'argile molle de 50 cm de long, 25 cm de large et 12,5 cm d'épaisseur. Elles respectent les règles de similitude décrites au paragraphe précédent. Le gâteau d'argile est placé horizontalement sur une maille carrée, déformable en losanges par traction ou compression horizontale de telle sorte que la déformation soit non rotationnelle. Des cercles imprimés à la surface de l'argile sont, à l'état final, déformés en ellipses qui visualisent la déformation continue. Celle-ci est un cisaillement pur (voir Fig. 2.13a), en déformation plane dans le plan horizontal (Fig. 4.10). Si l'argile est fortement mouillée en surface, ce qui a pour effet de diminuer sa tension superficielle et sa résistance à la traction, la déformation est cassante, il se forme des fentes perpendiculaires à l'axe X de l'ellipse (Fig. 4.10a). Si l'expérience est menée sans mouiller l'argile en surface, la déformation est ductile-cassante, et il se forme des joints de cisaillement conjugués dont l'angle 2Θ voisin de 60° admet pour bissectrice l'axe Z de l'ellipse (Fig. 4.10b). Les plans de fracture s'initient donc avec une orientation semblable à celle observée dans les essais mécaniques (Fig. 4.4). La déformation étant non rotationnelle, le milieu macroscopiquement isotrope et les déformations petites, on peut considérer que les axes principaux de la contrainte et de la déformation sont co-axiaux. Les fentes sont parallèles à σ_1 et perpendiculaires à σ_3 ; les joints de cisaillement conjugués forment un angle aigu 2Θ qui admet σ_1 pour bissectrice et un angle obtus $(\pi - 2\Theta)$ qui admet σ_3 pour bissectrice (Fig. 4.10c). Si la déformation augmente, l'ellipse est cassée par les joints de cisaillement dont une famille (α) montre un mouvement dextre et l'autre famille (β) un mouvement senestre. La valeur de l'angle 2Θ augmente et peut même dépasser 90°, les angles Θ1 et Θ2 restant égaux (Fig. 4.10d). On dit qu'il y a *rotation interne* des plans de cisaillement, cette rotation est symétrique par rapport aux axes principaux de la déformation.

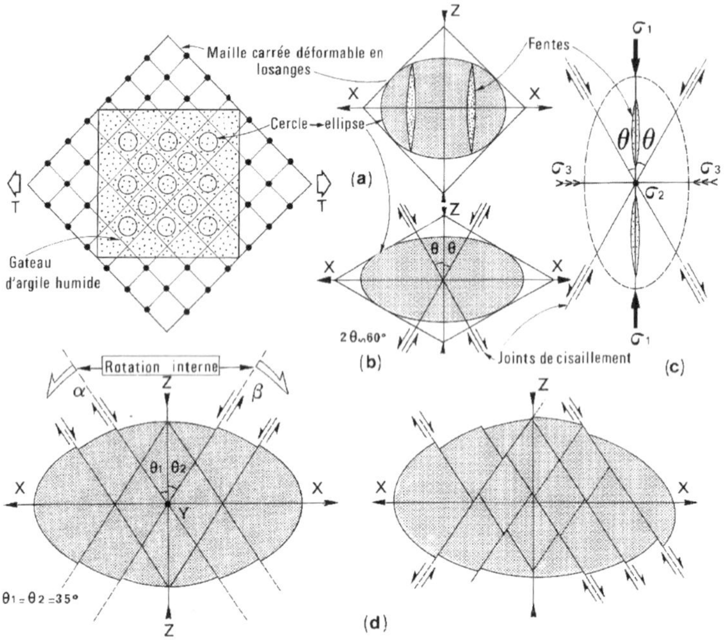

Figure 4.10 – **Fentes de tension et joints de cisaillement obtenus par déformation non rotationnelle sur modèles réduits (d'après E. Cloos, 1955, *Geol. Soc. Amer. Bull.*, 66, 241).**

4.4.3 Formation des fractures en déformation rotationnelle

3.1. *Des expériences analogues à la précédente ont été réalisées en déformation rotationnelle* (Riedel, 1929). Le gâteau d'argile est placé sur deux plaques de métal jointives reposant sur un plan horizontal. Ces plaques sont déplacées parallèlement à leurs bords zz′ de telle sorte que le gâteau d'argile soit soumis à un couple cisaillant moteur, dextre sur la figure 4.11. Les cercles imprimés sur l'argile sont déformés en ellipses qui visualisent la déformation continue; celle-ci est un cisaillement simple (Fig. 2.13b) dans le plan horizontal. Au début de l'expérience, les grands axes des ellipses, orientés conformément au sens du cisaillement, font avec la direction zz′ un angle de 45°. Si l'argile est mouillée en surface, il se forme des fentes (F_e), orientées à 45° de zz′ et parallèles à l'axe Z de l'ellipse. Si l'expérience est menée sans mouiller l'argile en surface, il se forme des joints de cisaillement conjugués (R et R′), symétriques par rapport à l'axe Z, faisant un angle 2Θ voisin de 60° (Fig. 4.11a). Les joints de cisaillement dextres, sont dits *synthétiques* du couple cisaillant moteur.

On les appelle aussi *joints de cisaillement R* (du nom de Riedel) ; ils forment avec la direction de zz′ un angle voisin de 15°. Les joints de cisaillement senestres sont dits *antithétiques* du couple cisaillant moteur, on les appelle aussi *joints de cisaillement R′*. Ce qui est remarquable, et qui ne s'observe pas en déformation non rotationnelle, c'est que les fentes et les joints de cisaillement sont disposés parallèlement dans la zone de cisaillement suivant un dispositif que l'on dit « en échelon ». Si la déformation se poursuit, (Fig. 4.11b) l'ellipse est cassée par les joints de cisaillement R et R′, la valeur de l'angle 2Θ augmente et peut dépasser 90° ; il y a *rotation interne* des plans de cisaillement (Fig. 4.11b), mais celle-ci n'est pas symétrique. Les *joints R synthétiques* qui prennent en charge l'essentiel du déplacement tournent moins vite que les *joints antithétiques R′* : la valeur de l'angle Θ_2 (angle entre R′ et Z) croît plus vite que Θ_1 (angle entre R et Z). Par ailleurs, les axes de l'ellipse tournent, le grand axe X tendant à se paralléliser avec zz′. L'ellipse subit une rotation par rapport à zz′ que l'on appelle *rotation externe* (Fig. 4.16b) ; celle-ci est caractéristique de la déformation rotationnelle.

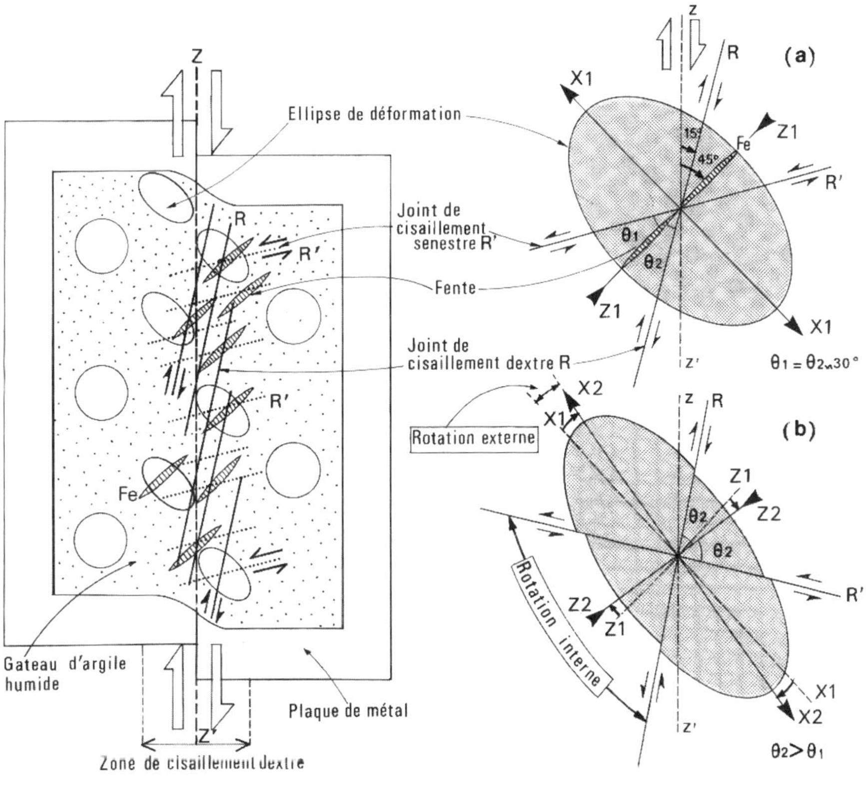

Figure 4.11 – **Fentes de tension et joints de cisaillement obtenus par déformation rotationnelle sur modèles réduits (d'après E. Cloos, 1932, *Proc. Nat. Acad. Sci.*, USA, 18, 387).**
Les axes X et Z de l'ellipse tournent de la position 1 à la position 2, dans le sens dextre (horaire) du couple cisaillant.

3.2. *Des expériences faites avec des boîtes de cisaillement* (voir Fig. 5.2a) permettent de suivre l'évolution de ces plans de cisaillement. Le déplacement se poursuivant, les joints R se propagent dans le matériau, de chaque côté de la zone de cisaillement. Les joints R′ presque perpendiculaires au sens du cisaillement général subissent une distorsion et une rotation et ils régressent (Fig. 4.12a). Ces derniers ne peuvent pas, en effet, prendre en compte le déplacement ; il se forme de nouveaux joints de *cisaillement appelés P*, symétriques des joints R par rapport à la direction générale zz′ du mouvement et dont le mouvement est synthétique de celui-ci (Fig. 4.12b). La combinaison des cisaillements P et R conduit à la formation d'une zone de joints de cisaillement en tresse dans la direction générale du cisaillement et la largeur de la partie active de la zone de joints de cisaillement diminue. La résistance au cisaillement du matériau atteint alors une valeur minimum (Voir Fig. 5.2a) qui n'évolue ensuite plus beaucoup.

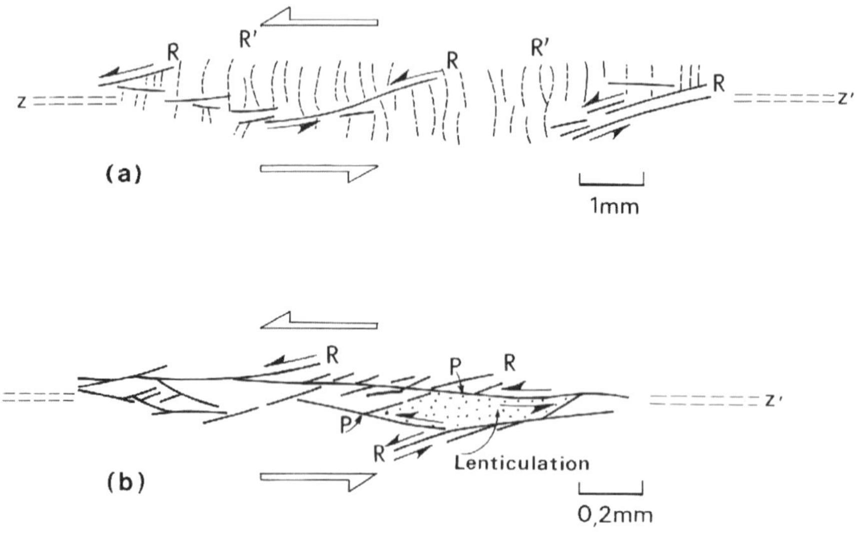

Figure 4.12 – Évolution des joints de cisaillement R et R′ (a) et P (b) par déformation d'un gâteau d'argile dans une boîte de cisaillement (d'après J. Tchalenko, 1970, *Geol. Soc. Amer. Bull.*, 81, 1625).

4.5 INTERPRÉTATION DES DÉFORMATIONS CASSANTES NATURELLES

Les interprétations dynamiques les plus simples des déformations cassantes naturelles reposent sur l'hypothèse que celles-ci s'initient dans un milieu homogène, isotrope, non affecté de fractures préexistantes, et que les critères de rupture rendent compte de la géométrie des failles, des joints de cisaillement et des fentes de tension.

4.5.1 Les fractures naturelles en déformation non rotationnelle

1.1. *L'interprétation dynamique des failles, le modèle d'Anderson (1951)*

Anderson (1905 et 1951) a suggéré que les failles (Fig. 4.2) pouvaient être interprétées par un modèle mécanique simple de rupture par cisaillement. La surface horizontale de la terre étant une surface libre, qui ne transmet pas la contrainte tangentielle τ, est par définition un plan principal et la contrainte verticale est donc une contrainte principale. Dans les régions de relief accidenté, cette contrainte principale n'est pas vraiment verticale, mais en profondeur elle le devient presque. En première approximation, on peut donc considérer que les deux autres contraintes principales sont dans le plan horizontal.

Partant d'un milieu à l'équilibre où règne un état de contrainte qu'Anderson considère hydrostatique c'est-à-dire un milieu qui est plastique (voir § V-1.3) par ajout de contraintes «supplémentaires» (S_{xx} et S_{yy}) d'origine tectonique que nous supposerons horizontales par souci de simplification (Fig. 4.13), on peut avoir 6 systèmes de failles possibles, conjuguées deux par deux. Si dans le plan horizontal il y a ajout de contraintes tectoniques compressives (S_{xx}, S_{yy}), plus fortes suivant une direction (S_{xx}), σ_1 et σ_2 sont dans le plan horizontal et σ_3 est vertical (Fig. 4.13a). À la rupture, il se formera deux plans de cisaillement conjugués qui correspondent à des failles inverses ayant pour intersection l'axe σ_2 et inclinées d'environ 30° sur le plan horizontal. Si dans le plan horizontal, il y a ajout de contraintes extensives (S_{xx}, S_{yy}) plus fortes suivant une direction (Sxx), σ_3 et σ_2 sont dans le plan horizontal et σ_1 est vertical (Fig. 4.13b). À la rupture il se formera deux plans de cisaillement conjugués qui correspondent à des failles normales inclinées de 60° sur le plan horizontal. Enfin, si dans le plan horizontal il y a ajout d'une contrainte compressive suivant une direction (S_{yy}) et extensive suivant la direction (S_{xx}) orthogonale à la précédente, σ_1 et σ_3 sont dans le plan horizontal et σ_2 est vertical (Fig. 4.13c). À la rupture il se formera des failles verticales décrochantes conjuguées, dextres et senestres.

Ainsi si l'on mesure sur le terrain la direction et le pendage de failles conjuguées, on peut par construction stéréographique déterminer les directions de contraintes princi-pales en utilisant le modèle d'Anderson (Fig. 4.13). L'intersection des plans de failles F1 et F2 donne la direction σ_2 ; le plan orthogonal à σ_2 est le plan (σ_1, σ_3), σ_1 est la bissectrice de l'angle aigu formé par les plans de failles, σ_3 est la bissectrice de l'angle obtus. Toutefois, il faut toujours garder en mémoire que l'utilisation de ce modèle admet implicitement (1) que les failles sont conjuguées (elles se sont formées en même temps), (2) qu'elles n'ont pas subi de rotation interne telle que le dièdre 2Θ initialement aigu soit devenu obtus. En vérité, comme la croûte continentale garde en héritage les failles formées au cours du temps, on est rarement assuré que des failles soient conjuguées ce qui en pratique limite considérablement l'intérêt de la méthode d'Anderson. En tout cas, la condition nécessaire mais non suffisante à l'utilisation de cette méthode est de s'assurer que les vecteurs glissements $\mathbf{S_1}$ et $\mathbf{S_2}$ sont contenus dans

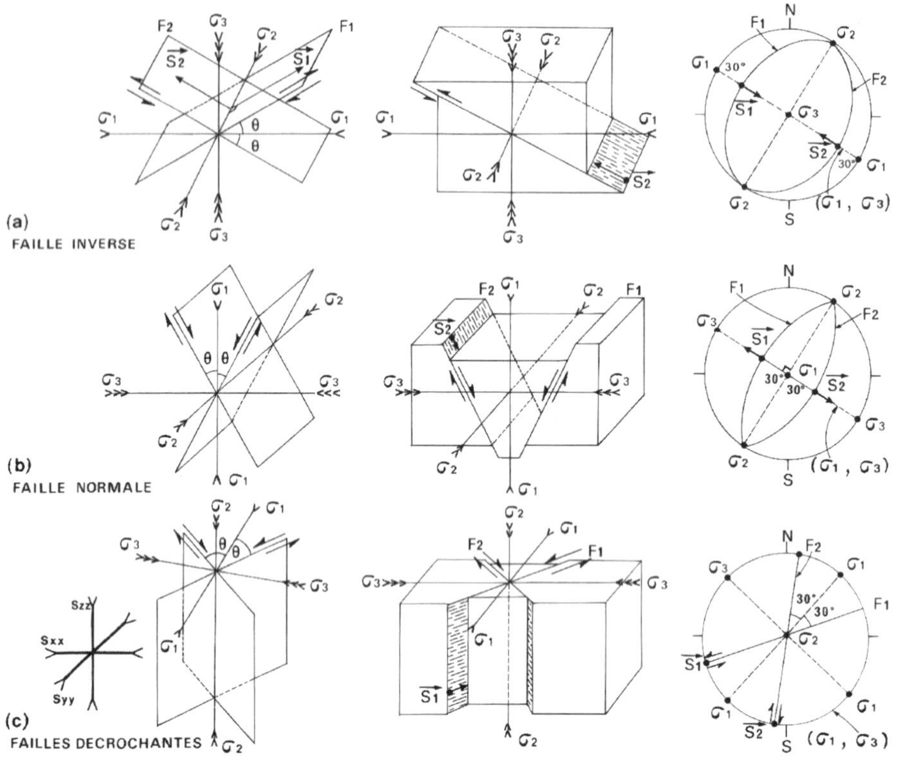

Figure 4.13 – **Interprétation dynamique des failles par le modèle d'Anderson avec leur représentation stéréographique (projection sur l'hémisphère inférieur).**

le plan orthogonal à l'intersection des plans de failles (Fig. 4.13, voir projections stéréographiques).

1.2. *L'interprétation dynamique des fentes de traction et des stylolithes.* La normale au plan des fentes (νF_e, Fig. 14 a) correspond à la direction de l'allongement X ; compte tenu que les déformations sont faibles, on peut considérer qu'elle correspond aussi à la direction de σ_3. Les fentes (Fe) horizontales ou presque, résultent donc d'un régime tectonique compressif (σ_3 vertical, Fig. 4.14c). Les fentes verticales ou presque résultent d'un régime tectonique soit purement extensif (σ_3 horizontal, σ_1 vertical, Fig. 4.14 d), soit décrochant (σ_3 horizontal, σ_2 vertical, Fig. 4.14 e). Pour obtenir une information plus précise, il faut pouvoir déterminer la direction axiale (b) des fentes (Fig. 4.3 et 4.14d et e) qui correspond à l'axe de déformation Y ou de contrainte σ_2 ; ceci permet de construire graphiquement l'axe σ_1 qui est orthogonal aux axes σ_3 et σ_2 et de définir ainsi parfaitement le régime tectonique.

En fait, sur le terrain, il est souvent difficile de déterminer la direction axiale (b) des fentes ; c'est pourquoi on associe souvent à l'étude des fentes (Fe), celle des joints stylolithiques (JS). La direction des pics stylolithiques correspond à celle de la contrainte compressive σ appliquée au plan considéré, la dissolution se faisant

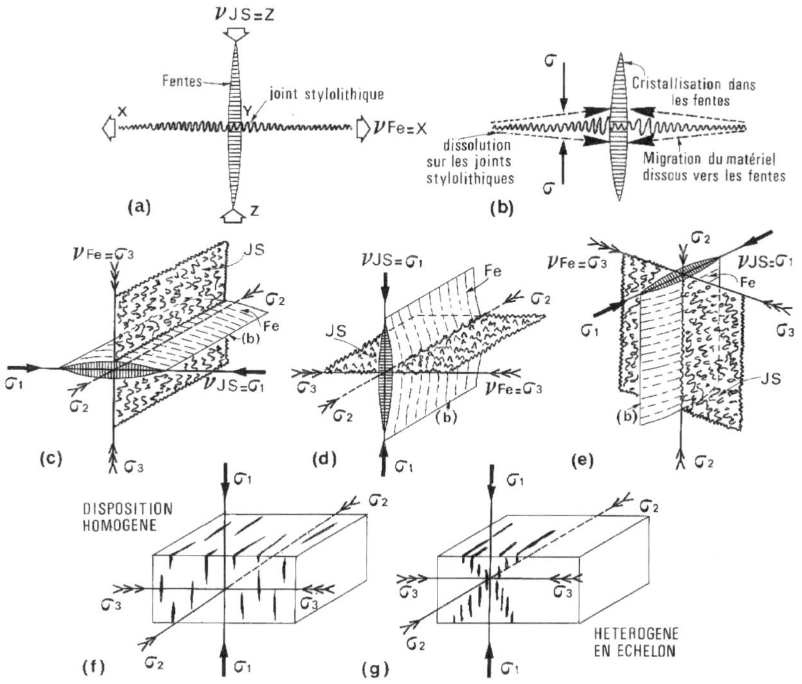

Figure 4.14 – **Interprétation dynamique des fentes et des joints stylolithiques.**

suivant la direction de compression la plus forte (Fig. 4.14 b). Si les pics stylolithiques sont perpendiculaires au joint stylolithique, celui-ci est un plan principal et la normale au joint stylolithique (νJS, Fig. 4.14 a) est celle de la contrainte principale maximum σ_1. Ainsi le pôle moyen des fentes (νFe) donne la direction de σ_3 et le pôle moyen des joints stylolithiques (νJS) donne la direction de σ_1. Les directions principales de la contrainte (ou de la déformation) sont ainsi bien définies par une mesure statistique des pôles des fentes et des joints stylolithiques. Dans une déformation non-rotationnelle, les fentes peuvent être disposées parallèlement (Fig. 4.14 f, déformation homogène) ou en échelon (Fig. 4.14 g, déformation hétérogène).

On peut bien entendu combiner l'analyse des failles, des fentes et des joints stylolithiques dans des sites fracturés.

1.3. *État de contrainte dû à la pression lithostatique et contrainte tectonique.* Nous avons dit précédemment que le modèle d'Anderson suppose un milieu à l'équilibre dans lequel la pression lithostatique p (ou contrainte lithostatique σ_z) crée en profondeur un état de contrainte de type hydrostatique ($\sigma_x = \sigma_y = \sigma_z = \rho gh$) auquel peuvent s'ajouter des contraintes tectoniques « supplémentaires » d'origine tectonique (S_{xx}, S_{yy}), (Fig. 4.13). C'est un sujet controversé qui mérite qu'on s'y arrête.

a) La pression lithostatique $p = \sigma_z = \rho gh$ s'appliquant sur les faces horizontales d'un cube élémentaire à une profondeur h, tend à aplatir celui-ci produisant des allongements ε_{zx} et ε_{zy} dans le plan horizontal (voir Fig. 3.3). Si l'on considère que le milieu est élastique et isotrope dans les premiers kilomètres sous la surface du sol, ces allongements sont donnés par la relation [(1), Chap. 3] :

$$\varepsilon_x = 1/E\,[\sigma_x - \nu(\sigma_y + \sigma_z)],\ \varepsilon_y = 1/E\,[\sigma_y - \nu\,(\sigma_x + \sigma_z)] \qquad (10)$$

Si le milieu est à l'équilibre, c'est que les roches environnantes appliquent sur les faces verticales du cube des contraintes σ_x et σ_y telles que $\varepsilon_x = 0$ et $\varepsilon_y = 0$. Dans ce cas, à partir des relations (10), on obtient :

$$\sigma_x = \sigma_y = \nu/(1 - \nu)\,\sigma_z \qquad (11)$$

L'état de contrainte T_s résultant de la seule pression lithostatique dans un milieu rocheux élastique isotrope est donc de révolution autour de σ_z :

$$T_s = \begin{pmatrix} \nu/(1-\nu)\rho gh & 0 & 0 \\ 0 & \nu/(1-\nu)\rho gh & 0 \\ 0 & 0 & \rho gh \end{pmatrix} \qquad (12)$$

Pour les roches compactes élastiques, ν est inférieur à 0,5 donc $\nu/(1 - \nu)$ est inférieur à 1 et $\sigma_x = \sigma_y$, σ_z. La contrainte verticale est σ_1 ; il existe une contrainte différentielle $(\sigma_1 - \sigma_3)$ donc un déviateur qui croît avec la profondeur (Fig. 4.15a) et la pression hydrostatique $P_s = \bar{\sigma}$ [(6), Chap. 2] induite par la pression lithostatique dans un tel milieu est :

$$P_s = 1/3\ \rho gh\,[1 + 2\,\nu/(1 - \nu)] \qquad (13)$$

Supposons qu'à l'état de contrainte T_s, résultant du seul effet de la pression lithostatique sur une roche élastique (sans qu'il y ait relaxation du déviateur), s'ajoute une contrainte tectonique S_{xx} (Fig. 4.13 et Fig. 4.15 b). En négligeant la petite augmentation de contrainte verticale ($S_{zz} = 0$) due à l'allongement vertical de la colonne de roche résultant de cette contrainte tectonique S_{xx} (voir Chap. 3, § 3.1.2-2.1). Cette dernière doit produire un allongement εxy suivant la direction y tel que $S_{xx} = E_{\varepsilon x} = - E_{\varepsilon xy}/\nu$ (voir Chap. 3, § 3.1.2-2.1). S'il n'y a pas d'allongement suivant la direction y (état statique), c'est que les roches environnantes appliquent sur la face verticale du cube, orthogonale à la direction y une contrainte $S_{yy} = E_{\varepsilon y}$ telle que $|\varepsilon y| = |\varepsilon xy|$ d'où il s'ensuit que $S_{yy} = \nu S_{xx}$. Si on considère pour simplifier que les contraintes dues à la pression lithostatique et à la contrainte tectonique ont les mêmes directions principales, on peut écrire la contrainte totale sous la forme :

$$T_t = \begin{pmatrix} \nu/(1-\nu)\rho gh + S_{xx} & 0 & 0 \\ 0 & \nu/(1-\nu)\rho gh + \nu S_{xx} & 0 \\ 0 & 0 & \rho gh \end{pmatrix} \qquad (14)$$

Ceci signifie que si S_{xx} est une contrainte compressive et qu'en surface le régime tectonique est compressif, on aura $\sigma_x = \sigma_1$ et $\sigma_y = \sigma_2$. Mais à partir d'une certaine profondeur, σ_z deviendra nécessairement la valeur la plus grande et le régime tectonique deviendra extensif. Pour une contrainte compressive de 10 MPa, par exemple (Fig. 4.15b), le régime tectonique deviendra extensif un peu au-delà de 500 m de profondeur. Or, dans les régions en compression il n'y a pas de preuves structurales ou sismiques en faveur du passage à un régime tectonique extensif en profondeur dans la partie cassante de la croûte. Que nous apprennent les mesures de contraintes in-situ ?

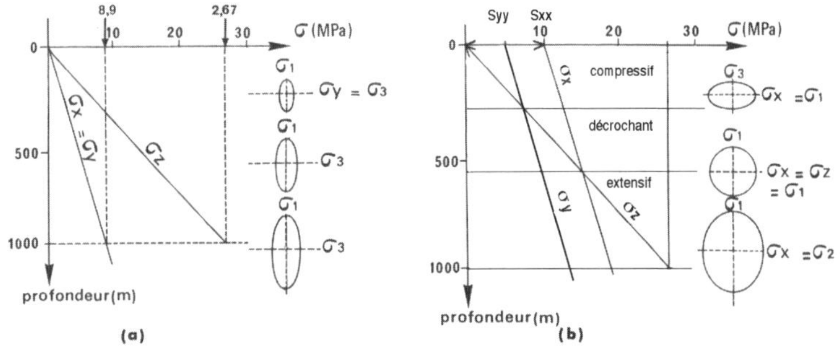

Figure 4.15 - **État de contrainte dû à la pression lithostatique sur des roches élastiques. (a) sous le seul effet de la pression lithostatique, (b) avec une contrainte horizontale tectonique S_{xx} de 10 MPa ajoutée à la contrainte lithostatique. La densité des roches est égale à 2,72, g = 9,8 m sec^{-2} et ν = 0,25 (d'après Means, 1976, Springer-Verlag, Berlin, 338 p., modifié).**

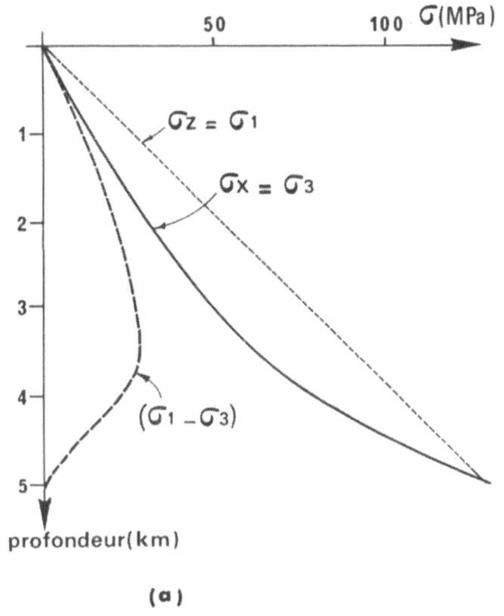

Figure 4.16 - **Esquisse de la répartition des contraintes en profondeur dans un bassin pour des roches sédimentaires compactes (d'après Poulet, 1976, *Rev. Inst. Franc. Pétrole*, 31 (5), 781).**

À partir de mesures effectuées dans les bassins pétroliers, on estime généralement que dans les roches sédimentaires la contrainte différentielle atteint un maximum vers 4.000 m de profondeur (Fig. 4.16). Au-delà, celles-ci commencent à se déformer ductilement et à relaxer leur déviateur si bien que vers 5.000 m, l'état de contrainte peut éventuellement devenir de type hydrostatique. Pour les roches métamorphiques et plutoniques, plus élastiques, cette déformation ductile commence à plus grande profondeur (voir Fig. 5.5).

b) Aussi l'hypothèse de l'absence de déplacements horizontaux ($\varepsilon_x = \varepsilon_y = 0$), c'est-à-dire l'absence de déformation plastique du fait de la pression lithostatique dans la croûte cassante, demeure une question ouverte. Une hypothèse alternative, connue sous le nom de règle de Heim, est que l'état de contrainte à toute profondeur tend à devenir hydrostatique à cause du fluage des roches pour des temps assez longs (Jaeger, 1969). Ce fluage peut être dû dans la partie superficielle de la croûte cassante soit au phénomène de pression-dissolution, soit à la partie « visqueuse » de la déformation des roches *élasto-vis- queuses* qui relaxe les contraintes dans la roche sur de longues périodes. La rhéologie d'une telle roche élasto-visqueuse peut être schématisée par l'association en série (Fig. 4.17a) d'un ressort (de module d'Young E) et d'un amortisseur (de viscosité η). La réponse en déformation d'un tel corps (dit unité de Maxwell) nécessite un certain temps, dit *temps caractéristique de relaxation*, qui est celui nécessaire pour transférer à l'amortisseur l'énergie emmagasinée instantanément dans le ressort (voir d'autres rhéologies plus complexes, Fig. 3.12). Ce temps de relaxation t_R dépend du rapport de la viscosité (Pascal seconde) au module d'Young (Pascal). Si on appelle t_1 le temps d'application d'une contrainte tectonique S_{xx} sur une roche et t_2 le temps de séjour de celle-ci à un *état de contrainte lithostatique* T_s, en supposant $t_2 . t_1$ plusieurs cas peuvent se présenter (Fig. 4.17b). Si $t_R . t_2 . t_1$, aucune contrainte n'a eu le temps d'être relaxée, il existe un déviateur qui résulte de la contrainte tectonique S_{xx} et de la contrainte lithostatique T_s ; c'est le cas de la Fig. 4.15 b. Si t_1 , t_R , t_2, le déviateur dû à la contrainte lithostatique est relaxé, l'état de contrainte lithostatique devient hydrostatique ; le seul déviateur existant résulte de la contrainte tectonique S_{xx} ; c'est le cas du modèle d'Anderson (Fig. 4.13). Si t_R , t_1 , t_2, les déviateurs dûs à la contrainte lithostatique et à la contrainte tectonique sont relaxés, l'état de contrainte est totalement hydrostatique. Bref, l'hypothèse d'un état de contrainte lithostatique devenue hydrostatique, commode en analyse structurale, peut être dans certains cas une approximation justifiée.

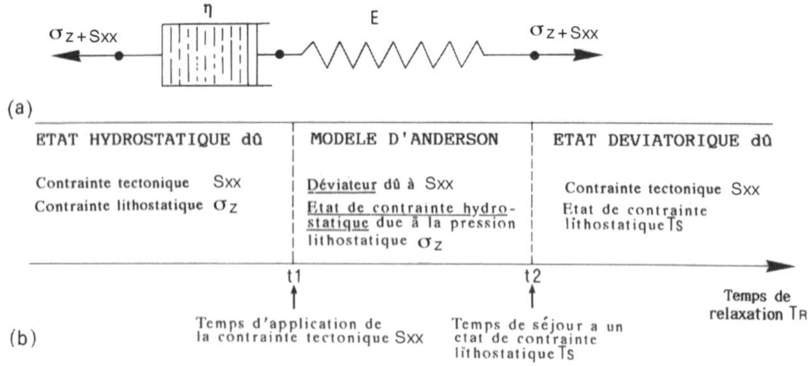

Figure 4.17 – Relaxation de la contrainte déviatorique dans une roche représentée par une unité de Maxwell (a), pour des temps de relaxation différents (b).

4.5.2 Les fractures naturelles en déformation rotationnelle

2.1. *Les fentes en échelon.* On observe souvent sur le terrain des fentes disposées en échelon. Par référence aux résultats obtenus sur modèles réduits, on en déduit que ces fentes en échelon sont situées dans des zones de cisaillement et que la direction des fentes fait un angle de 45° avec la direction générale zz′ du cisaillement, qui est celle d'une zone de cisaillement potentielle. L'orientation des fentes permet de déterminer le sens du cisaillement (Fig. 4.18a, b). Ces fentes ont souvent une forme sigmoïdale qui peut être due à une rotation externe des parties de fentes déjà formées alors que leurs extrémités continuent à se propager vers la périphérie à 45° de la direction de cisaillement (Fig. 4.18a). Cette forme sigmoïdale peut être due aussi à une déformation cisaillante ductile hétérogène du matériau, plus importante au centre de la zone de cisaillement qu'à la périphérie (Fig. 4.18 b). Le mouvement se poursuivant conduit à la formation de plans de cisaillement qui cisaillent les fentes sigmoïdales (Fig. 4.18 c).

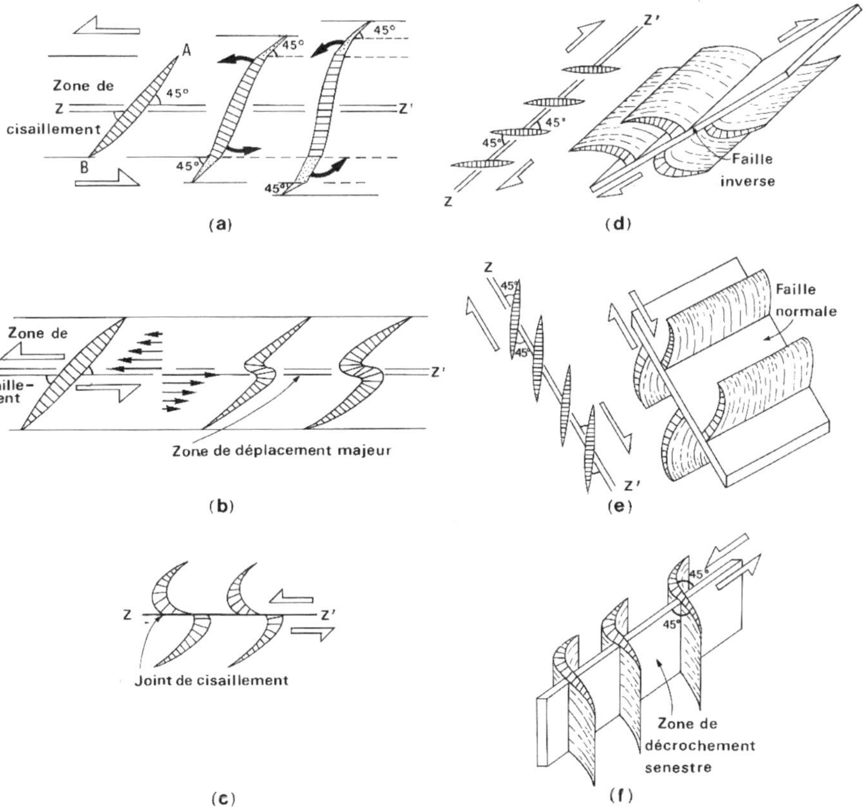

Figure 4.18 – **Fentes en échelon sur une zone de cisaillement zz′.**

Les fentes peuvent être associées à des failles inverses (Fig. 4.18 d), normales (Fig. 4.18 e) ou décrochantes (Fig. 4.18 f).

2.2. *Les joints de cisaillement en échelon.* Il est également fréquent d'observer sur le terrain des joints de cisaillement en échelon. Leur interprétation est toujours délicate car leur seule géométrie est insuffisante pour déterminer le sens du mouvement sur la zone de cisaillement majeure. En effet, pour une géométrie donnée (Fig. 4.19) on peut toujours proposer deux sens de mouvement suivant qu'il s'agit de joints R ou P. Il est donc nécessaire de déterminer le mouvement sur les joints de cisaillement eux-même par l'observation des stries (voir Chap. 5), ce qui permet avec leur géométrie de définir s'il s'agit de joints R ou P.

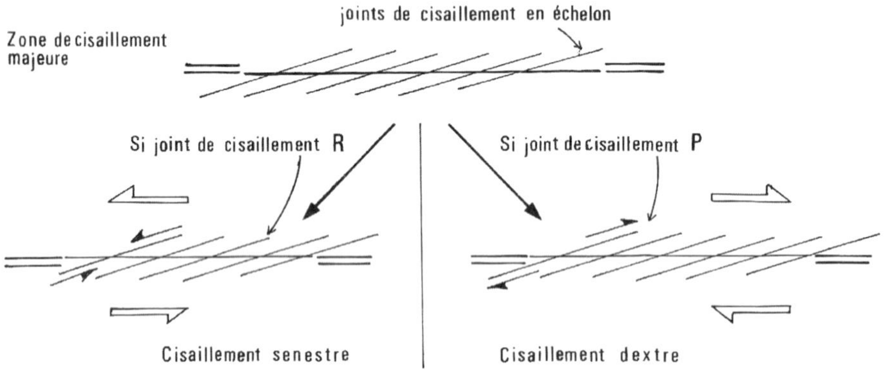

Figure 4.19 – **Joints de cisaillement en échelon dans une zone de cisaillement majeure (zz′).**

La superposition de joints P et R dans une zone de cisaillement (Fig. 4.12), ou d'autres mécanismes comme la pression-dissolution, peuvent produire un débit particulier de la roche qui, associé à une déformation ductile, conduit à la formation de *lenticulations*. La forme sigmoïdale de ces lenticulations permet une détermination du sens général du cisaillement (Fig. 4.20) ; elle permet de déterminer si celles-ci sont associées à des failles inverses (a), normales (b), décrochantes senestres (c) ou dextres (d) (Fig. 4.20). Ces lenticulations ne doivent pas être confondues avec les fentes sigmoïdales qui résultent d'un mécanisme différent.

2.3. *Rotations externes liées aux mouvements sur les failles.* Au voisinage d'un plan de faille le mouvement produit localement un cisaillement simple hétérogène, avec une déformation cisaillante importante sur le plan lui-même qui décroît quand on s'en éloigne. Dans les sédiments peu indurés, la déformation par cisaillement simple hétérogène crée ce qu'on appelle des *crochons de failles* (Fig. 4.21b). Par la rotation externe qui en résulte, les failles synthétiques (Fig. 4.21a) de la faille majeure peuvent acquérir une géométrie de faille inverse (Fig. 4.21b). Par contre, les failles antithétiques (Fig. 4.21a) restent des failles normales mais à pendage faible (Fig. 4.21b).

De façon générale, les basculements de failles par rotation autour d'un axe horizontal doivent être recherchés par la rotation de repères planaires, par exemple des surfaces de stratification, initialement horizontales. Ceci est particulièrement important

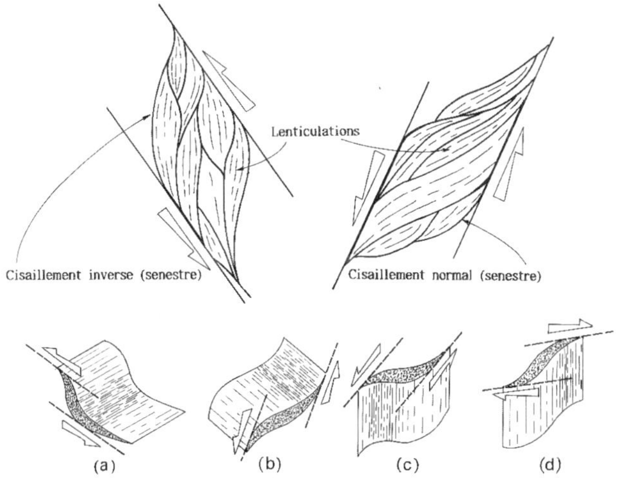

Figure 4.20 - **Lenticulations associées à des failles inverses (a), normales (b), décrochantes senestres (c) et décrochantes dextres (d).**

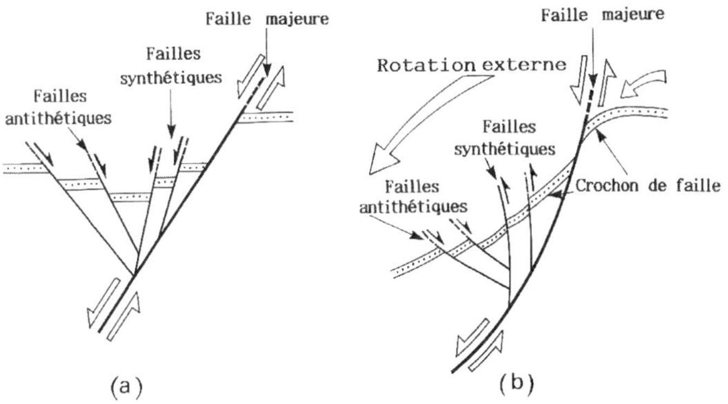

Figure 4.21 - **Rotation externe de failles synthétiques et antithétiques associées à une faille normale majeure.**

pour les failles normales ou inverses à faible pendage pour lesquelles une faible rotation leur fait acquérir une géométrie respectivement inverse et normale. Ceci peut conduire à des erreurs d'interprétation sur le régime tectonique dans lequel elles se sont formées. Les rotations externes liées aux failles décrochantes se font autour d'un axe vertical. On peut les mettre en évidence par la rotation de repères linéaires horizontaux comme, par exemple, des axes de plis ou par la rotation des déclinaisons paléomagnétiques mesurées dans des formations sédimentaires ou magmatiques situées au voisinage des zones de failles.

La déformation cassante des milieux rocheux discontinus

5

L'activation des fractures préexistantes

La couche supérieure, cassante, de la croûte continentale garde en héritage les anciennes fractures qui l'affectent. Soumis à un champ de contrainte, le milieu rocheux fracturé se déforme préférentiellement par glissement sur les fractures préexistantes. Il en résulte une déformation cassante différente de celle des milieux rocheux non fracturés analysée au chapitre précédent.

5.1 L'activation des failles existantes

5.1.1 Les failles actives

Le séisme de Spitak (Arménie) de décembre 1988 par exemple (voir Fig. 6.19) a résulté de l'activation d'une faille d'une vingtaine de kilomètres de long. L'analyse sur le terrain du déplacement co-sismique a montré que son mouvement était celui d'une faille à la fois inverse et décrochante dextre (voir strie N° 12, Fig. 5.1) avec un rejet vertical maximum de 1,60 m et un rejet horizontal de 0,40 m. Parmi les failles sismiques très connues, on peut citer la faille de San Andreas en Californie (voir Fig. 6.18) qui a été responsable de très nombreux séismes dont celui de San Francisco (18 Avril 1906) au cours duquel s'est produit un décrochement dextre avec un rejet horizontal de presque 7 mètres. En Octobre 1989, un nouveau séisme a eu lieu sur cette même faille, à Loma Prieta situé à une centaine de kilomètres au SE de San Francisco. Bien que la rupture n'ait pas atteint la surface, les données sismologiques et géodésiques ont montré qu'en profondeur le mouvement sur la faille était à la fois décrochant dextre et inverse avec un rejet horizontal de 2 m et un rejet vertical de 1,40 m. On pourrait multiplier les exemples : la majorité des grands séismes résulte de l'activation de failles existantes et leurs mouvements montrent souvent, à la fois, des composantes horizontale et verticale. Ce sont des *failles à glissement oblique*.

5.1.2 Les failles obliques

Des failles à glissement oblique (Fig. 5.1) sont fréquemment observées sur le terrain. La dénomination de la faille est déterminée par l'inclinaison ($\delta°$) du vecteur glissement **S**, par rapport à l'horizontale, mesuré sur le plan de faille, inclinaison qu'on appelle le *pitch*. Si le pitch est supérieur à 45°, la composante majeure du mouvement est normale ou inverse et on qualifie ensuite ce mouvement par sa composante mineure décrochante ; la faille sera dite par exemple normale décrochante dextre (strie n° 8 sur Fig. 5.1). Si le pitch est inférieur à 45°, la faille sera dite décrochante dextre ou senestre et qualifiée par sa composante mineure normale ou inverse ; la faille sera dite par exemple décrochante dextre normale (strie n° 9 sur Fig. 5.1).

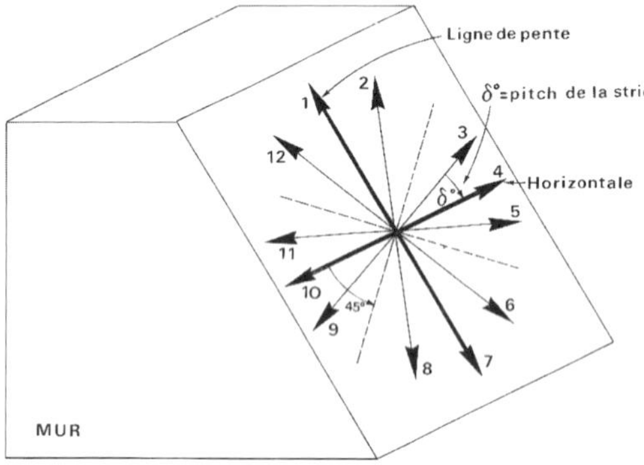

Figure 5.1 – **Glissements sur un plan de faille : les flèches indiquent le déplacement du toit, par rapport au mur. Les failles sont dites : inverse (1), inverse-décrochante senestre (2), décrochante senestre-inverse (3), décrochante senestre (4), décrochante senestre-normale (5), normale décrochante senestre (6), normale (7), normale-décrochante dextre (8), décrochante dextre-normale (9), décrochante dextre (10), décrochante dextre-inverse (11), inverse-décrochante dextre (12).**

Dans quelles conditions les failles obliques se forment-elles ? Nous allons d'abord examiner ce que les essais mécaniques sur des échantillons contenant des plans de faiblesse nous apprennent à ce sujet.

5.2 Les plans de glissement dans les essais mécaniques

5.2.1 Le glissement sur le plan de fracture après rupture

Nous avons examiné au Chap. 4 la géométrie des plans de cisaillement formés dans des gâteaux de kaolin au moyen de boîtes de cisaillement (Fig. 4.12). Ces expériences sont réalisées (Fig. 5.2) en maintenant immobile la partie supérieure de la boîte à laquelle est appliquée une force normale N ; la partie inférieure de la boîte est déplacée à une vitesse constante de 5.10^{-6} cm/sec. On mesure la force cisaillante T qui lui est appliquée ; connaissant N et T, on peut calculer les contraintes cisaillante

τ et normale σ_N effectives sur les plans de cisaillement en tenant compte, à chaque étape de l'essai, de l'angle entre les plans de cisaillement et la direction des forces appliquées. La courbe contrainte (τ)/déplacement total (D) montre (Fig. 5.2a) que τ croît rapidement pour atteindre la *résistance maximum* (τ max) du matériau à laquelle se produit la rupture par joints de cisaillement (voir Fig. 4.12a). Puis τ décroît pour atteindre une valeur palier appelée *résistance ultime ou résiduelle* (τ_u) ; c'est la contrainte nécessaire à la poursuite du glissement sur le plan de fracture formé (voir Fig. 4.12b) ; elle est plus faible que celle nécessaire à la rupture.

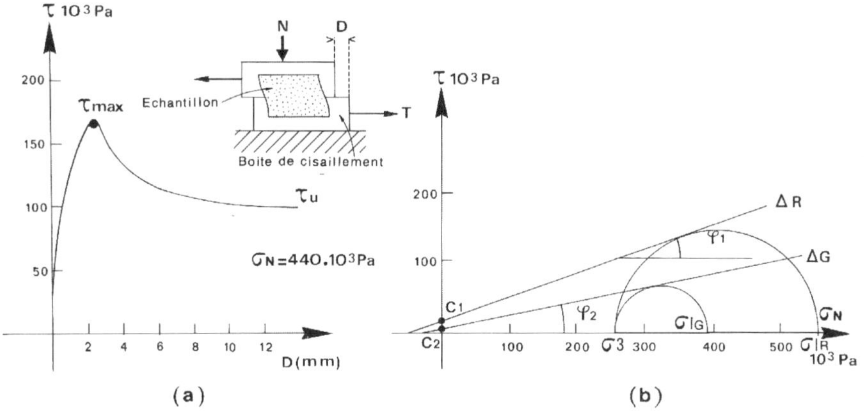

Figure 5.2 – **Cisaillement de gâteaux de kaolin au moyen de boîtes de cisaillement ; (a) courbe contrainte (τ) – déplacement total (D) ; (b) enveloppes de Mohr pour la rupture (Δ_R) et pour le glissement sur un plan existant (Δ_G), (d'après J. Tchalenko, 1970, *Geol. Soc. Am. Bull.*, 81, 1625).**

Ces expériences menées pour diverses contraintes normales σ_N permettent de tracer les cercles de Mohr et les enveloppes de Mohr pour la rupture (Δ_R) et pour le glissement (Δ_G, Fig. 5.2b). Pour un matériau comme le kaolin, ces enveloppes sont des droites donc le critère de rupture et le critère de glissement s'interprètent bien par une loi de type Coulomb-Navier : $\tau = C + \sigma_N \operatorname{tg} \varphi$). La cohésion de la roche fracturée C_2 (ici voisine de 0) est inférieure à celle C_1 de la roche intacte. L'angle de friction φ_2 pour le glissement sur le plan existant est inférieur à l'angle de friction interne φ_1 pour la rupture de la roche intacte.

Des expériences semblables menées sur divers types de roches montrent que le comportement après rupture dépend de la composition minéralogique de la roche, de sa texture, de sa granulométrie qui déterminent la rugosité du plan de fracture. Plus le grain est fin, plus le plan est lisse et plus le glissement après rupture est facile.

5.2.2 L'orientation des plans de glissement dans un matériau présentant des plans de faiblesse

De nombreuses expériences ont été réalisées sur des roches hétérogènes et anisotropes comme, par exemple, des ardoises ou sur des roches homogènes et isotropes coupées d'un trait de scie. Des échantillons sont taillés dans ces roches de telle sorte que le plan de clivage pour les ardoises ou le plan de coupe pour les roches isotropes fasse avec la direction de σ_1 un angle β compris entre 0 et 90° (Fig. 5.3). L'échantillon est comprimé dans une machine à tester à des pressions de confinement variables.

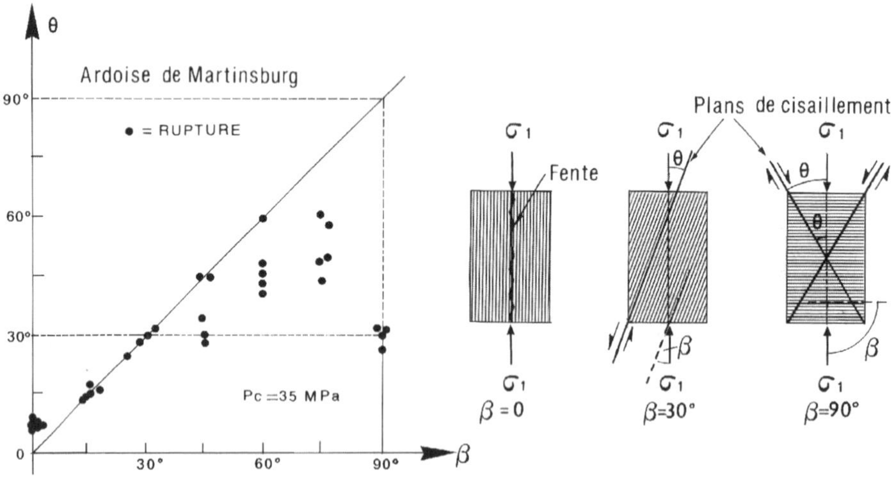

Figure 5.3 – **Angle Θ entre le plan de fracture et la direction de σ_1 en fonction de l'angle β entre le plan de clivage de l'ardoise et la direction de σ_1 (d'après Donath, 1961, *Geol. Soc. Am. Bull.*, 72, 985).**

Dans les expériences menées sur des échantillons de roches homogènes et isotropes coupées par un trait de scie, le glissement se produit sur les plans de coupe qui font un angle β dont la valeur est voisine de 30°. Par contre, si les plans de coupe font un angle β inférieur à 20° ou supérieur à 45°, il se produit une fracture nouvelle avec un angle de cisaillement Θ de 30° analogue à celui des roches intactes. Ce comportement est bien décrit par la méthode du cercle de Mohr (voir Fig. 5.4) car celle-ci est bien adaptée aux matériaux de propriétés physiques isotropes mais rendus mécaniquement anisotropes par la présence de fractures. Les roches de propriétés physiques anisotropes, comme les ardoises (Fig. 5.3), s'écartent du comportement prévu par la méthode du cercle de Mohr. Le plan de glissement se produit bien sur le plan de clivage pour un angle β compris entre 15° et 45°. Mais pour un angle β inférieur à 15°, la rupture se fait en extension (fente) sur le plan de clivage, ou sur un plan voisin ; la formation d'une nouvelle fracture avec un angle de cisaillement Θ′ 30° ne se produit en fait que pour un angle β voisin de 90°. Ceci est dû aux propriétés physiques et mécaniques anisotropes de l'ardoise hétérogène faite d'un empilement de couches à faible et forte cohésions. La cohésion globale du matériau dépend de la couche à plus forte cohésion pour une contrainte orthogonale au clivage et de la couche à plus faible cohésion pour une contrainte parallèle au clivage (voir les matériaux hétérogènes, Guyon et Roux, 1987). En tout état de cause la fracturation des roches possédant des *plans de faiblesse* est très différente de celle des roches intactes.

5.3 Les critères de glissement et l'orientation du glissement sur des plans préexistants

5.3.1 Représentation graphique du glissement par le cercle de Mohr

Nous nous placerons ici dans le cas le plus simple de la théorie des plans de faiblesse, cas qui peut être analysé comme un modèle de roche homogène aux propriétés physiques isotropes (Chap. 4, § 4.3.3) mais coupée par un trait de scie. Ceci représente le cas d'une roche isotrope coupée par un plan de faille. Par ailleurs, pour des raisons de simplicité du diagramme de Mohr, on supposera d'une part que si un plan de faiblesse existe dans la roche, il contient l'axe σ_2 ce qui permet de traiter le problème en contrainte plane comme nous l'avons fait au chapitre précédent (Fig. 4.8), et d'autre part que les enveloppes de Mohr sont des droites (Fig. 5.2b).

Traçons l'enveloppe de Mohr Δ_R à la rupture pour cette roche (Fig. 5.4). L'espace situé au-dessus de Δ_R correspond au domaine des contraintes entraînant la rupture ; l'espace situé sous Δ_R correspond au domaine de stabilité de la roche intacte. Traçons l'enveloppe de Mohr Δ_G pour l'initiation du glissement sur un plan de faiblesse dans la même roche ; Δ_G est situé sous Δ_R puisque la cohésion C_2 et l'angle de friction φ_2 sont inférieurs respectivement à la cohésion C_1 et à l'angle de friction interne φ_1 de la roche intacte (Fig. 5.2b). L'espace situé au-dessus de Δ_G correspond au domaine des contraintes entraînant le glissement, l'espace situé au-dessous de Δ_G correspond au domaine de stabilité de la roche fracturée.

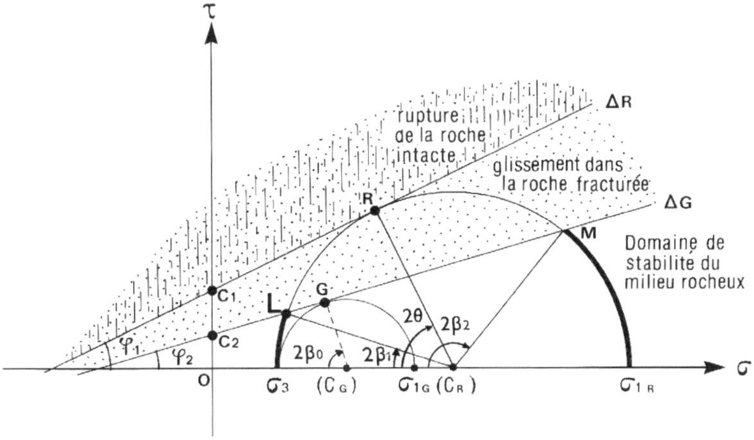

Figure 5.4 – **Représentation par le cercle et l'enveloppe de Mohr des conditions de glissement sur un plan préexistant.**

Pour une valeur fixe de σ_3, traçons les cercles tangents l'un (C_G) à l'enveloppe de Mohr au glissement Δ_G, l'autre (C_R) à l'enveloppe de Mohr à la rupture Δ_R. La droite

Δ_G coupe le cercle de Mohr de rupture (C_R) en L et M. Les points de tangence G et R représentent respectivement les conditions d'initiation du glissement sur un plan de faiblesse préexistant et d'initiation d'un plan de cisaillement dans la roche intacte. Si σ_1 croît, σ_3 étant fixé, il y aura glissement sur le plan représenté par le point de tangence G, s'il existe, faisant avec la direction de σ_1 un angle $\beta_o = 1/2\ (\pi/2 - \varphi_2)$. Si ce plan n'existe pas, ou si ayant été activé il cesse de glisser parce que pour que le mouvement se poursuive il faut que le matériau casse aux terminaisons de la faille, σ_1 peut continuer de croître. Le rayon des cercles (C) va alors augmenter et la partie du tracé de ces cercles se trouvant au-dessus de Δ_G balayera toute la surface comprise entre la corde LM et l'arc LRM, surface qui correspond à des conditions de contrainte entraînant le glissement sur des plans préexistants, faisant avec la direction de σ_1 un angle β tel que $\beta_1 < \beta < \beta_2$, plans qui seront donc susceptibles d'être activés s'ils sont présents dans la roche fracturée. Par contre, tous les points situés sous la droite Δ_G sont dans le domaine de stabilité de la roche fracturée et correspondent à des plans qui ne peuvent pas être réactivés. Il ne peut donc pas y avoir de glissement pour les points situés sur les arcs σ_3L et Mσ_{1R} correspondant à des plans faisant avec la direction de σ_1 un angle β tel que $\beta < \beta_1$ et $\beta > \beta_2$. S'il n'existe que ces plans dans la roche préfracturée, quand σ_1 atteindra la valeur de σ_{1R}, c'est-à-dire quand le cercle (C_R) sera tangent en R à la droite Δ_R , il y aura formation d'un nouveau plan de cisaillement avec l'angle $\Theta = 1/2\ \ (\pi/2 - \varphi_1)$ caractéristique du matériau intact. C'est ce que montrent les expériences du paragraphe précédent (§ 5.2.2).

Pour un état de contrainte triaxial et avec des plans de faiblesse préexistants d'orientation quelconque, la détermination des domaines de stabilité de la roche fracturée est plus complexe. Toutefois la conclusion reste la même : de façon générale, dans un milieu rocheux fracturé soumis à une contrainte, la déformation cassante se produira soit par glissement s'il existe un plan de faiblesse préexistant favorablement orienté par rapport aux directions de contrainte, soit par la formation d'un nouveau plan de cisaillement, comme dans la roche intacte, s'il n'existe pas de plans de faiblesse favorablement orientés. Dans la nature, les valeurs de la cohésion C_2 et de l'angle de friction φ_2 pour le glissement sur un plan existant dépendent de la rugosité du plan de faille et éventuellement de sa cimentation par des cristallisations minérales dues aux circulations de fluides. Pour rendre compte de ce glissement, on utilise généralement les valeurs déterminées par Beyerlee (1978) à partir d'un ensemble de résultats expérimentaux :

- $\tau = 0.85\ \sigma_N$ pour un domaine de contraintes normales inférieures à 100 MPa ;
- et $\tau = 0.5 + 0.6\ \sigma_N$ pour un domaine plus étendu de contraintes allant de 0 à $1{,}5.10^3$ MPa.

5.3.2 La direction du glissement sur un plan de faiblesse préexistant

Dans un milieu rocheux préfracturé, on conçoit intuitivement que le glissement dépend de l'orientation du plan de faille préexistant par rapport aux directions de traction ou de compression. Plus précisément l'orientation de la normale ν de ce plan de faille par rapport au référentiel des directions principales de la contrainte est définie par 3 paramètres 1, m et n qui sont les cosinus directeurs de la normale ν. Par ailleurs, nous avons vu que c'est la contrainte déviatorique σ' [(7), chap. 2] qui est responsable du changement de forme global du volume rocheux donc du glissement sur chaque plan de faille, la partie hydrostatique du tenseur [(6), chap. 2] n'intervenant que dans le changement de volume. Plus précisément, on montre (Wallace, 1957 ; M. Bott, 1959) que ce glissement dépend d'un rapport, dit le *rapport de forme*, qui exprime la forme de l'ellipsoïde des contraintes et qui est construit sur les différences des valeurs principales du tenseur des contraintes déviatoriques tel que $R = (\sigma'_z - \sigma'_x)/(\sigma'_y - \sigma'_x)$. Le pitch $\delta°$ du vecteur-glissement **S** dépend donc des 4 paramètres 1, m, n et R et s'exprime par la relation :

$$\text{tg}\ \delta° = n/1m\ [m^2 - (1 - n^2)\ (\sigma'_z - \sigma'_x)/(\sigma'_y - \sigma'_x)] \qquad (1)$$

On remarquera que pour une orientation fixée des directions principales des contraintes (1, m et n constants), le pitch du vecteur-glissement peut prendre toutes les valeurs comprises entre 0 et 180° suivant la valeur du paramètre R.

De façon générale, l'application d'un déviateur des contraintes T_o à un plan de faille de normale ν ayant pour cosinus directeur 1, m, n dans un repère donné (chap. 2, § 2.1.2-2.3) permet de calculer l'orientation de la contrainte σ appliquée au plan de faille

$$\sigma = T_o\{\nu\} = \begin{pmatrix} \sigma'_x & \tau'_{xy} & \tau'_{xz} \\ \tau'_{yx} & \sigma'_y & \tau'_{yz} \\ \tau'_{zx} & \tau'_{zy} & \sigma'_z \end{pmatrix} \begin{pmatrix} 1 \\ m \\ n \end{pmatrix} \qquad (2)$$

et donc la valeur du pitch $\delta°$ de la contrainte cisaillante τ résolue sur le plan de faille et suivant laquelle se produit le glissement **S** [voir (1), ci-dessus].

5.4 Cinématique des failles dans un milieu rocheux fracturé

Le glissement **S** sur une faille est souvent enregistré par divers marqueurs (appelés tectoglyphes) résultant de la déformation de la roche dans la zone de cisaillement.

5.4.1 Les marqueurs du glissement sur les failles ; direction et sens du glissement

1.1. *Les déformations liées au mouvement sur le plan de faille.* La nature des marqueurs du glissement dépend de la lithologie des blocs rocheux déformés, de la géométrie de la surface de glissement, de la vitesse du déplacement et des conditions physiques du milieu (T, P) dans laquelle se produit la déformation (Fig. 5.5). Dans la partie supérieure de l'écorce (1 à 5 km de profondeur), les zones de failles, c'est-à-dire là où se produit l'essentiel de la déformation, sont peu épaisses ; la déformation y est cassante, limitée à la surface de friction et le matériau fortement fracturé est transformé en *brèches* et *gouges* qui sont des *cataclastites non cohésives* (du grec cataclasis : action de briser). Les gouges sont des brèches finement broyées dont la matrice est abondante (plus de 70 % de la roche). À plus grande profondeur les zones de faille sont plus épaisses et les roches sont transformées en *cataclasites cohésives* du fait de la pression lithostatique importante. Vers 10 à 20 kilomètres de profondeur (T = 300° à 450° C), la déformation devient ductile (voir Chap. 7), les roches déformées au voisinage des failles sont appelées des *mylonites* (Fig. 5.5).

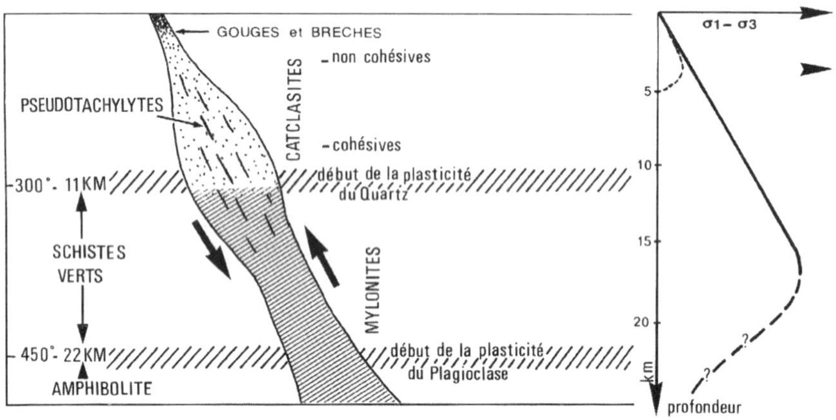

Figure 5.5 – Les différents types de roches déformées associées à une faille majeure (d'après Sibson, 1977, *J. Geol. Soc. London*, 133, 191, et Scholtz, 1988, *Geol. Rund. Stuttgart*, 77, 319, modifié). La contrainte différentielle (σ_1 - σ_3) décroît quand la déformation ductile augmente ; le trait en pointillés correspond aux conditions des bassins sédimentaires (voir Fig. 4.16).

Si le déplacement sur la faille est relativement lent (0 . 1 – 10 cm/an) la déformation est associée à des processus de pression – dissolution – cristallisation ou de diffusion (voir Chap. 7). En revanche, si le déplacement est rapide (10 – 100 cm/s) l'échauffement dû à la friction sur le plan de faille peut conduire localement, en l'absence d'eau, à la fusion de la roche formant ce qu'on appelle des *pseudotachylites*.

1.2. *Les marqueurs du glissement (les tectoglyphes).* Quelle que soit la dimension de la faille, le mouvement des blocs qu'elle sépare peut se faire schématiquement (Fig. 5.6), soit par simple glissement, soit avec écartement, soit avec rapprochement des blocs. Selon les cas, les marqueurs qui enregistrent le mouvement des blocs sont différents.

- Le simple glissement (Fig. 5.6a) est une translation **u** parallèle au plan de faille. Il entraîne une friction des blocs qui provoque une abrasion des surfaces en contact.
- Le glissement avec écartement entraîne l'ouverture de vides, généralement colmatés en même temps qu'ils se créent, par des cristallisations de minéraux fibreux ou non (quartz, calcite, serpentine). Les fibres minérales (fm, Fig. 5.6 b) indiquent par leur allongement la direction du déplacement **u** des blocs. On en déduit direc-

tement les composantes cisaillantes (**C**) et normales, en allongement (**E**), du mouvement sur la faille.

– Le glissement avec rapprochement se produit par une interpénétration des blocs accommodée par pression – dissolution localisée aux surfaces en contact. Les marqueurs qui se forment alors s'apparentent aux stylolithes, ce sont des *stries stylolithiques* (styl., Fig. 5.6 c). L'obliquité des creux stylolitiques indique la direction de déplacement **u** des blocs, à partir de laquelle on déduit les composantes en cisaillement (**C**) et normale en raccourcissement (**R**) sur la faille. Les stries stylolitiques et les cristallisations minérales fibreuses résultent de *déplacements* lents, probablement *asismiques*, contrôlés par le phénomène de dissolution – cristallisation (voir Chap. 7).

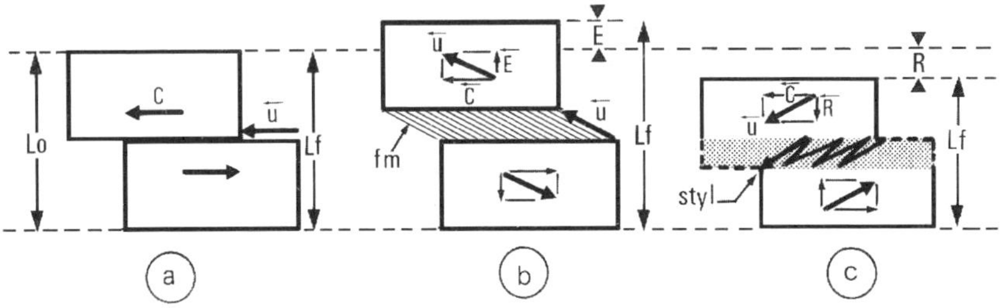

Figure 5.6 – Schéma des déplacements de deux blocs séparés par un plan de faille : (a) simple glissement, (b) glissement avec écartement (E), (c) glissement avec rapprochement (R). Lo : largeur initiale, Lf : largeur finale.

Les marqueurs du glissement (voir par ex. Petit, 1987) sont disposés sur le miroir de faille soit parallèlement (striations au sens général) soit perpendiculairement au vecteur-glissement des blocs rocheux.

Parmi les structures parallèles au déplacement on distingue d'une part les *rayures* (r) et les *stries* (s) (Fig. 5.7 a), fines et courtes et d'autre part les *rainures* (ra) et les *cannelures* (ca), plus marquées et plus longues (Fig. 5.7 b). Leur différence de taille traduit, dans une certaine mesure, la différence d'ampleur du déplacement bien que leur longueur ne représente qu'une valeur minimum de celui-ci. Le miroir de faille se façonne par destruction localisée des reliefs faisant obstacle au déplacement, par ailleurs dans la zone de glissement s'accumulent les produits de désagrégation de la roche dont les fragments mécaniquement les plus résistants, entraînés par le mouvement des blocs produisent sur la surface de la faille les diverses striations. Le sens du déplacement est déterminé avec certitude dans le cas de stries accompagnées de traces de blocage de fragments résistants (bl., Fig. 5.7 a) ou associées à une traînée résultant de l'abrasion asymétrique d'un relief (t., Fig. 5.7 a).

Parmi les structures les plus fréquentes perpendiculaires au déplacement, on trouve les *escaliers à cristallisations minérales* sous abri (c, Fig. 5.7 c) et les *escaliers de dissolution* par pression (st., Fig. 5.7 d). Les cristallisations minérales sont souvent fibreuses (fib.) en amont et automorphes (aut., Fig. 5.7 c) en aval du mouvement. Les stries stylolitiques (st., Fig. 5.7 d) font face au mouvement qui entraîne la pression-dissolution. Les demi-fentes de traction soit planes (fp., Fig. 5.7 e), soit courbes (fc., Fig. 5.7f) associées au miroir de faille sont de bons marqueurs cinématiques, faciles à interpréter. C'est aussi le cas des microcisaillements de type Riedel (R., Fig. 5.7g). qui s'observent généralement sur des failles sur lesquelles s'est produit un déplacement D > 10 cm. Pour de faibles déplacements D < 1 cm, les marqueurs les plus caractéristiques sont des surfaces lissées faisant face au mouvement (1., Fig. 5.7h).

5.4.2 Les glissements superposés

Les déplacements «instantanés» sur les plans de failles qui se produisent lors d'un séisme sont d'ordre centimétrique à métrique et les striations observées sur les miroirs sont de longueur centimétrique, au maximum plurimétrique. Or le rejet total sur une faille majeure peut parfois atteindre plusieurs kilomètres. En fait il n'y a pas là de contradiction fondamentale. En effet lorsqu'une faille présente un rejet important, chaque strie observée sur le plan de faille ne représente que la trace d'un petit déplacement incrémental sismique ou asismique ou d'une partie de celui-ci ; c'est la somme de ces déplacements incrémentaux qui a produit le déplacement total. En première approximation, le vecteur glissement **S** et donc les marqueurs du glissement sur un miroir de faille gardent pratiquement la même orientation tant que l'état de contrainte régional garde à peu près la même orientation et le même rapport de forme R. Si l'état de contrainte régional vient à changer, la cinématique de la faille change aussi ; de nouvelles stries enregistrent le nouveau déplacement et se superposent alors obliquement aux stries antérieurement formées.

Les figures géométriques de superposition de stries que l'on observe couramment sur les plans de failles traduisent donc souvent (mais pas toujours) des changements successifs d'états de contraintes régionaux et permettent d'en établir la chronologie relative.

5.4.3 Recherche de l'état de contrainte responsable du glissement sur une population de failles en milieu rocheux fracturé

Le modèle d'Anderson (Fig. 4.13) n'est généralement pas applicable aux populations de fractures préexistantes, d'autres méthodes doivent être utilisées.

3.1. *La méthode numérique.* Le principe de la méthode d'inversion numérique de Carey-Brunier (1974) repose sur les propriétés du glissement sur un plan de faille préexistant exposées au § 5.3.2. Il faut trouver un tenseur des contraintes déviatoriques T_0 tel que la contrainte tangentielle théorique τ_k qu'il permet de calculer sur une faille de normale ν_k en utilisant les relations [(1) et (2), § 5.3.2], soit la plus proche possible de la strie $\mathbf{S}_k$ mesurée sur la faille. Ceci doit être vrai sur l'ensemble des failles analysées et donc la somme des écarts $(\tau_k, \mathbf{S}_k)$ entre les stries théoriques τ_k prévues par le calcul et les stries réelles $\mathbf{S}_k$ mesurées doit être la plus petite possible (Fig. 5.8 a). Le calcul conduit donc à rechercher le déviateur T_0 qui minimise une fonction telle que, par exemple

$$F = -\sum_{k=1}^{N} \cos^2(\tau_k, \mathbf{S}_k)$$

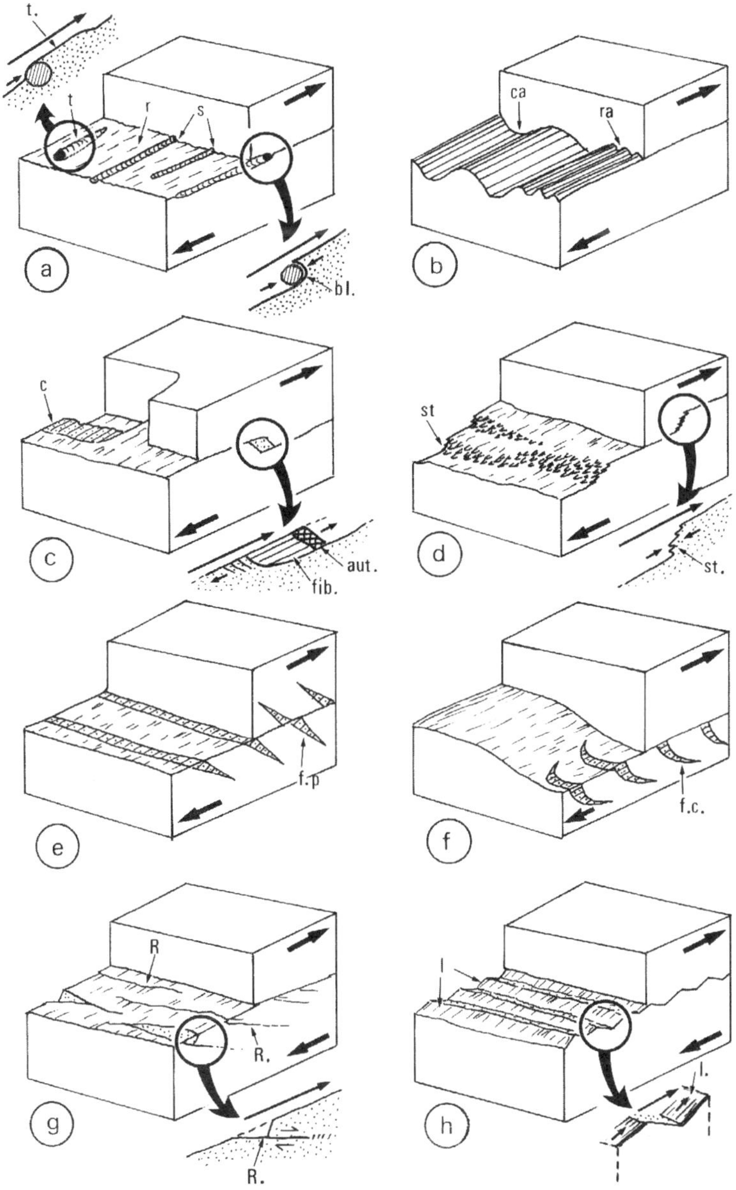

Figure 5.7 – **Principaux marqueurs du mouvement (tectoglyphes) sur les miroirs de failles.**

k étant le numéro de chacune des failles et N le nombre de failles. Pour chaque faille, l'écart (τ_k, $\mathbf{S_k}$) devant tendre vers 0, $\cos^2$ (τ_k, $\mathbf{S_k}$) doit tendre vers 1 et donc la fonction F, somme des $\cos^2$ (τ_k, $\mathbf{S_k}$) doit tendre vers – N. Comme il y a 4 paramètres à déterminer (voir § 5.3.2) pour résoudre ce problème, il faut avoir au minimum

4 failles striées indépendantes (voir E. Carey, 1979). En fait on optimise la solution sur 10 à 20 données pour s'affranchir de celles éventuellement de mauvaise qualité. De nombreux logiciels basés sur des algorithmes différents permettent actuellement de calculer sur ordinateur le déviateur T_0 recherché, c'est-à-dire les directions principales de contraintes et le rapport de forme R du déviateur.

Ce calcul suppose un modèle mécanique simple ; on admet (1) que dans le corps rocheux analysé, l'événement tectonique responsable du mouvement des failles est caractérisé par un tenseur moyen de contrainte homogène ; (2) que le matériau a des propriétés physiques homogènes et isotropes et que le glissement **S** sur le plan de faille se produit dans la direction et le sens de la contrainte tangentielle τ_k résolue sur le plan de faille ; (3) qu'il n'y a pas de déformation continue des blocs séparés par les failles, pas de rotation des plans de failles pendant la déformation et que les glissements sur les plans de failles sont indépendants et petits par rapport aux dimensions de la faille. Si ces conditions ne sont pas satisfaites avec une approximation satisfaisante, le calcul ne conduit pas à une solution de bonne qualité. Des modèles plus complexes peuvent aussi rendre compte de l'interaction des blocs résultant de glissements non indépendants et conduisant à une déformation localement inhomogène (voir Mercier et Carey – Gailhardis, 1989).

Il faut insister sur le fait que ces méthodes numériques ne sont applicables que si les conditions du modèle mécanique sont respectées. En particulier, elles s'appliquent à des populations de failles striées résultant d'un même état de contrainte ce qui impose, dans le cas de plusieurs phases tectoniques (plusieurs états de contraintes), d'avoir séparé sur le terrain les différentes familles de stries superposées. De façon générale, une analyse géologique détaillée des sites doit préciser la représentativité des mesures.

En outre, des tests numériques permettent d'estimer la fiabilité de la solution numérique obtenue par exemple en calculant l'écart (**S**, τ) entre la strie **S** mesurée sur la faille et la strie théorique (τ) prédite par le modèle calculé (voir l'histogramme de la Fig. 5.8 b).

3.2. *Les méthodes graphiques*

a) La méthode du dièdre aigu. Cette méthode (Arthaud et Choukroune, 1972) résulte d'une adaptation du modèle d'Anderson (Fig. 4.13) aux cas de failles préexistantes à condition que celles-ci soient limitées à 2 familles de même nature (toutes normales ou inverses ou décrochantes), dont les glissements résultent d'un même état de contrainte. En utilisant la projection stéréographique (Fig. 5.9b), on limite le domaine de l'espace où se situent les axes principaux σ_1 et σ_3. Par exemple, pour un système de failles décrochantes (Fig. 5.9a), l'axe de contrainte principale maximum σ_1 est situé dans le dièdre aigu limité par les plans de failles dextre et senestre d'orientation la plus voisine (domaine en pointillé sur la Fig. 5.9), l'axe σ_2 se trouve dans le domaine d'intersection des plans de failles et l'axe σ_3 est dans la partie du dièdre obtus réduite par construction sur le principe d'orthogonalité des 3 axes principaux de contrainte (domaine limité par des doubles traits sur la Fig. 5.9 b).

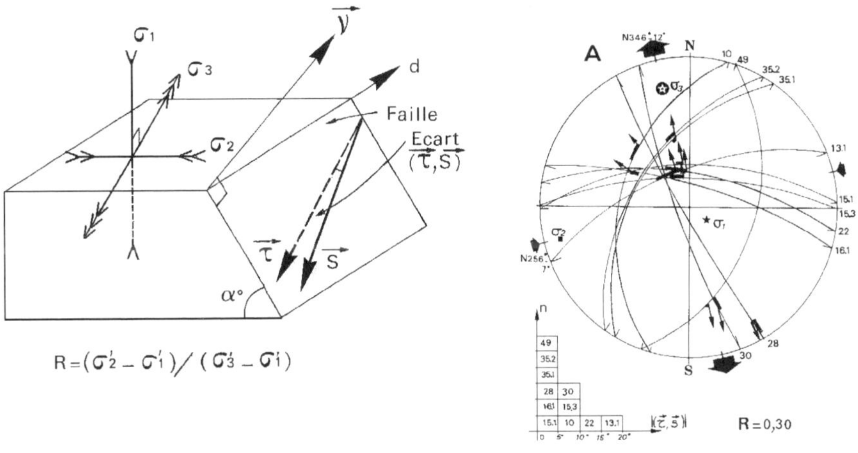

(a) (b)

Figure 5.8 – Méthode numérique de détermination de l'état de contrainte à partir d'une famille de plans de failles striées (Carey et Brunier, 1974, *C.R. Ac. Sci. Paris*, D279, 891). (a) Écart entre la strie observée S et la strie τ prévue par le calcul. b) Directions de contraintes (σ_1, σ_2, σ_3) calculées pour les failles actives du séisme de Thessalonique (1978). L'histogramme donne pour chaque faille la valeur absolue de l'écart (τ, s). Représentation des failles sur stéréodiagramme de Wülff (hémisphère inférieur) ; les flèches sur les failles indiquent la position des stries (Mercier *et al*, 1983, *Tectonics*, 2, 577).

b) La méthode du dièdre droit. Cette méthode (O. Pegoraro, 1972) est applicable à des populations de failles congénères de nature différente (par exemple des failles normales, normales – décrochantes et décrochantes) qui sont généralement celles des milieux faillés naturels. Il faut tout d'abord construire, pour chaque plan de faille (F), le plan auxiliaire (PA) orthogonal à la faille et à la strie ($\mathbf{S_F}$) (Fig. 5.10 a). Ces deux plans séparent 4 dièdres droits : deux opposés par le sommet sont en compression, les deux autres en tension. La distinction des dièdres droits en compression et en tension est faite à partir de la cinématique de la faille définie par la strie. On démontre (Mc Kenzie, 1967) que pour un glissement sur un plan de fracture préexistant, les axes σ_1 et σ_3 sont situés n'importe où dans les dièdres droits respectivement en compression et en tension (Fig. 5.10 b). Ceci est donc très différent de la rupture d'un milieu homogène et isotrope non fracturé pour lequel les axes σ_1 et σ_3 sont sur les plans bissecteurs des dièdres respectivement aigus et obtus limités par les plans de failles conjugués.

La superposition des dièdres en compression, ou en tension, pour plusieurs failles limite une zone commune de l'espace en compression, ou en tension (voir Fig. 5.10 c, pour deux failles F_1 et F_2). S'il existe un tenseur unique qui rend compte du mouvement sur la population de failles, l'axe σ_1 est dans la zone commune en compression et l'axe σ_3 dans la zone commune en tension. Cette méthode peut être aussi utilisée pour la recherche des axes σ_1 et σ_3 qui rendent compte de la cinématique des failles sismiques montrée par une population de mécanismes aux foyers de séismes. Les dièdres droits sont ceux limités par les plans nodaux et qui contiennent les axes de pression (P) et de traction (T).

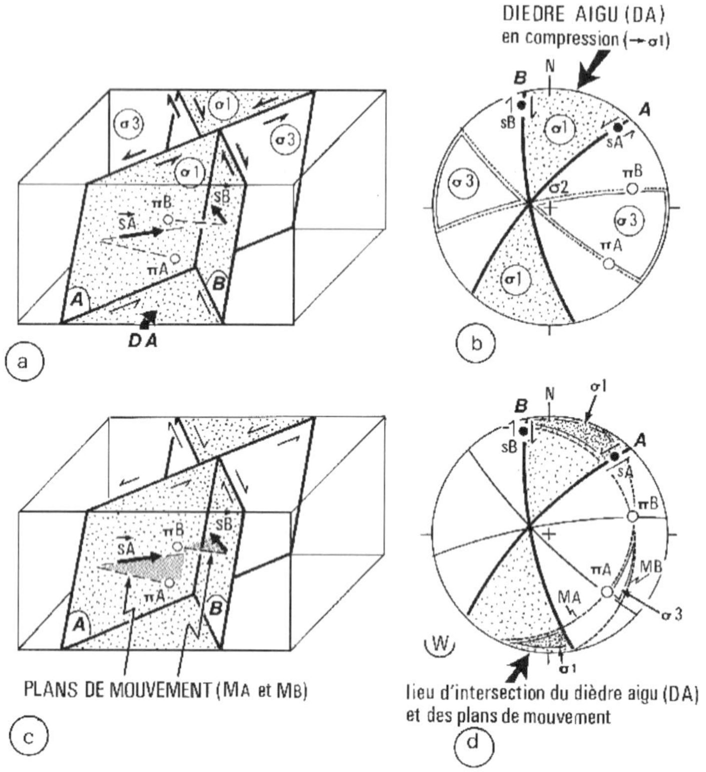

Figure 5.9 – Méthode graphique du dièdre aigu (Arthaud et Choukroune, 1972, *Rev. Inst. Franc. Pétrole*, 27 (5)). SA et SB : stries sur les plans de failles A et B ; πA et πB : pôles des plans de failles A et B (même projection stéréographique que pour la Fig. 5.8).

La condition nécessaire à l'utilisation de cette méthode est que les zones en compression et en tension soient communes à *tous* les dièdres respectivement en compression et en tension (Fig. 5.10d). Si cette condition n'est pas réalisée, c'est que les mouvements des failles ne résultent pas tous d'un même état de contrainte ; la méthode des dièdres droits peut alors donner un résultat sans aucune signification géologique. De façon générale, une solution obtenue graphiquement reste toujours douteuse dans la mesure où on ne sait pas tester sa fiabilité graphiquement. Enfin, les méthodes graphiques permettent dans le meilleur des cas de définir des portions d'espace, plus ou moins étendues, dans lesquelles sont localisés les axes principaux des contraintes ; elles ne permettent pas de définir le rapport R des contraintes.

5.4.4 Remarques sur la cinématique des failles décrochantes et le régime tectonique associé

Les failles décrochantes n'indiquent sûrement un régime tectonique en décrochement (σ_2 vertical) que si elles résultent de la rupture d'un milieu rocheux continu

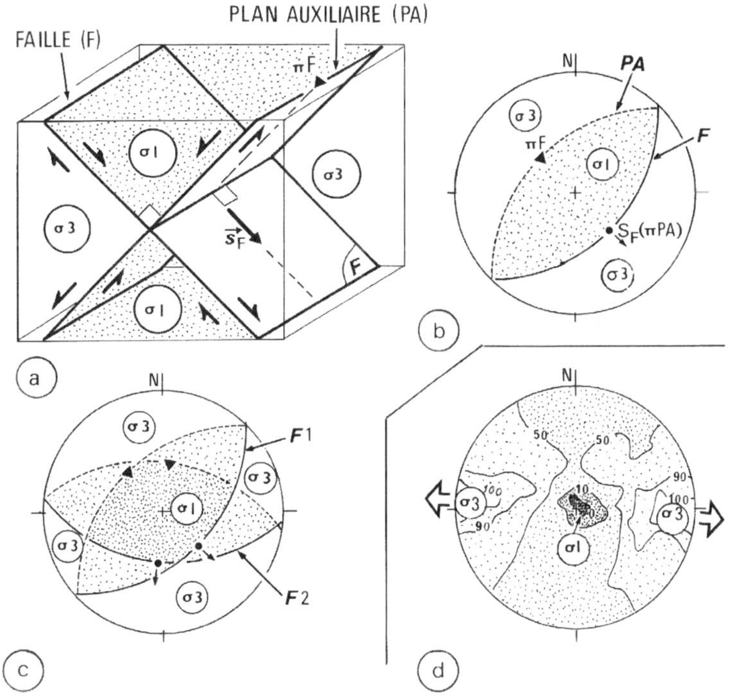

Figure 5.10 – **Méthode des dièdres droits (Pegoraro, 1972, *Thèse*, Montpellier). Mêmes symboles et même projection stéréographique que sur la Fig. 5.9. La Fig. d montre une intersection des dièdres en tension réalisée par ordinateur. La zone à 100 % des données contient σ_3, la zone à 0 % (c'est-à-dire 100 % des dièdres en compression) contient σ_1.**

(voir Fig. 4.13c). Si le milieu rocheux est préfracturé, des failles décrochantes peuvent apparaître aussi bien dans un régime tectonique décrochant (σ_2 vertical) que compressif (σ_3 vertical) ou extensif (σ_1 vertical). Par exemple, la Fig. 5.8b montre très bien des failles à mouvement décrochant dextre normal (faille n° 49) et décrochant senestre normal (failles n° 28 et 30) dans un régime extensif. Ceci montre bien que la cinématique d'une seule faille ne permet pas de définir un *régime tectonique* ; celui-ci ne peut être déterminé que par l'analyse d'une population de failles. En particulier, il est abusif de confondre faille décrochante et régime tectonique en décrochement (ou coulissement).

5.4.5 Estimation du déplacement sur des failles ; rejet réel et rejets apparents

Le rejet d'une faille exprime le déplacement relatif des deux compartiments qu'elle sépare. Celui-ci est mesuré à partir du décalage de repères planaires (joints de stratification, repères lithologiques ou chronostratigraphiques, filons magmatiques…) ou linéaires. Selon l'orientation du déplacement par rapport aux conditions d'observation (vue en coupe verticale, horizontale ou oblique), l'observateur pourra mesurer soit le *rejet réel* soit un *rejet apparent*. Pour une faille à glissement oblique, le vecteur glissement **S** qui joint deux points A et A′ initialement contigus donne le rejet réel (**RVR**) de la faille qui se décompose vectoriellement (Fig. 5.11) :

– dans le plan de faille en un rejet-direction (**RD**), horizontal, parallèle à la direction de la faille et un rejet-pente (**RP**) orienté suivant la ligne de pente,
– dans le plan vertical orthogonal au plan de faille, le rejet-pente peut lui-même être décomposé en un rejet vertical (**RV**) et un rejet transversal (**RT**).

Dans le plan vertical contenant le vecteur-glissement, celui-ci peut aussi être décomposé en un rejet horizontal (**RH**) et un rejet vertical (**RV**).

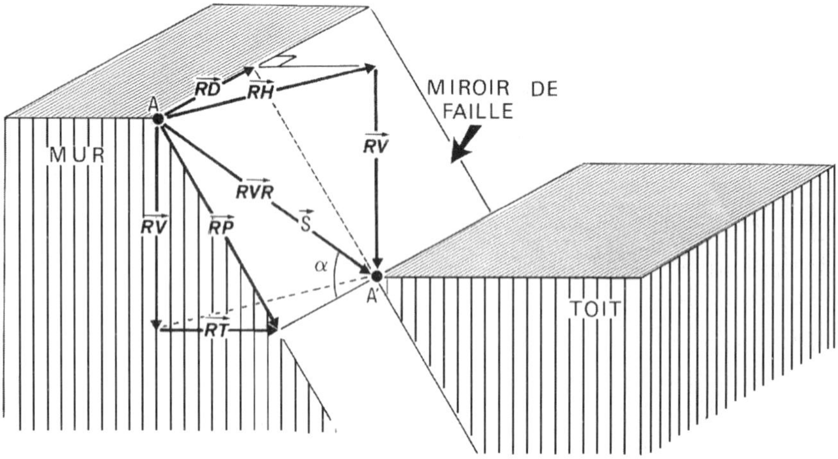

Figure 5.11 – **Rejet réel et rejets apparents sur une faille oblique.**

Le rejet-direction (**RD**) exprime le déplacement en décrochement de la faille, le rejet transversal (**RT**) exprime l'écartement ou le raccourcissement horizontal perpendiculairement à la direction de la faille, le rejet vertical (**RV**) exprime son dénivelé (en anglais : downthrow). Le rejet horizontal (**RH**) exprime l'écartement ou le raccourcissement horizontal réel.

Pour connaître le rejet réel (**RVR**, Fig. 5.11) il est donc nécessaire ou d'observer le glissement réel ou de le reconstituer à partir de la mesure de ses composantes. L'estimation du déplacement sur une faille suppose que l'on connaisse le mieux possible sa géométrie en surface comme en profondeur et la géométrie des repères décalés. Les techniques d'imagerie sismique donnent de nos jours une géométrie suffisamment précise des failles et des marqueurs repères pour mesurer le rejet vertical. Les données de forage peuvent apporter des précisions supplémentaires. Toutefois l'effet de l'érosion sur les compartiments surélevés risque d'introduire une erreur sur l'estimation du rejet vertical (**RV**) ; cet effet doit être pris en considération par une analyse morphologique détaillée qui a pour but de reconstituer au mieux la hauteur initiale de l'escarpement de faille. L'apport des techniques de la photo-interprétation et de la télédétection (imagerie SPOT) sont d'un grand intérêt pour l'estimation du déplacement horizontal ou rejet-direction (**RD**), en particulier pour les failles décrochantes actives.

Ces techniques permettent d'estimer un déplacement fini (entre l'état initial et l'état final). Elles ne permettent pas, seules, de reconstituer l'histoire du déplacement. Il existe en effet des cas nombreux où des failles de grande dimension, de rejet important et de longue activité ont eu, au cours de leur histoire des changements importants de leur cinématique. On connaît ainsi des failles normales ayant rejouées en failles inverses ou inversement (voir Chap. 6, § 6.4). Il est alors nécessaire de préciser les cinématiques successives de la faille, chacune des périodes pendant lesquelles elle a été active, de façon à pouvoir calculer en tenant compte de la géométrie et des décalages des repères, les déplacements successifs dont la somme est le déplacement total, fini, sur la faille.

5.5 Initiation, croissance et segmentation des failles

Une faille prend naissance à partir de fractures initiées sur des points particuliers (défauts) de la roche où les contraintes se concentrent et se libèrent en premier. Elles se propagent en créant une surface approximativement plane, irrégulière dans le détail en raison des hétérogénéités du matériel affecté (variation de lithologie, de faciès, joint de stratification). Observées en 2D sur des coupes verticales ou à la surface du sol, il est très difficile de connaître la géométrie 3D des fractures et des failles et de là, leur mode de formation. Dans tous les cas elles apparaissent selon des traces plus ou moins discontinues, irrégulières que l'on qualifie de segmentées.

C'est grâce aux investigations géophysiques détaillées en trois dimensions réalisées par l'exploration sismique pétrolière, complété par des modélisations analogiques observées par tomographie au moyen de rayons X (Coletta *et al.*, 1991), qu'il est aujourd'hui possible d'avoir une image réaliste des fractures et des failles. Le suivi dans le temps de l'évolution de la fracturation (analyse 4D) permet d'imaginer avec une plus grande fiabilité les processus qui conduisent de l'apparition des fractures aux failles matures. On peut dès lors mieux comprendre la segmentation des failles dont les conséquences économiques sont grandes notamment dans l'exploitation pétrolière.

5.5.1 La segmentation des failles

De très nombreux auteurs ont étudié la segmentation des failles. Pour donner une vue actualisée de la question, nous avons repris les résultats des travaux de Marchal *et al.* (1998 et 2003) réalisés dans le cas de l'étude de faille normale. D'après ces auteurs, la segmentation d'une faille implique que la propagation se fasse à partir d'une faille parent de forme approximativement elliptique, qui s'étend de façon radiale et qui développe des failles secondaires (*tip fault*) à ses extrémités (Fig. 5.12). Rapidement la faille parent se connecte aux failles secondaires. Ce processus propre à une faille isolée peut interférer avec une faille isolée voisine, à laquelle elle pourra se connecter par l'intermédiaire d'une faille de relai. Ce modèle de propagation explique bien l'aspect sinueux complexe de la surface des failles (figures c et e, planche 2).

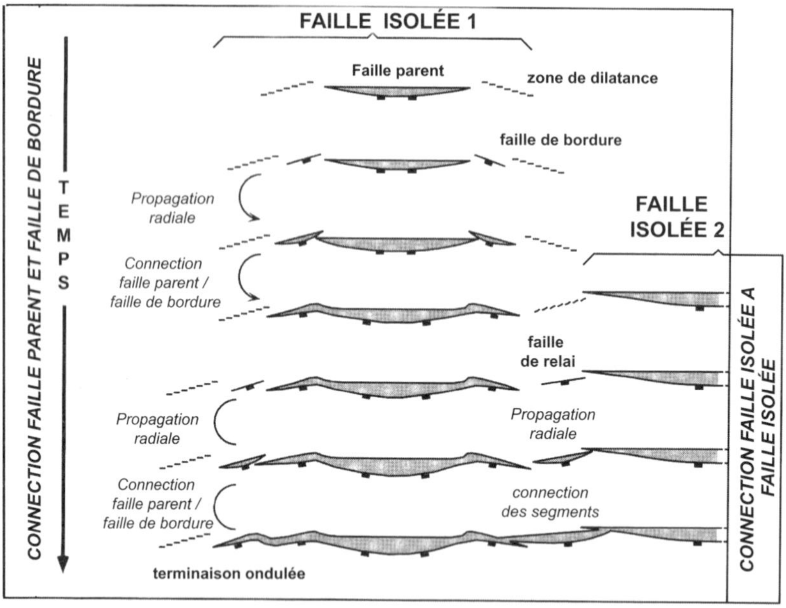

Figure 5.12 – **Modèle de propagation de faille normale (d'après Marchal *et al.*, 1998). Explications dans le texte.**

5.5.2 De la segmentation aux relais de failles

Le mode de fracturation qui agit aux limites d'une fracture qui se propage est différent selon l'orientation de la limite par rapport au déplacement sur la fracture (faille) : il est de mode I sur les limites perpendiculaires au déplacement, de mode II pour les limites parallèles et de mode III, entre les deux (Fig. 5.14a). La propagation radiale de la fracture n'est pas identique dans les différentes directions du matériel rocheux ; il en résulte au final une fracture à l'aspect lobé (Fig. 5.14b), parfois connectée, qui s'observe sur le terrain sous la forme d'ondulations ou de relais plus ou moins marqués.

On distingue ainsi des relais et des ondulations parallèles et perpendiculaires au glissement sur la faille (Fig. 5.15). Dans le cas d'une faille normale certains relais sont allongés parallèlement et d'autres perpendiculairement au mouvement de la faille (Fig. 5.15). Les premiers sont des relais actifs compressifs et extensifs, selon leur position relative par rapport au jeu du toit et du mur de la faille ; les seconds, dits passifs (ou neutres), sont à l'origine de cannelures ou permettent, en connexion avec les premiers, la formation de lentilles tectoniques (Fig. 5.15). La déformation est de mode II dans les premiers relais et de mode III dans les seconds.

5.5.3 Les terminaisons de failles

Selon le lieu d'observation qui est généralement une section d'affleurement (front ou plancher de carrière, talus de route…), on ne voit que les traces d'intersection de la surface complexe de la faille.

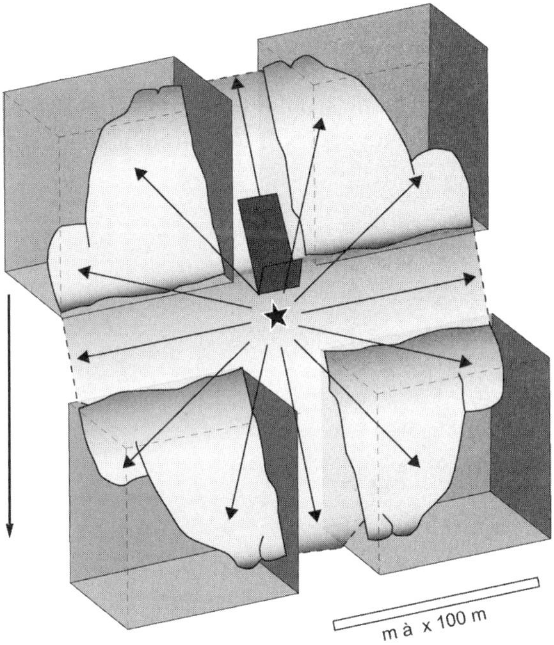

Figure 5.13 – Modèle schématique des modes de déformation aux extrémités d'une faille (d'après Atkinson BK., 1987). Mode II = cisaillement dans le plan, Mode III = cisaillement avec déchirement, Mode II & III = mode mixte. L'étoile indique le lieu où s'applique le mode de déformation indiqué.

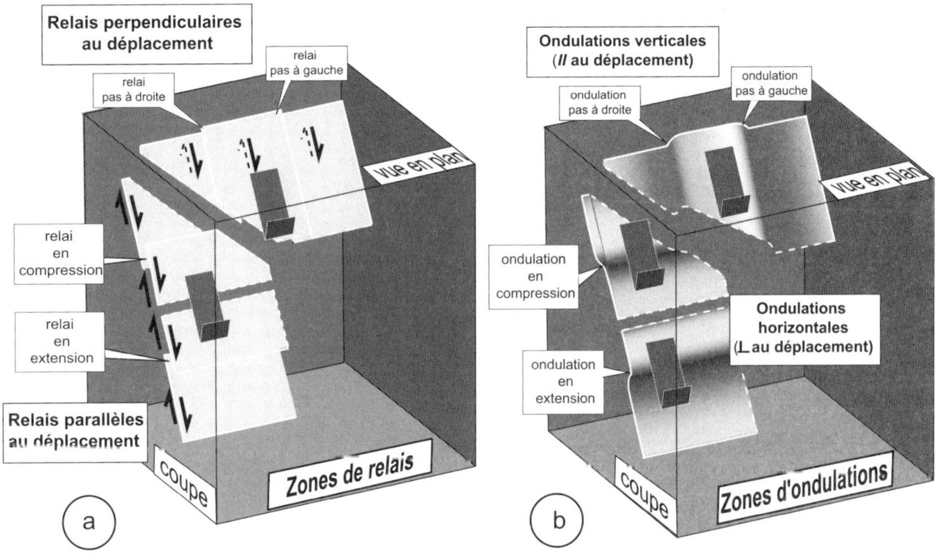

Figure 5.14 – Modèle conceptuel en 3D d'une faille normale isolée (d'après Marchal *et al.* 2003, modifié). Explications dans le texte.

Dans le cas d'une faille normale on observe sur les sections verticales des terminaisons parfois en queues-de-cheval formées de fractures à faible déplacement tangentiel ou des fractures ouvertes (mode I) (2, Fig. 5.16). Dans la vue en plan (horizontale) on observe des fractures ouvertes (mode I) passant latéralement à des fractures en échelons (mode I) (Fig. 5.16c). Ces structures constituent une partie de la zone de dommage de la faille (*cf.* § 5.6.3).

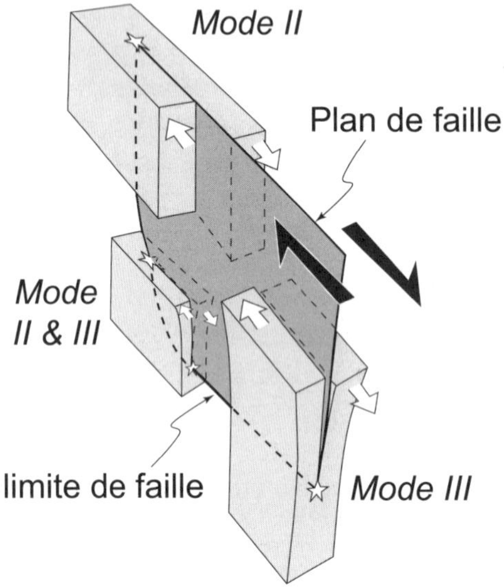

Figure 5.15 - Nomenclature en 3D de la morphologie structurale d'une faille normale : a) nomenclature des segments de faille ; b) nomenclature des ondulations du plan de faille. (d'après Marchal *et al.* 2003, modifié). Explications dans le texte.

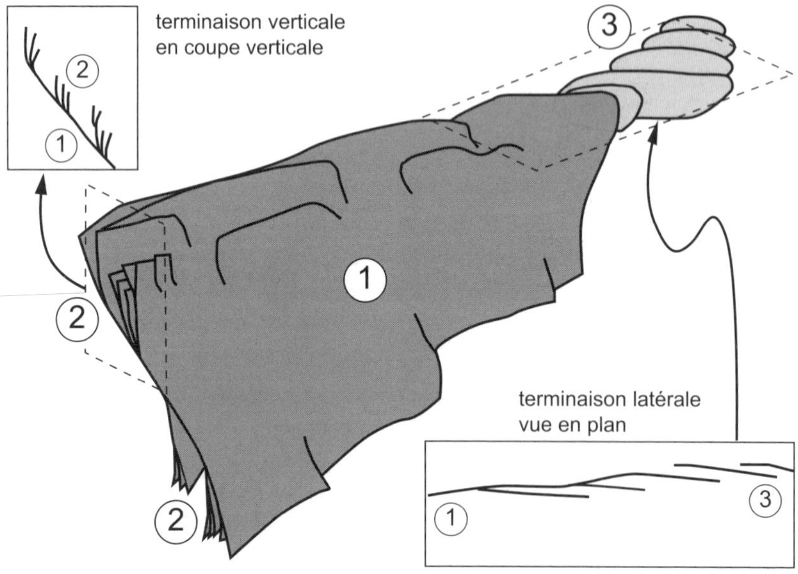

Figure 5.16 - Géométrie 3D simplifiée d'une faille normale (d'après, McGraph et Davison, 1995, simplifié).

Dans le cas de failles décrochantes sont décrits divers types de terminaisons dont sont ici présentés quelques exemples (Fig. 5.17) (extrait de Kim Y-S., *et al.,* 2004). Leur interprétation permet de connaître aisément la cinématique de la faille à laquelle cette terminaison est associée.

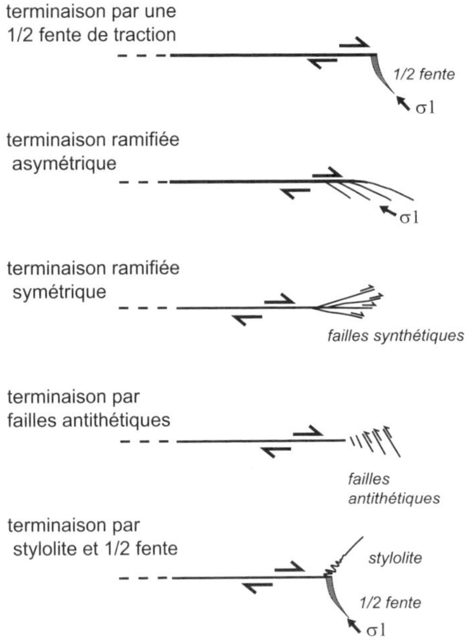

Figure 5.17 - Quelques exemples les plus courants de terminaison de faille (cas de faille décrochante) (modifié de Kim Y-S., *et al.*, 2004).

5.6 Zone de faille et roches de failles

5.6.1 Zone de faille : généralités

Contrairement à ce que le laisse penser sa représentation sur une carte géologique, une faille n'est pas une structure plane mais occupe un volume rocheux appelé *zone de faille*. Large de quelques centimètres à plusieurs centaines de mètres la zone de faille se développe approximativement parallèle à la faille, mais s'épaissit souvent dans les zones de relais et à ses extrémités. Son épaisseur est approximativement proportionnelle à l'importance (dimension, rejet) de la faille.

La zone de faille représente la portion de roche mécaniquement et structuralement modifiée par la formation de la faille depuis son initiation à son état actuel, incluant les déformations liées à d'éventuelles réactivations.

La limite externe de la zone de faille est souvent difficile à définir. Elle peut être progressive si elle se développe dans des matériaux homogènes dont l'histoire tectonique et simple (monophasée), tandis qu'elle est brusque si elle s'est formée dans des roches déjà structurées (importance de l'héritage structural). Lors de son étude il convient de distinguer la part des déformations héritées, sans lien avec la formation initiale de la faille, de celles contemporaines de son histoire ultérieure (SL). Selon cette notion large une zone de faille est le reflet de toutes les déformations enregistrées lors de toute l'activité de la faille y compris celles formées dans des états de contraintes différents de ceux de son initiation (ex. zone de faille normale réactivée en faille décrochante).

Très souvent une zone de faille souligne géomorphologiquement le tracé de la faille, soit en creux à cause d'une érosion localisée plus facile, soit en relief en relation avec une induration de la zone concernée. Ces aspects morphologiques sont liés au comportement mécanique des roches (plus ou moins fragiles), dans le premier cas et à la circulation de fluides avec précipitation, dans le second cas.

5.6.2 Zonation de la zone de faille

Sur une image satellite (d'échelle cartographique) on repère la trace des failles majeures (FC) (Fig. 5.18a) soulignée souvent par un escarpement morphologique (escarpement de faille) (EF) (Fig. 5.18a).

À l'échelle du terrain on peut distinguer une *zone de faille*, laquelle renferme généralement une *faille majeure* (FM), sur laquelle a eu lieu l'essentiel du déplacement de la zone de faille et des *failles mineures* (Fm) à déplacement réduit (d'un ou de deux ordres de grandeur) (Fig. 5.18b).

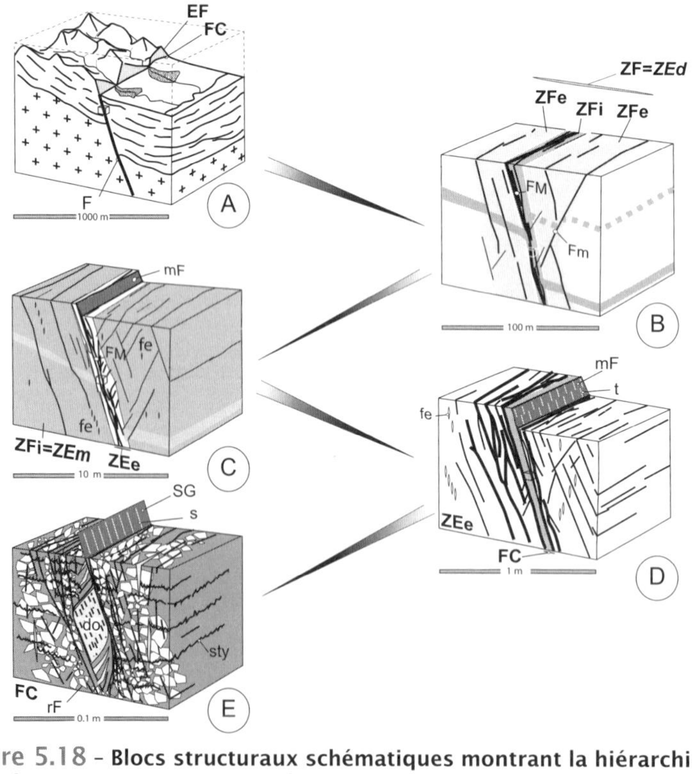

Figure 5.18 – **Blocs structuraux schématiques montrant la hiérarchisation des structures cassantes dans une zone de faille. Selon l'échelle d'observation (du kilomètre (a) au centimètre (b)), les structures apportent des informations différentes et complémentaires. (Voir détails dans le texte).**

Au voisinage de la faille majeure, et de manière réduite le long des failles secondaires, se développe une *zone endommagée diffuse* (ZEd) (Fig. 5.18b), dans laquelle une *zone de faille externe* (ZFe) enveloppe la ZEd et la sépare de la partie non déformée de l'encaissant. Des « noyaux » peu déformés peuvent s'intercaler entre les diverticules de la zone endommagée diffuse.

Le long de la faille majeure (et éventuellement sur des failles secondaires importantes) apparaît la *zone de faille interne* (ZFi) (Fig. 5.18c), qui ne comprend qu'une faille autour de laquelle se développent des structures secondaires (joints, fentes, veines, stylolites…). Elle correspond à une *zone moyennement endommagée* (ZEm), où la proportion volumétrique de matériel non déformé domine.

En bordure de la faille (Fig. 5.18d), on distingue la *zone fortement endommagée* (ZEf), où la proportion volumétrique de matériel déformé domine et le *cœur de la faille* (FC) où la roche est complètement transformée en *roches de faille* (rF) (Fig. 5.18e). Des surfaces de glissement (SG) sont soulignées par des *tectolgyphes* (s : stries).

5.6.3 La zone endommagée

La définition de la zone endommagée, dans une zone de faille, est difficile à donner ; elle diffère selon les auteurs. La zone endommagée est le volume de roche déformé autour de la surface de faille, formé lors de l'initiation et de la propagation de la faille, ou des interactions et des réactivations du glissement, le long de la faille (Cowie et Scholz, 1992 ; McGrath et Davison, 1995). Young-Seog Kim et Sanderson (2010) distinguent une *zone de dommage diffuse* qui englobe toutes les structures tectoniques contemporaines de la formation de la zone de faille et des *zones de dommages localisées*. Young-Seog Kim *et al.* (2004) divisent ces zones de dommage localisées selon leur situation dans la faille : 1) aux extrémités (*tip damage zone*), 2) dans les zones de relais de faille (*linking damage zone*) et le long des lèvres (*wall damage zone*) (Fig. 5.19). Selon les cas le mode de déformation est de type II, III ou II + III (Fig. 5.20).

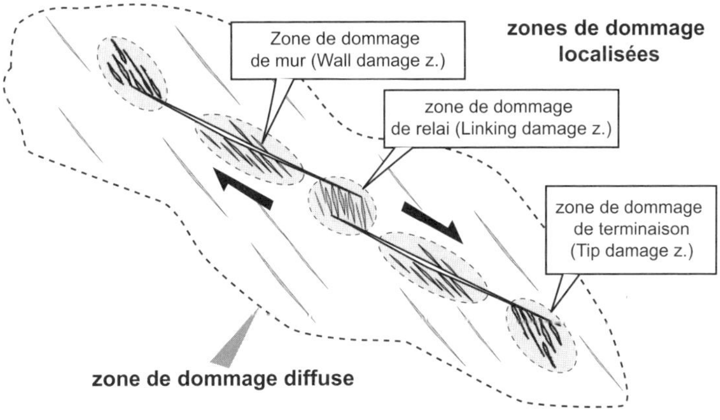

Figure 5.19 – Zone de dommage diffuse et localisée dans une zone de faille (d'après, Kim Y-S. and Sanderson DJ., 2010, modifié).

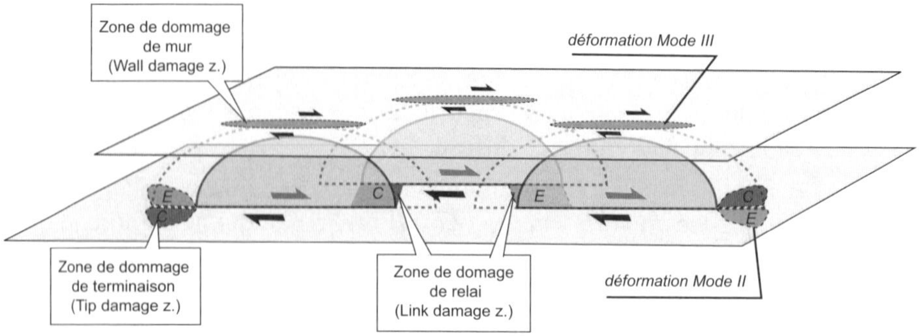

Figure 5.20 - **Zone de dommage en 3D et mode de déformation associés (d'après, Kim Y-S *et al.*, 2004., modifié).**

Ces différentes structures qui s'associent et interfèrent le long des failles sont les marqueurs privilégiés de la déformation cassante qu'il convient d'analyser avec beaucoup d'attention car elles permettent de définir, dans le détail, les conditions de la déformation (vitesse, ampleur, chronologie, présence de fluides…).

5.7 Le cœur de la faille et les roches de failles

Au cœur de la faille, là où le glissement est le plus important et localisé, les roches sont profondément déformées, transformées au point de ne plus reconnaître leur structure originelle. Ce sont les *roches de faille*.

Plusieurs auteurs ont tenté de classer ces roches selon divers critères structuraux. (Higgins MW., 1971 ; Sibson RH., 1977 ; Tanaka H., 1992 ; Zeck HP., 1974). En s'inspirant fortement de leurs classifications nous proposons une classification synthétique en utilisant les critères suivants : 1 : le caractère cohésif ou incohésif de la roche de faille ; 2 : l'aspect de sa fabrique : aléatoire (non orientée) ou orientée (foliée) ; 3 : la nature de la déformation (cassante ou ductile) ; 4 : la proportion de matrice par rapport aux éléments ; 5 : la taille des éléments présents dans la roche de faille (tableau 5.1).

Le critère 1 **(C1)**, permet de distinguer les roches de faille à comportement cassant (série des roches cataclasitiques) de celles à comportement ductile (série des roches mylonitiques).

Le critère 2 **(C2),** distingue les roches de faille à structure non orientée de celles à structure planaire (foliée).

Le critère 3 **(C3),** distingue les roches de faille cohésives (roches à éléments soudés) et incohésives (roches à éléments non soudés, pulvérulentes) ; ce critère est délicat à utiliser en raison des modifications possibles de ce caractère au cours du temps (cimentation, altération), indépendamment du processus agissant lors de leur formation.

Parmi les principales roches de faille incohésives sont décrites les roches où plus de 30 % d'éléments flottent dans une « poudre », ce sont les *brèches de faille* (*fault breccia*), et les *gouges*, où le pourcentage d'éléments représente moins de 30 % de la roche.

<table>
<tr><td colspan="2">C1 ⇨</td><td colspan="4">Roches de faille cassante</td><td colspan="3">Roche de faille ductile</td></tr>
<tr><td colspan="2">C3⇩ C2 ⇨</td><td colspan="3">fabrique sans orientation</td><td>fabrique orientée (foliée)</td><td colspan="3" rowspan="4">?</td></tr>
<tr><td rowspan="2">INCOHÉSIVE</td><td>% élem > 30 %</td><td colspan="3">brèche de faille</td><td>brèche de faille foliée</td></tr>
<tr><td>% élem < 30 %</td><td colspan="3">gouge</td><td>gouge foliée</td></tr>
<tr><td rowspan="5">COHÉSIVE</td><td>verre +/- dévitrifié</td><td colspan="3">pseudotachylite</td><td>pseudotachylites foliée</td></tr>
<tr><td>mat. 0-10 %</td><td>fr.>0. 5 cm
0.1<fr.<0. 5 cm
fr.<0. 1 cm</td><td>Brèche
Brèche fine
microbrèche</td><td rowspan="4">CATACLASITES</td><td>?</td><td></td><td></td><td>mat. 0-10 %</td></tr>
<tr><td>mat. 10-50 %</td><td colspan="2">protocataclasite</td><td>protocataclasite foliée</td><td rowspan="3">Série des MYLONITES</td><td>protomylonites</td><td>mat. 10-50 %</td></tr>
<tr><td>mat. 50-90 %</td><td colspan="2">cataclasite</td><td>cataclasite foliée</td><td>mylonites</td><td>mat. 50-90 %</td></tr>
<tr><td>mat. 90-100 %</td><td colspan="2">ultracataclasite</td><td>ultracataclasite foliée</td><td>ultramylonite</td><td>mat. 90-100 %</td></tr>
</table>

Tableau 5.1

Les roches de failles cohésives sont classées en fonction de la proportion du volume de matrice (issue de la micofracturation) par rapport à celui occupé par les éléments (débris, claste de roche originelle) quelle renferme : de 0 à 10 % de matrice ce sont, selon la dimension des fragments (fr), des *brèches* (fr > 0,5 cm), des *brèches fines* (0,1 cm < fr < 0,5 cm), des *microbrèches* (fr < 0,1 cm).

Les roches de faille ayant plus de 10 % de matrice forment le groupe des *cataclasites.* Selon le pourcentage de matrice on distingue les *protocataclasites* (mat. < 10-50 %), les *cataclasites (s.s.)* (mat. 50-90 %) et les *ultracataclasites* (mat. > 90 %).

Certaines roches de failles renferment une fraction de verre issue de la fusion de minéraux silicatés (quartz généralement) produite lors de l'échauffement par friction au cours du mouvement (sismique) de la faille. Ces roches sont appelées des *pseudotachylites.*

Toutes les roches de failles cohésives sont connues sous leurs aspect non orienté et orienté ; dans ce dernier cas elles sont dites foliées (*cataclasites foliées, pseudotachylites foliées…*).

Cette classification a été établie sur des exemples de roches silicatées sédimentaires, plutoniques ou métamorphiques, il est vrai, très répandues. Elle doit être étendue aux roches telles que les calcaires.

La tectonique cassante à l'échelle régionale

6

Les systèmes faillés

Les niveaux superficiels de l'écorce terrestre (Fig. 3.14) se déforment le plus souvent par fracturation : c'est le domaine de la tectonique cassante. Pour l'essentiel, les structures formées à l'échelle régionale sont des groupements de failles dont la cinématique dépend de leur géométrie et du régime tectonique, en extension, en coulissement ou en raccourcissement (Fig. 1.2), dans lequel elles se forment ou sont réactivées.

6.1 La tectonique en extension : grabens, rifts et bassins en extension

Nous commencerons cette étude par la description d'un fossé tectonique simple.

6.1.1 Les grabens : un exemple, le fossé d'Alès

Le fossé d'Alès est une dépression topographique longue de 50 km, large de 5 à 6 km, située sur la faille des Cévennes au Nord du Languedoc (Fig. 6.1a et 6.2a). Il est limité à l'Ouest par une faille de direction NE-SW à pendage de 45° vers l'Est et, à l'Est, par une faille de même direction mais à pendage vers l'Ouest. Il est rempli de 1 000 à 1 500 m de dépôts continentaux d'âge éocène supérieur-oligocène qui n'ont pu s'y accumuler que grâce à l'effondrement du toit des deux failles (Fig. 6.1b) ; celles-ci sont donc des failles normales. Le fossé qu'elles limitent est appelé un *graben* (en allemand graben = fossé) et le bloc topographiquement élevé situé entre deux failles normales à pendages divergents (Fig. 6.1c) est appelé *horst* (en allemand horst = nid d'aigle).

Un graben peut être symétrique (Fig. 6.1c) ou dissymétrique (Fig. 6.1b). Le fossé d'Alès est un graben dissymétrique : la faille bordière occidentale montre un rejet vertical (1 200 m) beaucoup plus important que celui (500 m) de la faille orientale ; cette dernière apparaît donc comme une faille antithétique (voir Fig. 4.21a) de la faille majeure. Les couches du remplissage sédimentaire du graben sont inclinées en

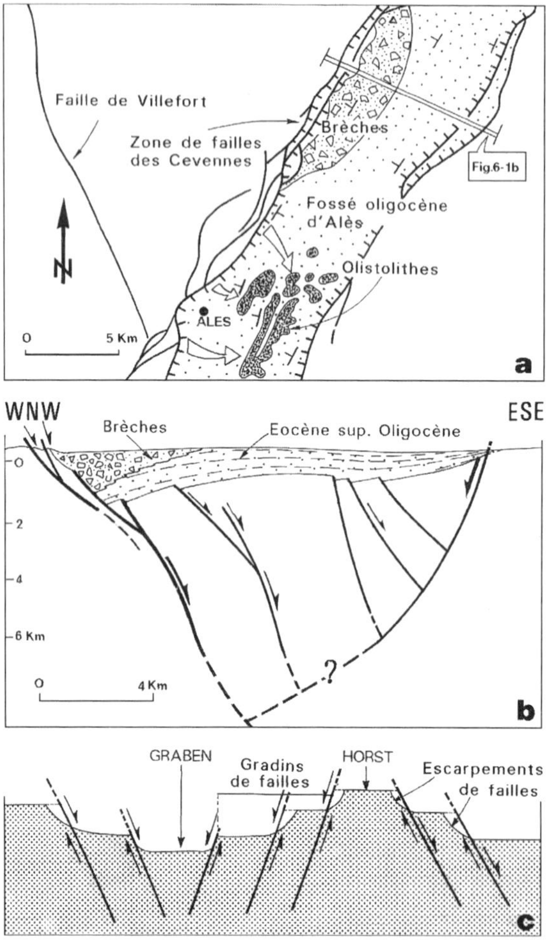

Figure 6.1 – **(a) Esquisse structurale du graben d'Alès (voir localisation, Fig. 6.17). Les flèches blanches indiquent le transport des olistolithes ; (b) Coupe schématique du graben d'Alès ; (c) schéma de grabens et de horsts symétriques.**

éventail vers la faille bordière majeure : leur pendage augmente avec la profondeur ce qui indique un basculement progressif du toit de la faille pendant la sédimentation. Enfin, le long de la faille majeure se sont accumulés des dépôts détritiques grossiers (brèches sédimentaires et olistolithes), provenant du démantèlement de l'*escarpement de faille*, qui attestent de l'activité de celle-ci pendant la sédimentation (Fig. 6.1a, b).

Grabens et horsts se forment par allongement (extension) horizontal de la croûte terrestre (Fig. 1.2a). Ils sont souvent associés pour former des rifts où l'extension est localisée et de grands bassins du type « Basin and Range » où l'extension est diffuse.

6.1.2 Les rifts

2.1. *Les rifts intracontinentaux : un exemple, le rift d'Europe occidentale*

a) Situation régionale. Ce rift (en anglais rift = déchirure) comporte de nombreux grabens (Fig. 6.2a) dont le graben d'Alès et s'étend sur plus de 1 500 km de la Méditerranée à la mer du Nord. C'est un des plus grands rifts continentaux avec le grand

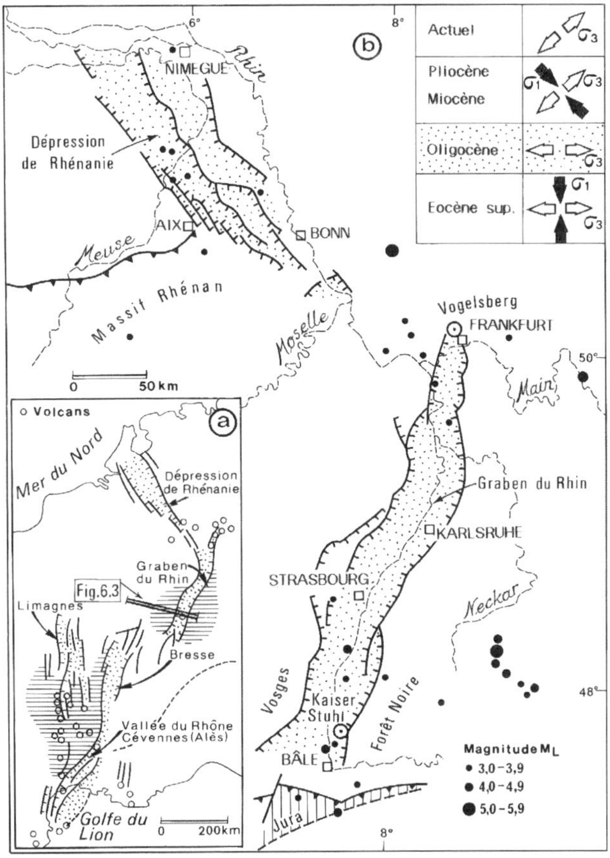

Figure 6.2 – Esquisse structurale du graben du Rhin ; cercles noirs : épicentres des séismes de 1976 - 1982. (d'après Ahorner *et al.*, 1983, in Fuchs *et al.* Eds., *Plateau uplift*, Springer-Verlag, 198-221). (a) Encart en bas – pointillés : dépôts oligocènes ; cercles : volcans ; traits horizontaux : reliefs liés au rift d'Europe occidentale (d'après Mattauer, 1973, Hermann, Paris, 493 p.). (b) Encart en haut – directions de tension (σ_3) et de compression (σ_1) de l'Éocène supérieur à l'Actuel (d'après Villemin et Bergerat, 1987, *Bull. Soc. Géol. France*, (8), 3, 245-255 ; Larroque et Ansart, 1985, *Bull. Soc. Géol. France*, (8), 1, 837-847, modifié).

rift Est-africain (§ I.2.2). Un volcanisme actuellement non actif, celui d'Auvergne et de la région rhénane, lui est associé. Nous examinerons plus en détail le graben du Rhin situé dans la partie centrale du rift (Fig. 6.2b). Il se présente comme une dépression de 300 km de long, 30 à 40 km de large et de 100 à 200 m d'altitude moyenne, dominé dans sa partie méridionale par les hauteurs (1 000 à 1 500 m) des Vosges et de la Forêt Noire qui forment ce qu'on appelle les *épaulements* du rift. Au Nord, ces épaulements sont peu importants (altitude ≈ 500 m). Deux volcans, le Vogelsberg et le Kaiser Stuhl, d'âge essentiellement miocène sont situés dans le graben (Fig. 6.2b)

b) La structure du graben du Rhin

– *La structure superficielle du graben.* Le graben est limité à l'Est et à l'Ouest par deux zones de failles (Fig. 6.2b) de direction moyenne N 20° et de pendage 75° environ (Fig. 6.3) sur lesquelles les rejets verticaux peuvent atteindre jusqu'à 1 800 m. Le remplissage sédimentaire tertiaire est lui-même affecté par des failles de même direction dont les rejets verticaux sont plus faibles (< 500 m). Ce remplissage sédimentaire peut atteindre 3 500 m d'épaisseur mais avec de fortes variations longitudinales (3 500 à 1 000 m) ; sur une section transversale, le maximum d'épaisseur des dépôts (le *dépôt-centre*) est décalé vers une des failles bordières (vers la faille orientale sur la Fig. 6.3). Cette série tertiaire repose sur une surface pénéplanée qui arase les formations jurassiques. Elle a commencé à se déposer à l'Éocène terminal (≈ 40 Ma) et la subsidence s'est installée à l'Oligocène (vers 34-37 Ma) avec le dépôt de couches marines salifères (1 700 m d'épaisseur). La mer s'est retirée vers 27 Ma et a été remplacée par de grands lacs subsidents jusqu'à la fin de l'Oligocène. Au sud du graben, un soulèvement et une érosion ont eu lieu au cours du Miocène et les alluvions pliocènes-quaternaires (250 m max. d'épaisseur) ont recouvert en discordance les dépôts oligocènes. Par contre dans la partie septentrionale du graben, la subsidence et la sédimentation se sont poursuivies sans interruption de l'Oligocène à l'Actuel.

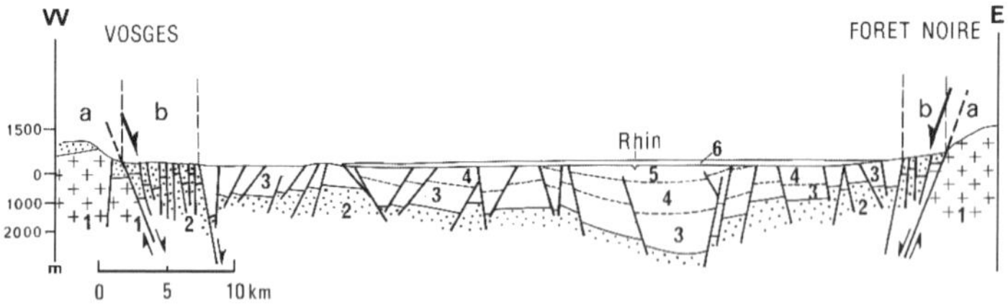

Figure 6.3 – **Coupe géologique schématique du graben du Rhin au niveau de Strasbourg. 1 : socle, 2 : Mésozoïque, 3 : Oligocène inférieur, 4 : Oligocène moyen, 5 : Oligocène supérieur, 6 : Pliocène-Quaternaire, a : épaulements du graben, b : zone des champs de fractures (d'après Sittler, 1974, in J. Debelmas, *Géologie de la France*, Doin, Paris).**

– *La structure profonde du graben.* Un profil de sismique réflexion profonde obtenu dans la partie sud du graben au cours du programme franco-allemand ECORS-DEKORP montre (Fig. 6.4) que la faille bordière occidentale est une zone de failles listriques (= en forme de cuillère) qui traverse toute la croûte. C'est une faille normale à fort pendage (55 à 45°) dans la croûte supérieure cassante qui se connecte à une zone de *cisaillement simple ductile*, diffuse, à faible pendage (25°) dans la croûte inférieure. Le Moho est décalé verticalement d'environ 2 km dans le prolongement en profondeur de cette *faille* majeure *listrique*. Ce profil montre qu'à l'échelle crustale le graben est fortement dissymétrique. Dans la partie septentrionale du graben, c'est la zone de failles orientale qui correspond à la faille bordière majeure ce qui est en accord avec la position du dépôt-centre décalée vers cette faille bordière (Fig. 6.3).

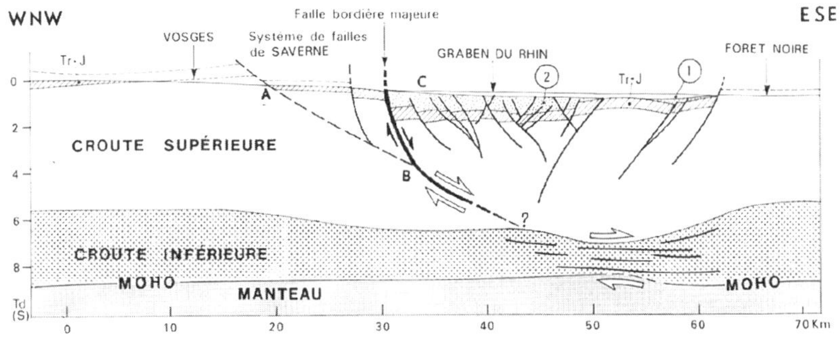

Figure 6.4 – Coupe schématique à l'échelle crustale du sud du graben du Rhin (au parallèle de Selestat) d'après le profil sismique-réflexion du programme ECORS-DEKORP (d'après Brun et al., 1991, *Geology*, sous presse). L'échelle verticale est en secondes de trajet aller-retour des ondes (T.d.s., 10 s correspondant à environ 30 km d'épaisseur)1 : Plio-Quaternaire, 2 : Éocène supérieur-Oligocène.

Un profil de sismique-réfraction (Fig. 6.5) a montré depuis longtemps un amincissement crustal : sous le graben, le Moho se trouve à une profondeur minimale de 24 km sous sa partie méridionale. Ce profil a montré en outre la présence d'un manteau anormal, où la vitesse des ondes P est atténuée ce qui a été interprété comme une remontée de l'asthénosphère sous le graben et donc comme la preuve d'un amincissement de la lithosphère.

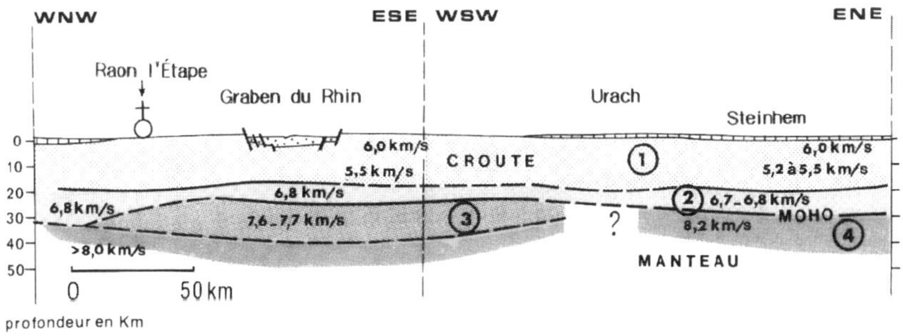

Figure 6.5 – Coupe schématique du sud du graben du Rhin d'après un profil de sismique-réfraction (simplifié d'après Mueller *et al.*, 1974, *Tectonophysics*, 20, 381-391). Les vitesses indiquées en km/s sont celles des ondes P. 1 : couche crustale supérieure ; 2 : couche crustale inférieure ; 3 : manteau anormal ; 4 : manteau normal.

Les enregistrements des ondes P par un réseau dense de stations sismiques (programme Lithoscope 89) ont donné des images de la fluctuation de la vitesse des ondes P dans la lithosphère rhénane (Fig. 6.6). Ces images montrent effectivement des vitesses V_p anormalement lentes sous le graben jusqu'à 60 km de profondeur, correspondant probablement à une zone anormalement chaude dans la croûte et dans la lithosphère supérieure sous crustale. Mais ces images ne montrent pas clairement de remontée de l'asthénosphère sous le graben.

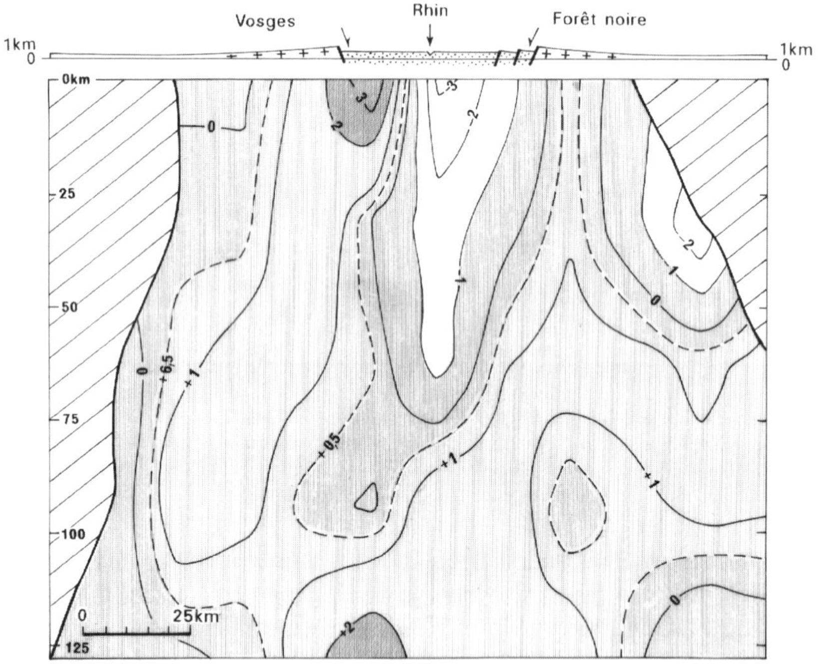

Figure 6.6 – Image des fluctuations de la vitesse des ondes P dans la lithosphère du sud du graben du Rhin (au parallèle de Selestat), exprimées en + ou – % par rapport à un modèle moyen latéralement homogène, d'après un profil du programme Lithoscope 89 (d'après Granet *et al.*, 1990, renseign. personnel). Les lignes obliques correspondent à une absence de données.

c) L'évolution tectonique du graben

– *Les failles normales affectant les formations salifères.* Dans les zones tabulaires délimitées par les failles normales (Fig. 6.3), des réseaux de fentes verticales croisées (Fig. 6.7a) ou parallèles (Fig. 6.7b) affectent les niveaux marneux cassants. Elles sont remplies de sel fibreux dont la cristallisation est contemporaine de leur ouverture. La direction des fibres indique statistiquement une direction d'allongement X voisine d'E-W qu'on peut assimiler en première approximation à la direction de σ_3. Les couches de sel ductiles subissent, elles, un étirement plastique de type cisaillement pur. La quantité d'allongement fini ε_x, estimée par la mesure de l'ouverture des fentes et de l'amincissement des couches de sel, est voisine de 8 %. La déformation des zones tabulaires est contemporaine du dépôt des couches salifères oligocènes. Au voisinage des failles qui séparent les zones tabulaires, la déformation atteint des quantités d'allongement plus importantes de l'ordre de 20 à 100 %. On y observe un comportement cassant des marnes et ductile du sel : les failles deviennent des *flexures-failles* à pendage de 35 à 45° (Fig. 6.8). À leur voisinage, les niveaux marneux sont fracturés par une traction parallèle au litage formant ce qu'on appelle des *boudins* (a, b, Fig. 6.8) ; ceux-ci subissent des rotations dans les zones de cisaillement (c). Dans les zones à fort pendage, des *plis d'écoulement* (e) peuvent même se former par fluage plastique du sel. Les flexures-failles se raccordent généralement à un *décollement* (f, g, Fig. 6.8) sur une couche horizontale de sel. Ces failles témoignent de la poursuite du régime extensif pendant tout l'Oligocène. Des dômes de sel, appelés *diapirs* (du grec = percer) sont montés par différence de densité et ont traversé le remplissage sédimentaire du graben.

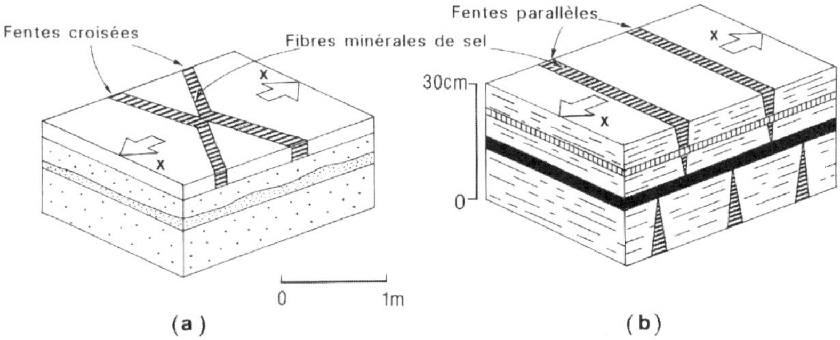

Figure 6.7 – Réseau de fentes croisées (a) et parallèles (b) à remplissage de sel fibreux (hachures) dans les zones tabulaires du bassin potassique de Mulhouse (d'après Larroque, 1987, *Thèse*, Montpellier).

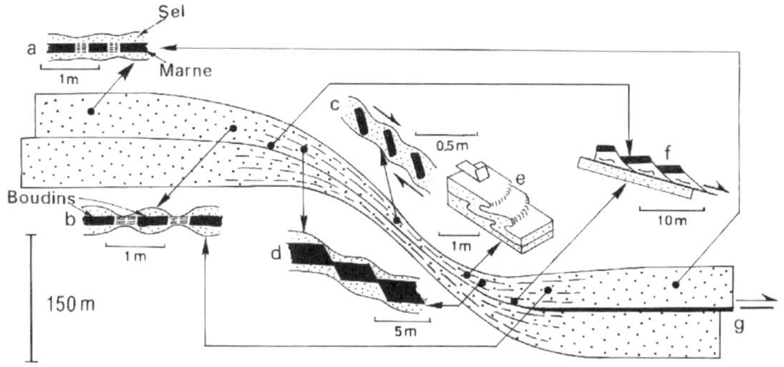

Figure 6.8 – Structures cassantes et ductiles liées aux flexures-failles normales dans le bassin potassique de Mulhouse (d'après Larroque, 1987, *Thèse*, Montpellier).

– *Les failles bordières du graben* affectent les formations mésozoïques et résultent de la réactivation de failles anciennes, d'âge probablement hercynien (fin du Paléozoïque). Elles montrent plusieurs familles de stries dont la chronologie a été établie et pour chacune desquelles on a pu calculer un état de contrainte (Fig. 6.2 ; encart en haut) qui rend compte des glissements sur les failles (voir Chap. 5, § 5.4.3). Des mouvements décrochants senestres sont observés sur ces failles ; ils résultent d'un régime tectonique en coulissement (σ_2 vertical) avec une direction de σ_1 voisine de N-S et sont attribués à la compression N-S pyrénéenne d'âge éocène supérieur. Ils sont en effet antérieurs à des mouvements essentiellement normaux résultant d'un régime extensif avec une direction de σ_3 voisine de E-W qui est corrélée avec l'extension E-W affectant les dépôts salifères, bien datée de l'Oligocène. L'évolution structurale miocène est complexe, dominée par une compression NW-SE. Actuellement, dans le graben, le régime tectonique est extensif (σ_1 vertical) avec une direction de σ_3 NE-SW et les failles bordières ont des mouvements obliques, décrochants à composante normale. Les failles du graben sont encore actives ; la sismicité est actuellement faible (Fig. 6.2b), mais un séisme majeur (peut-être de magnitude > 7) a complètement détruit la ville de Bâle en 1356. L'allongement transversal total, fini, du graben est de l'ordre de 6 km.

d) La formation du rift d'Europe occidentale

Deux grandes familles d'hypothèses sont évoquées pour rendre compte de la formation des rifts où l'extension est localisée dans une zone étroite (< 100 km). Dans la première (Fig. 6.9a), on considère que la montée d'un dôme, de ce qu'on appelle un diapir, d'asthénosphère chaude, est le phénomène primaire. Le *rift* est dit *actif*. Par expansion thermique, il s'en suit la formation d'un dôme lithosphérique avec un glissement gravitaire de la croûte sur ses flancs et une fracturation par extension de sa crête. Dans le rift commence une *subsidence* dite *tectonique*. Le refroidissement du système entraîne ensuite sa contraction et donc une *subsidence* dite *thermique*. Mais dans la partie méridionale du graben, l'absence de diapir d'asthénosphère (Fig. 6.6) n'est pas en faveur d'un tel modèle.

L'autre hypothèse (Fig. 6.9b) considère que la lithosphère est d'abord étirée et fracturée, éventuellement de façon dissymétrique, en réponse à des forces horizontales en traction appliquées aux limites de celle-ci. Le *rift* est dit *passif*. Il s'en suit la formation du graben et sa *subsidence tectonique*. Cet étirement lithosphérique peut être aussi accompagné et suivi d'une remontée diapirique de l'asthénosphère (non observable sur la Fig. 6.6) qui par expansion thermique entraîne la formation d'un dôme. Le refroidissement du système entraîne ensuite sa contraction et sa *subsidence thermique*. Il a été suggéré qu'à l'Oligocène, les plaques africaine et européenne se déplaçaient vers l'Ouest à des vitesses différentes. L'une freinant l'autre, il en aurait résulté une vitesse de déplacement relative vers l'Est de l'Europe centrale-orientale plus grande que celle de l'Europe occidentale, entraînant une traction

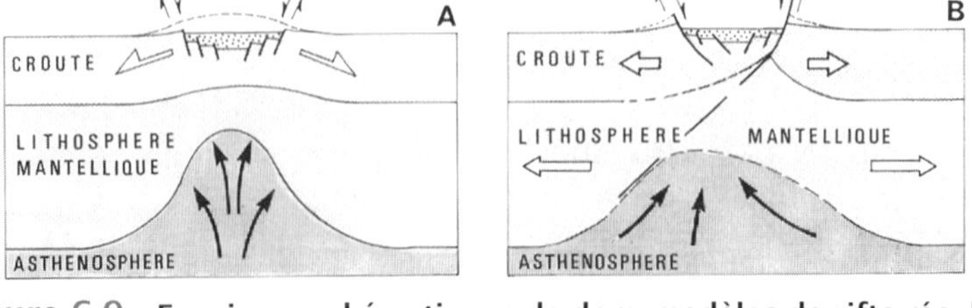

Figure 6.9 – **Esquisses schématiques de deux modèles de rifts résultant (a) d'un diapir d'asthénosphère, (b) d'une fracturation par traction horizontale de la lithosphère.**

E-W et donc une déchirure de direction N-S dans la plaque européenne. Ce problème n'est pas simple car il semble bien qu'à la même époque (Éocène supérieur – Oligocène inférieur) les zones internes des Alpes étaient déjà en compression et que s'y formaient de grandes nappes (voir Chap. 9).

2.2. *La cassure continentale : un exemple, le rift des Afars*

Le rift des Afars (Fig. 6.10), relaie vers l'Ouest le rift océanique de la Mer Rouge et se raccorde vers le SE au rift du golfe d'Aden qui est le prolongement de la ride médio-océanique de Carlsberg (Fig. 1.1). Le grand rift continental Est Africain aboutit à son angle sud-ouest.

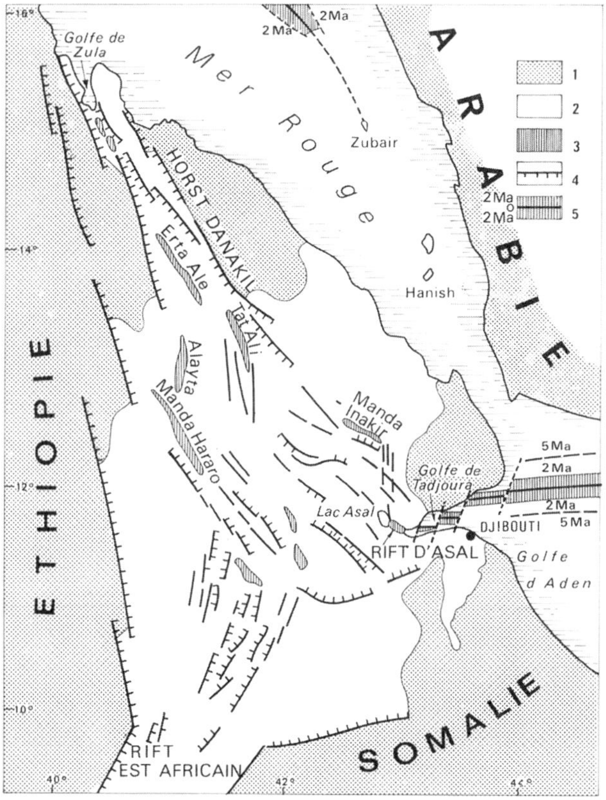

Figure 6.10 – Carte structurale simplifiée du rift des Afars. (1) socles continentaux et leur couverture, (2) volcanisme stratoïde postérieur à 5 Ma, (3) rifts axiaux quaternaires, (4) failles normales, (5) rifts océaniques avec les isochrones (en 10^6 ans) d'après les anomalies magnétiques (modifié d'après Le Dain *et al.*, 1980, *Bull. Soc. Géol. France*, (7), 22, 817-830).

a) La structure du rift des Afars

– *La structure superficielle.* Il est bordé à l'Est et au Sud par des failles majeures respectivement NNW-SSE et ENE-WSW qui affectent les boucliers précambriens éthiopien et somalien (Fig. 6.10) et leurs couvertures sédimentaires couronnées par des trapps basaltiques d'âge éocène à miocène (≈ 40 à 5 Ma). La dépression est remplie de dépôts sédimentaires marins et continentaux, de coulées de basaltes stratoïdes alcalins et localement de rhyolites, d'âge miocène (≈ 25 Ma) à pléistocène (0,7 Ma). L'ensemble atteint une épaisseur de 4 000 à 6 000 m ce qui, ajouté à la différence d'altitude de 3 000 m entre le plateau éthiopien et la dépression, implique un effondrement de l'ordre de 7 000 à 9 000 m du fond du rift. Des failles normales de direction NNW-SSE à ENE-WSW, à pendage de 70 à 80°, découpent la dépression en un ensemble de horsts et de grabens. Certains de ces grabens symétriques qu'on appelle les *rifts axiaux* (Fig. 6.10), découpés dans les basaltes stratoïdes alcalins (4 à 1 Ma), sont remplis de basaltes transitionnels récents (< 1 Ma), de tendance océanique. Ils sont, de ce fait, considérés comme les lieux de déchirure de la croûte continentale et donc d'un début d'océanisation.

– *La structure profonde* déduite des données gravimétriques et de quelques profils de sismique-réfraction suggère un fort amincissement crustal sous la dépression et l'existence, sous tout le rift, d'un manteau anormal qui a été comparé à celui des rides médio-océaniques. Les anomalies magnétiques sont en faveur d'une structure de type croûte océanique sous les rifts axiaux (Fig. 6.10), renforçant l'hypothèse d'un début d'océanisation sous ceux-ci.

b) Les structures tectoniques des rifts axiaux

Nous examinerons plus particulièrement ici la tectonique des rifts axiaux en prenant l'exemple du rift d'Asal (Fig. 6.10). Long d'environ 10 km, il comporte une *vallée axiale* large de 2 à 5 km. Celle-ci contient des fentes ouvertes (Fig. 6.11a), appelées *gjas*, de quelques dizaines à plusieurs centaines de mètres de long, de 1 à 10 m de large ; ces fentes se ferment en profondeur (Fig. 6.11c). La vallée axiale est bordée de failles purement normales souvent associées à des failles antithétiques (Fig. 6.11b). Ces structures sont actives : en Novembre 1978 un nouveau volcan est apparu dans la vallée axiale, de nouvelles fissures s'y sont formées et les failles normales ont été réactivées ; la somme de ces déplacements correspondait à une ouverture «instantanée» de 2 m du rift. Sa vitesse d'ouverture moyenne est de l'ordre de 1,5 cm/an, la vitesse de subsidence durant les derniers 35.000 ans de l'ordre de 0,8 cm/an tandis que la vitesse de remplissage par les épanchements volcaniques est inférieure à 0,1 cm/an, ce qui explique la formation d'une vallée axiale (Stein *et al.*, 1991).

Comment se forment ces structures ? Dans les roches volcaniques jeunes (< 5 000 ans) et élastiques de la vallée axiale, l'état de contrainte qui résulte de la seule pression lithostatique est de révolution autour de l'axe σ_1 vertical (voir Fig. 4.15a et Chap. 4, § 4.5 – 1.3) et la valeur de $\sigma_3 = \rho gh\,[\nu/(1-\nu)] + \sigma_T$, σ_T étant la contrainte tectonique en traction qui peut varier avec la profondeur. La direction de σ_3, perpendiculaire aux fentes ouvertes, est voisine de N 40°. En supposant un gradient de contrainte vertical dû au poids des roches (densité ≈ 3) égal à 3.10^4 Pa/m et une roche faiblement viscoélastique $[\nu/(1-\nu) = 0{,}6]$, on peut à partir de la théorie de Griffith (chap. 4), calculer la valeur de la contrainte σ_T nécessaire pour que les fentes se propagent à une profondeur donnée (Cornet, 1980) ; la valeur de σ_T est de 2,8 MPa pour une profondeur de 150 m. Mais on sait qu'à partir d'une certaine pression hydrostatique, la déformation cassante ne se fait plus par fentes mais par glissement sur des plans de failles (voir Fig. 4.4). En utilisant un critère de Coulomb-Navier [(1), Chap. 4], avec une cohésion en surface $C_o = 1$ MPa et en supposant que la pression normale σ_N sur les fractures est la pression effective d'un milieu saturé en eau [(4), Chap. 4], on peut calculer la valeur de σ_T à partir de laquelle va se produire un glissement sur des plans de défaut préexistants faisant avec l'axe σ_1 un angle β compris entre 45° et 15° (voir Fig. 5.4). Cette valeur limite de σ_T est voisine de 1,8 MPa, plus faible que la valeur nécessaire pour propager une fente jusqu'à 150 m de profondeur. Donc les fentes ouvertes (Fig. 6.11 a) ne se forment probablement que dans les 50 à 100 premiers mètres sous la surface et, plus profondément, des glissements doivent se produire sur des failles préexistantes (Fig. 6.11 d).

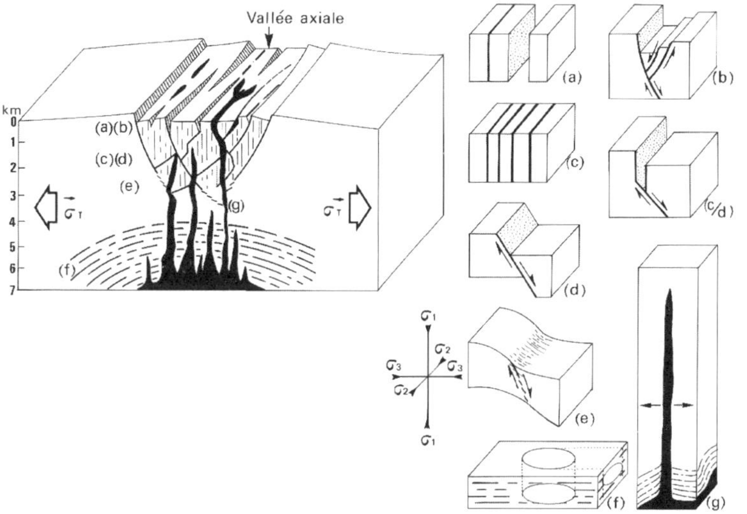

Figure 6.11 – **Structures tectoniques des rifts axiaux (modifié d'après Mattauer, 1980, *Bull. Soc. Géol. France*, (7), 22, 975-984).**

Le gradient géothermique étant élevé, de l'ordre de 90 à 100° C/km quand la profondeur augmente, la déformation doit devenir de plus en plus ductile et l'état de contrainte induit par la pression lithostatique doit tendre vers un état de type hydrostatique (Fig. 4.17). Il est probable que, quand la profondeur augmente, la déformation se fait d'abord par «*failles cassantes-ductiles*», puis par *failles ductiles* (Fig. 6.11 e) et enfin, vers 4 km de profondeur par un *étirement ductile* (Fig. 6.11 f) sans rupture dans la direction de σ_3 avec un aplatissement perpendiculaire à σ_1. Mais dans la chambre magmatique, située probablement à 7 – 8 km sous le rift d'Asal, la pression du magma (Pm) sur les parois peut parfois devenir supérieure à σ_3 et entraîner la rupture de la paroi de la chambre par fracturation hydraulique [voir § 4.3.4-4.2, Chap. 4]. Une fissure remplie de magma (Fig. 6.11 g) se propage vers le haut, perpendiculairement à la trajectoire de σ_3 si le milieu rocheux est homogène et isotrope ; elle traverse la zone plastique qui entoure la chambre magmatique et atteint le milieu rocheux élastique fracturé. La pression du magma peut suffire à ouvrir les fractures existantes et à faire jaillir le magma en surface, comme cela s'est produit en Novembre 1978.

Dans les rifts axiaux de type océanique, la déformation est donc fortement contrôlée par le fort gradient géothermique et par la présence d'une chambre magmatique. L'augmentation de température amollit le matériau et localise la déformation, la production de magma favorise la rupture par fracturation hydraulique. Par ailleurs, l'extension se fait avec augmentation de volume due aux apports magmatiques.

c) La formation du rift des Afars

Il semble qu'avant 13-15 Ma, les rifts est-africain, des Afars et de la Mer Rouge formaient un rift continental unique. C'est à cette époque, au moins dès le Miocène inférieur (≈ 25 Ma) dans les Afars, que s'est produit un étirement de la croûte continentale. Ensuite deux centres d'expansion océaniques se sont mis en place, l'un vers – 10 à – 13 Ma dans le Golfe d'Aden, l'autre vers – 6 à – 10 Ma en Mer Rouge. Des rifts océaniques se sont propagés à partir de ces centres ; le premier s'est étendu vers l'est et a atteint le voisinage du rift d'Asal vers – 1 Ma, le second s'est propagé vers le sud et vers le nord de la Mer Rouge (Fig. 6.10). Le rift des Afars constitue donc actuellement un « verrou » continental entre deux rifts océaniques qui tendent à se rejoindre (Courtillot, 1982). Il est probable que la fissure océanique se propagera dans le rift d'Asal et, par certains des rifts axiaux, rejoindra la Mer Rouge pour former un rift océanique unique de l'Océan Indien à la Mer Rouge tandis que les autres, abandonnés, avorteront.

2.3. *L'extension dans les océans*

Les zones d'extension océaniques actives sont essentiellement localisées dans les *rifts axiaux* des *rides médio-océaniques*. En Islande, où la ride médio-Atlantique est visible à terre, les structures tectoniques des rifts axiaux, fissures ouvertes (*gjas*, qui est un terme islandais), fissures émissives et failles normales, sont semblables à celles des rifts axiaux des Afars. Toutefois, la production volcanique étant beaucoup plus grande en Islande, la vallée axiale n'est pas déprimée comme dans le rift axial d'Asal.

Par ailleurs, *sur les marges continentales dites passives*, comme la marge atlantique de la Bretagne, les profils de sismique-réflexion montrent des failles normales à fort pendage qui affectent le socle. Les blocs basculés vers le continent témoignent d'un allongement de 30 – 40 % de la croûte du rift continental (voir § 6.1.4) qui a précédé la cassure crustale Europe - Amérique du Nord et la formation de l'Océan Atlantique tout comme l'extension de la croûte continentale a précédé sa rupture dans les Afars puis l'océanisation en Mer Rouge et dans le golfe d'Aden. Des marges continentales passives ont été aussi reconnues dans les chaînes de montagnes comme les Alpes (voir § 6.4.3) où elles sont antérieures à la compression qui a formé ces chaînes.

6.1.3 Les bassins continentaux en extension

La largeur des rifts est en général inférieure à une centaine de kilomètres mais certains bassins continentaux où l'extension est diffuse, comme la province du Basin and Range dans l'Ouest des États-Unis, qui s'étend au sud jusqu'au Mexique dans les provinces du Sonora et du Chihuahua, peuvent atteindre le millier de km de large. La partie septentrionale de cette dernière région qu'on appelle le Grand Bassin (voir carte Fig. 9.3), est très caractéristique de ce type de structure. Elle est formée d'un ensemble de grabens et de horsts de direction N-S, larges chacun de 30 à 40 km (Fig. 6.12a), qui se répètent périodiquement.

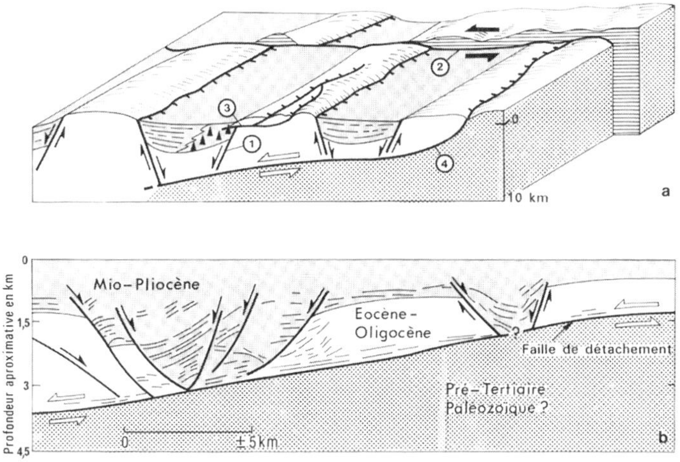

Figure 6.12 – **a) Bloc diagramme schématique montrant divers types de failles dans le Basin and Range (d'après Brun et Choukroune, 1983, *Tectonics*, 2 (4), 345-356). b) Coupe schématique dans le Basin and Range (désert de Sévier, Utah) d'après un profil de sismique-réflexion (simplifié d'après R. Anderson *et al.*, 1983, *Geol. Soc. Am. Bull.*, 94, 1055-1072).**

– *La structure superficielle.* Le Grand Bassin est superposé aux plissements d'âge laramien (Crétacé supérieur – Éocène) des Cordillères nord-américaines et dans les Sierra Madre orientales et occidentales du Mexique. Les horsts (Fig. 6.12a) sont formés par un socle précambrien recouvert par une couverture sédimentaire mésozoïque-paléozoïque. Une épaisse (≈ 5 000 m) série volcanique d'âge éocène à pléistocène peut recouvrir la couverture sédimentaire ou directement le socle. Les grabens sont remplis de sédiments détritiques miocènes à quaternaires. Ils sont limités par des failles bordières (1, Fig. 6.12a) à fort pendage (60°) sur lesquelles le rejet vertical cumulé peut atteindre 4 000 m. Des failles décrochantes transversales (2, Fig. 12a) assurent longitudinalement le relais des systèmes de horsts et grabens. Des failles normales à très faible pendage (< 20°) affectent aussi les formations volcaniques et leur substratum. Certaines, de forme courbe, dites *listriques* suivent les principales discontinuités lithologiques et constituent d'importants niveaux de décollement (voir § extension ductile, Chap. 9). Les plus superficielles (3, Fig. 6.12a), localisées dans les formations volcaniques ou au contact entre celles-ci et leur substratum, ont permis la formation de grands glissements de terrain dont les parties distales ont alimenté des dépôts chaotiques dans les bassins lacustres des grabens.

- *La structure profonde.* Les profils de sismique-réflexion du programme américain COCORP (Fig. 6.12b) montrent que certaines failles à très faible pendage traversent la croûte supérieure cassante (4, Fig. 6.12a). Elles forment de grands plans de décollement auxquels se raccordent les failles à fort pendage (1, Fig. 6.12a). Beaucoup de ces failles résultent de la réactivation d'anciens chevauchements d'âge laramien. Les données sismiques et gravimétriques montrent en outre un net amincissement crustal : le Moho est situé à 20-35 km de profondeur au lieu de 50 km sous le plateau du Colorado. La lithosphère y est aussi plus mince (80 km) que sous ce dernier (120 km).
- *La tectonique en extension du Basin and Range.* L'analyse de la cinématique des failles montre (Zoback *et al.*, 1981) que cette région a été soumise à une extension de direction N 70° entre ≈ 20 et 10 Ma, puis de direction N 120° après 10 Ma. C'est au cours de cette dernière période qu'elle a acquis sa structure particulière en vallée (basin) et chaînon (range).

Ce qui est caractéristique de l'extension dans le Basin and Range, c'est d'abord l'existence des failles intracrustales à très faible pendage qui imposent une *extension très asymétrique* (voir § 4 suivant). En outre, le Basin and Range, dont l'altitude est encore de 1 500 à 2 000 m dans le Grand Bassin, s'est formé sur une chaîne cordillé-raine d'altitude probablement élevée à l'origine. La croûte, actuellement amincie, a dû être au moins aussi épaisse (50 km) que sous le plateau du Colorado. Or, une topographie élevée (force de pesanteur) compensée en profondeur par une racine crustale (force d'Archimède) augmente la contrainte verticale σ_{zz} dans la croûte (voir Fig. 2.2). Si la contrainte verticale σ_{zz} devient σ_1, l'état de contrainte devient extensif et il peut se former des failles normales (voir le modèle d'Anderson, Fig. 4.13b). Ainsi l'extension continentale diffuse, dans le cas du Basin and Range, est probablement la conséquence d'un *effondrement gravitaire* d'une croûte fortement épaissie, résultant d'une augmentation de la contrainte verticale. C'est un mode d'extension que l'on trouve aussi dans les hauts plateaux comme l'Altiplano des Andes et le Tibet.

6.1.4 La géométrie des failles normales en profondeur et les mécanismes du glissement

La géométrie des failles en profondeur commence à être connue de façon satisfaisante, grâce aux données de la sismique-réflexion profonde (voir Fig. 6.4 et 6.12b) et de la sismologie (profondeur des hypocentres et mécanismes au foyer des séismes). Ces données montrent que dans la croûte supérieure cassante, les failles normales majeures sont souvent planes, avec un pendage moyen de 40-50°, bien que, dans le détail, elles puissent présenter de légers changements de pendage (< 15°) et des irrégularités (voir Fig. 5.13c). Mais on connaît aussi des failles de géométrie courbe (failles listriques). Elles sont fréquentes surtout dans les dépôts sédimentaires épais et se raccordent alors souvent en profondeur à une faille plate ou *décollement* (appelée aussi *faille de détachement*) localisée dans un niveau d'évaporites (voir Fig. 6.8) ou d'argile à très forte pression de fluides. Ce décollement permet un découplage de la couverture sédimentaire par rapport à son substratum (voir Fig. 6.16). On connaît aussi de grandes failles à faible pendage traversant toute la croûte et il a été suggéré, par exemple pour le Basin and Range (Wernicke et Burchfield, 1982), qu'elles pourraient traverser même la lithosphère.

Les failles normales sismiquement actives ont presque toujours un pendage compris entre 30 et 60° ce qui semble indiquer que les glissements sur les failles normales à très faible pendage (< 20°) ne produisent pas de séismes.

En déformation cassante, pour qu'un glissement avec friction se produise sur une faille, il faut que la contrainte tangentielle τ résolue sur le plan de faille atteigne une valeur critique $\tau_c = C_o + \mu\sigma_N$ [(1), Chap. 4]. Le scénario du glissement peut schématiquement se résumer ainsi : la faille étant « collée », la contrainte tangentielle croît et la déformation élastique du matériau augmente. La valeur critique τ_c étant atteinte, la faille glisse, le matériau reprend sa forme initiale et une partie de l'énergie élastique accumulée est libérée sous forme de trains d'ondes qui produisent un tremblement de terre. Ces *failles par « collage-glissement »* (*stick-slip faults*) glissent donc par à-coups. Une faille normale à très faible pendage, proche de l'horizontale, est proche de l'orientation du plan principal (σ_2, σ_3) de contrainte (voir Fig. 4.13b). Sur une telle faille, la valeur de la contrainte cisaillante τ est faible et la valeur de la contrainte normale σ_N , donc de la friction ($\mu\sigma_N$), est grande (voir les valeurs de τ et σ_N pour Θ voisin de 90°, Fig. 4.6b). Un mécanisme de « collage-glissement » ne peut donc se produire que très difficilement sinon pas du tout. Il est donc probable que si un glissement se produit sur de telles failles, en particulier sur les failles listriques, il ne peut se faire que par *fluage asismique* (= *creep-slip faults*). Dans la croûte supérieure, un tel glissement n'est possible que si la friction est très faible par exemple du fait d'une forte pression de fluide qui diminue la pression normale effective (voir Fig. 4.7b) ou de la présence d'un matériau (gouge) très ductile dans le plan de faille. Par contre, dans la croûte inférieure, à cause de l'augmentation de température, un glissement par un mécanisme de déformation ductile (voir Chap. 7) peut se produire à faible vitesse (10^{-11} à 10^{-14} s^{-1}) sur des zones de cisaillement ductiles (failles ductiles), normales, à très faible pendage (voir Fig. 6.4) ; ces failles n'ont un comportement cassant que pour des vitesses de déformation élevées, par exemple lors de très grands séismes.

6.1.5 La quantification de l'extension

On peut utiliser la géométrie des failles pour estimer la quantité d'extension de la croûte. Les différentes méthodes utilisées dépendent du *modèle* de failles retenu qui peut supposer une géométrie plane ou courbe du plan de faille et une rotation ou une absence de rotation autour d'un axe horizontal des blocs séparés par les failles.

5.1. *L'extension sur les failles planes*

– *L'extension peut se produire sans rotation des blocs,* si la largeur des blocs est trop grande pour que ceux-ci puissent facilement basculer et/ou si l'extension est faible. Dans ce cas, l'extension d'une couche faillée, de longueur initiale L_o et de longueur finale L_f, est donnée par $\varepsilon = (L_f - L_o)/L_o$ (Fig. 6.13a). La longueur L_o ne peut être déduite que par reconstitution (restauration) de la forme initiale de la couche faillée. La différence $\Delta L = L_f - L_o$ représente la quantité d'*allongement horizontal réel* RH si la mesure est effectuée dans le plan du mouvement réel

RVR (voir Fig. 5.11) et d'*allongement horizontal apparent* dans les autres cas. On peut toujours calculer l'allongement horizontal réel RH sur une faille dont on connaît la direction (d), le pendage (α), le rejet vertical (RV) et l'azimut (Az) du vecteur-glissement (Fig. 5.11 et 6.13a) :

$$\Delta L = RH = RV/tg\alpha \cdot \sin|Az - d|$$

Si plusieurs failles décalent la couche repère, l'allongement horizontal total ΔL correspond à la somme des allongements sur chaque faille.

– *L'extension se produit généralement avec rotation des blocs* quand l'extension devient importante. Dans ce cas, la rotation est en effet une nécessité mécanique : le mouvement sur chaque faille produit en effet une déformation par un mécanisme de cisaillement simple (Fig. 6.14) mais qui doit conduire à un étirement de la croûte par un mécanisme de cisaillement pur. Le passage de la déformation élémentaire sur les failles à la déformation globale du matériau nécessite une rotation autour d'un axe horizontal pendant la déformation. Le pendage initial α_0 de la faille diminue et devient α_f, les couches du bloc subissent un basculement b = $p_0 - p_f$, égal à la différence entre leur pendage initial p_0 et le pendage final p_f. L'allongement défini à l'aide du *facteur d'étirement* $\beta = 1 + \varepsilon$ est (Fig. 6.13b) :

$$\beta = \sin\alpha_0 / \sin\alpha_f$$

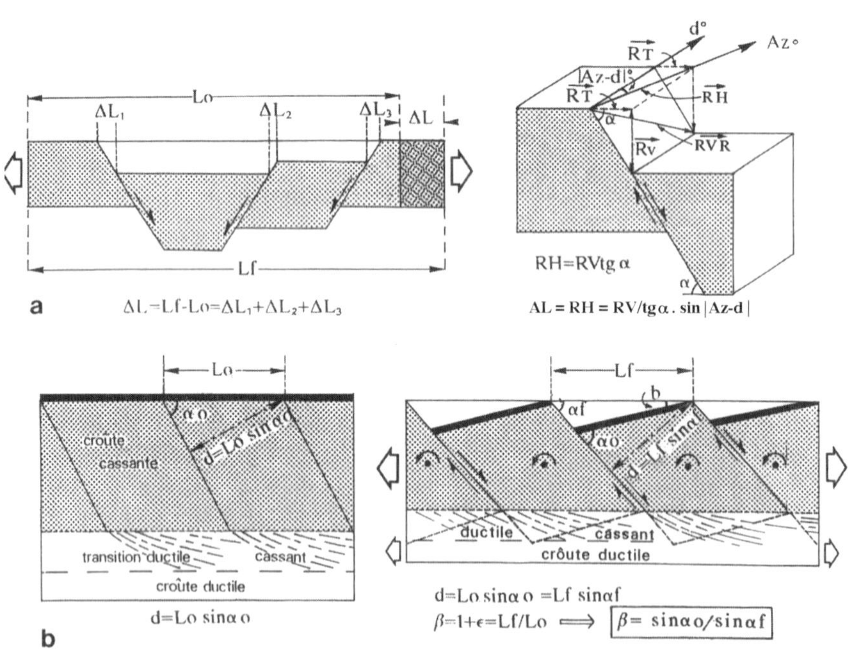

Figure 6.13 – **a) étirement de la croûte par mouvement sur failles planes sans rotation de blocs ; b) étirement de la croûte sur failles planes avec rotation de blocs (modèle de domino).**
Par simplification il est admis sur le schéma que le pendage initial des couches po = 0 d'où le pendage final pf = b.

Les valeurs de α_f et de p_f étant mesurées sur le terrain, puisque $\alpha_o = \alpha_f + b$ (Fig. 6.13b), il faut pour calculer β connaître soit le pendage initial α_o de la faille, soit le pendage initial p_o des couches. L'allongement dû aux mouvements verticaux différentiels des blocs (voir paragraphe précédent) peut éventuellement s'ajouter à celui dû à la rotation des blocs.

On remarquera que dans ce modèle dit de « dominos », la rotation est la même pour tous les blocs, donc la même aussi pour tous les plans de failles et pour toutes les couches. Dans la réalité les plans de failles en « dominos » peuvent bien sûr présenter un léger changement de pendage, donc avoir une légère courbure (voir § 6.1.4).

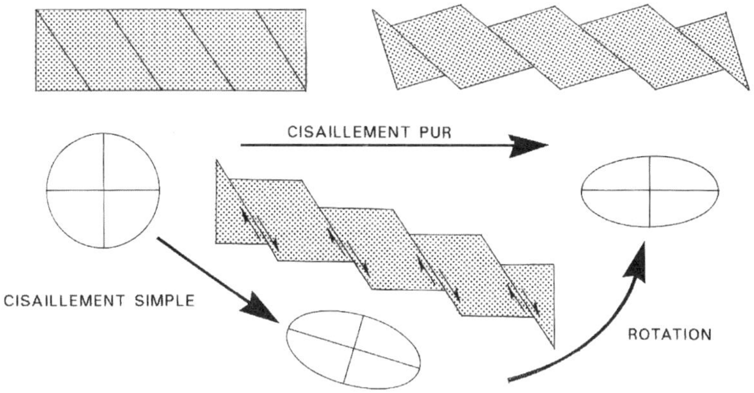

Figure 6.14 – Schéma montrant un cisaillement pur de la croûte supérieure résultant d'un cisaillement simple sur des failles plus une rotation externe (d'après Jackson, 1987, *Spec. Publ. Geol. Soc. London*, 28, 3-17).

5.2. *L'extension sur les failles listriques*

Le glissement sur les failles listriques entraîne une déformation importante du toit à cause de leur géométrie courbe. Prenons pour simplifier l'exemple d'une faille listrique qui devient horizontale et plane en profondeur (Fig. 6.15a). Un déplacement D sur cette faille produit un vide (potentiel) B entre le toit et le mur qui est comblé par la déformation du toit ; celui-ci acquiert une géométrie particulière dite en «*roll-over*» (to roll over = se retourner en roulant). Si la déformation se fait sans changement de volume, les surfaces C, B et A sont égales, la connaissance de C permet alors de déterminer le déplacement D si on connaît la profondeur h du plan de faille horizontal car alors le déplacement D = A/h = C/h. Si on ne connaît pas h, on ne peut mesurer que le déplacement apparent d ; celui-ci est égal au déplacement réel D que si la déformation du toit se fait par cisaillement simple vertical (Fig. 6.15a), c'est-à-dire si le point b vient en b_1 après déformation. Mais la présence de failles antithétiques qui se forment dans le toit de ces failles listriques (Fig. 6.16) suggère que ce cisaillement simple est plutôt incliné vers la faille majeure (bb_2, Fig. 6.15a). La quantité d'extension sur ce type de failles à partir des seules données de surface (d) est généralement sous-estimée.

Un ensemble de failles listriques imbriquées (Fig. 6.15b) peut produire des rotations de blocs. Ces rotations sont la conséquence de la forme courbe des failles, les failles ne subissent pas de rotation, seules les couches sont basculées et, par ailleurs, la valeur de la rotation est différente d'un bloc à l'autre. Ces deux caractères – absence de rotation des failles et rotation différentielle des blocs – distinguent la rotation due aux failles vraiment listriques de celle liée aux failles planes ou presque planes (modèle de dominos). Pour une même quantité d'extension, les valeurs du basculement des blocs dans le cas de failles listriques sont beaucoup plus grandes que dans le cas des failles planes. Ainsi dans le cas de décollement sur des failles listriques, on peut surestimer fortement la *quantité d'extension* si on utilise un modèle de dominos.

5.3. *La mesure de la quantité d'extension crustale à partir des failles de surface.* La transition croûte supérieure cassante/croûte inférieure ductile est une transition graduelle de température qui se produit très vraisemblablement dans un intervalle (300-450°) correspondant aux transitions ductile/cassant des minéraux constitutifs des roches qui s'y trouvent (voir Fig. 5.5). S'il n'existe pas de découplage mécanique entre la croûte cassante et la croûte ductile (Fig. 6.13b), la quantité d'allongement de la croûte inférieure par déformation ductile est égale à celle, par déformation cassante, de la croûte supérieure ; la *déformation* de la croûte est *homogène*. Mais l'existence de grands plans de cisaillement simple, ductile, à faible pendage traversant la croûte inférieure, et même la lithosphère, peut imposer une *déformation hétérogène* de la croûte avec éventuellement un *découplage* entre la croûte inférieure et la croûte supérieure. Dans ce cas, on peut être amené à sous-estimer la quantité d'extension à partir des seules données de surface (voir Chap. 9 ; extension ductile).

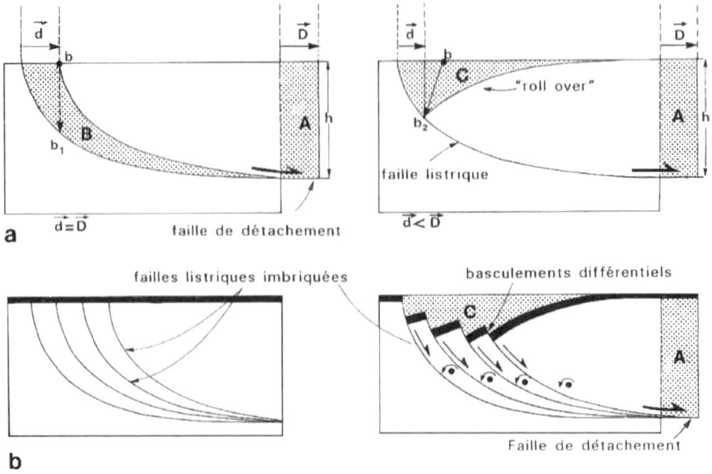

Figure 6.15 – a) déformation du toit d'une faille listrique, plane et horizontale en profondeur (d'après White *et al.*, 1986, *J. Struct. Geol.*, 8, 897-909) ; b) rotation de blocs sur un système de failles listriques imbriquées (d'après Wernicke et Burchfield 1982, *J. Struct. Geol.*, 4 (2), 105-115).

S'il existe un découplage sur une faille de détachement, par exemple à la base de la couverture sédimentaire, la déformation de celle-ci devient indépendante de celle du substratum. Dans certains cas (Fig. 6.16), le niveau de décollement permet seulement

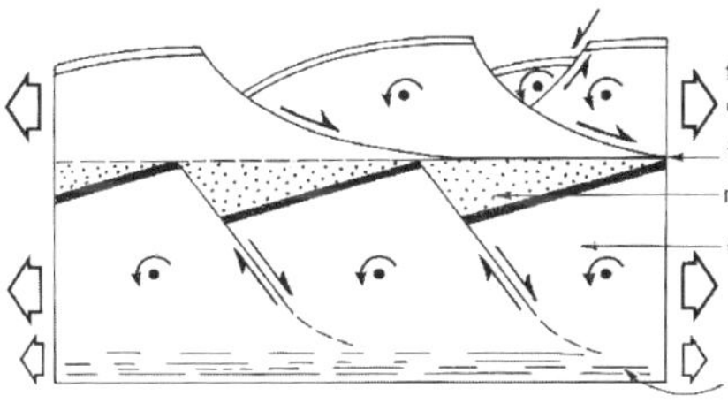

Figure 6.16 – **Failles listriques dans une couverture sédimentaire décollée de son substratum, lui-même affecté de failles planes en dominos.**

d'accommoder, de façon différente dans la couverture, l'extension du substratum ; couverture et substratum étant étirés de la même quantité. Dans d'autres cas, le décollement permet un *glissement par gravité* de la couverture vers une dépression, marine sur les marges passives ou lacustre dans les grabens continentaux (Fig. 6.12a), l'extension de la couverture n'est alors pas significative de celle du substratum qui à la limite peut être non déformé. Enfin, si l'extension se fait avec augmentation de volume (Fig. 6.11), la quantité d'extension estimée à partir des failles de surface est toujours inférieure à la quantité d'extension réelle.

6.2 La tectonique en décrochement : failles coulissantes et failles transformantes

6.2.1 Les failles décrochantes : un exemple, la zone de failles des Cévennes

La zone de failles des Cévennes (Fig. 6.17a) représente une des failles décrochantes les plus importantes du système des décrochements tardi-hercyniens d'Europe (voir Fig. 9.21). Elle se suit, en France, sur au moins 150 km, depuis la Montagne Noire au SW jusqu'à la vallée du Rhône au NE. Elle a été réactivée en décrochement senestre à l'Éocène, au cours de la compression pyrénéenne.

1.1. *Les caractères structuraux de la zone de failles des Cévennes*

Cette zone de failles forme une dépression allongée, large de 1 à 2 km. Elle est généralement formée de plusieurs accidents de direction proche qui forment un *réseau anastomosé* délimitant des blocs fusiformes de dimensions décamétriques à kilométriques appelés *lentilles tectoniques* (Fig. 6.17b). Les traces de glissement (stries, cannelures, ...) visibles sur les miroirs de failles sont le plus souvent horizontales, quelquefois obliques. Un feuilletage (Fig. 6.17c1) des roches, vertical ou presque, orienté obliquement (EW à ENE-WSW) à la direction (NE-SW) des failles, se développe au voisinage immédiat des accidents majeurs. Il correspond à un plan d'*aplatissement* formé par pression-dissolution et a donc valeur d'une famille de joints stylolitiques (voir Fig. 4.14e et 6.17c3). Ce feuilletage est très souvent déformé en lentilles sigmoïdales par des cisaillements secondaires (voir Fig. 4.20c et 6.17c2). Au voisinage de la zone de failles, mais hors des zones très déformées, existent des plis dont les axes ont une direction (N 50 à N 110°) parallèle à oblique par rapport à la direction (N 45°) de la zone de faille et un plongement variable (10° à 50°) souvent fort.

La direction du feuilletage, les lentilles sigmoïdales, les stries sur les failles et les axes de plis sont en accord avec une direction de raccourcissement voisine de N-S à NNW-SSE compatible avec un décrochement senestre sur la zone de failles des Cévennes. L'amplitude du déplacement déterminée à partir du décalage d'un récif barrière d'âge jurassique supérieur, coupé par la zone de failles, est d'une dizaine de kilomètres.

1.2. *L'histoire complexe de la zone de failles des Cévennes.* Le mouvement décrochant senestre de cette zone de failles ne correspond qu'à l'épisode d'âge éocène supérieur de son histoire tectonique. En effet, cette zone de failles s'est formée à la fin de l'orogenèse hercynienne (entre 310 et 270 Ma) lors de la fracturation du domaine SW européen par de grands accidents crustaux décrochants (voir Fig. 9.21). C'est, à cette époque, un décrochement probablement dextre associé à des décrochements dextres de direction E-W (Montagne Noire) et senestres de direction NNW-SSE (faille de Villefort) qui contrôlent la formation des bassins houillers stéphaniens du Massif Central. Ensuite, au Mésozoïque, la zone de failles des Cévennes joue en faille normale. Elle sépare alors la marge européenne en surrection (seuil cévenol) du bassin subsident, du SE de la France (bordure languedocienne) qui borde l'océan alpin. C'est au cours de l'orogenèse pyrénéenne, que la compression alors de direction N-S réactive cette zone de failles en décrochement senestre. Enfin à l'Oligo-Miocène l'extension générale qui prévaut dans l'Europe occidentale la réactive de nouveau, cette fois en failles normales, comme nous l'avons vu en étudiant le rift d'Europe occidentale (voir § 6.1.1 et Fig. 6.1 et 6.2).

6.2.2 Failles transformantes et failles coulissantes

Les failles décrochantes de grandes dimensions (L > 100 km) peuvent affecter toute l'épaisseur de la croûte continentale et certaines même toute l'épaisseur de la lithosphère. Ces dernières constituent alors des limites de plaques (Fig. 1.1) et sont appelées failles transformantes ; on considère que la faille de San Andreas appartient à ce type de faille.

2.1. *La faille de San Andreas.* Cette faille s'étend sur plus de 1.500 km du golfe de Basse Californie jusqu'au Nord de San Francisco (Fig. 6.18a). C'est une faille sismique (voir Chap. 5, § I.1) dont l'étude a beaucoup contribué au développement du concept de faille décrochante. C'est en effet à la suite du tremblement de terre de San Francisco, en 1906, au cours duquel un tronçon de faille de 300 km a été réactivé avec des déplacements horizontaux dextres compris entre 2,5 et 7 m, que ce concept s'est imposé à la communauté géologique. Cette faille est la plus importante d'un système transformant de failles (Fig. 6.18b) qui, dans l'Ouest américain, sépare les Cordillères côtières (Coastal Ranges) du Basin and Range.

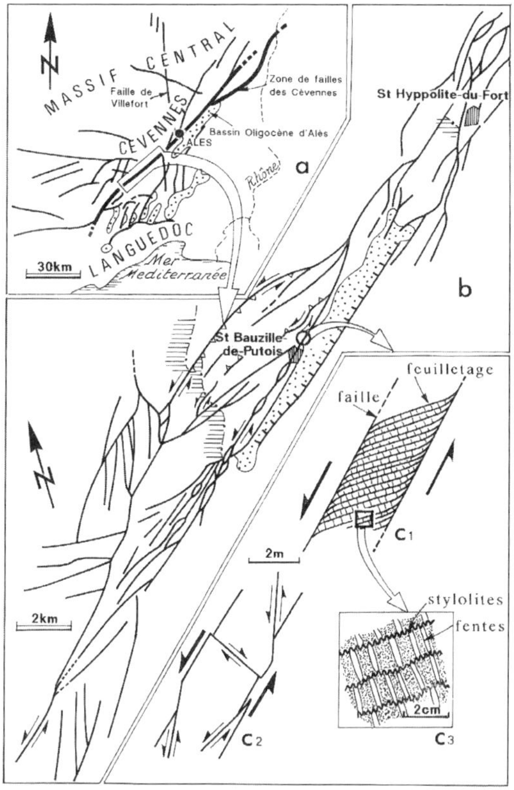

Figure 6.17 – **La zone de failles décrochantes des Cévennes : a) situation de la faille des Cévennes ; b) réseau anastomosé de failles décrochantes ; c) feuilletage (C_1) des roches par pression-dissolution (C_3) parfois déformé par des cisaillements secondaires (C_2). Les grabens oligocènes sont marqués par des pointillés.**

La zone de failles active de San Andreas forme une dépression, large d'une dizaine de km, qui ne correspond pas à un « rift » bien qu'on lui attribue parfois à tort ce terme, mais qui reflète simplement l'érosion facile des roches broyées dans la zone de failles. Une caractéristique fondamentale des failles décrochantes est leur linéarité sur de longues distances. La faille de San Andreas coupe de façon rectiligne une topographie différenciée, décalant de façon dextre les interfluves des cours d'eau. Dans la dépression, suivant les irrégularités du tracé de la faille, certaines zones sont comprimées ou étirées (voir § 4) formant dans les sédiments meubles respectivement des rides de compression (pressure ridges) ou des bassins affaissés (sag ponds). La composante verticale du déplacement reste faible ; le long du tracé de la faille le rejet vertical peut diminuer et même s'annuler pour ensuite s'inverser formant ce qu'on appelle des « failles en ciseaux ». Ces caractéristiques physiographiques sont l'expression de l'activité récente et actuelle de cette faille dont l'histoire a commencé il y a probablement 30 Ma. L'activité géologique plus ancienne de la zone de failles de San Andreas se traduit par les déformations caractéristiques des failles décrochantes, déjà signalées

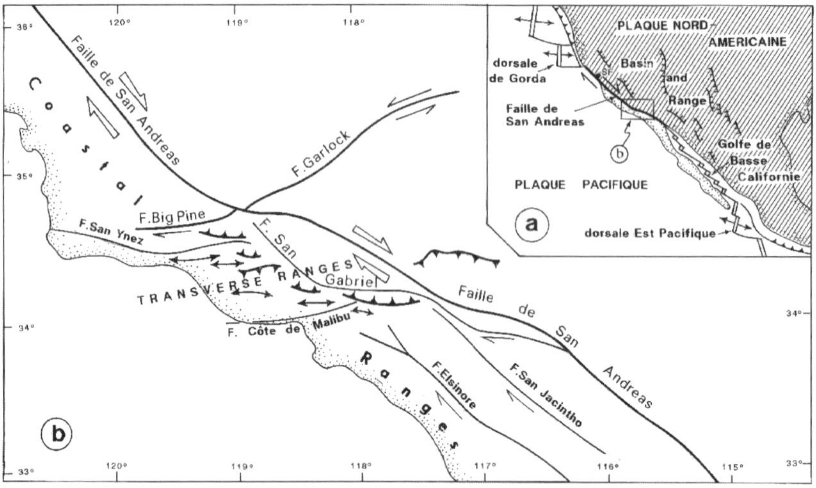

Figure 6.18 - **La zone de failles décrochantes de San Andreas. a : situation de la faille de San Andreas dans l'Ouest américain (d'après Lyon-Caen *et al.*, 1990, *La Recherche*, 21, n° 217), SF = San Francisco ; b : principales failles de la Californie du Sud dans la région de la grande courbure de la faille de San Andreas (d'après Sylvester, 1988, *Geol. Soc. Am. Bull.*, 100, 1666-1703).**

sur l'exemple de la faille des Cévennes : un dispositif anastomosé du réseau de failles limitant des blocs rocheux allongés en lentilles tectoniques, des stries horizontales sur les plans de failles et des plis en échelon associés.

2.2. *Les failles décrochantes péri-arabes.* L'Arabie est limitée à l'Ouest par la faille du Levant (ou faille de la Mer Morte) qui s'étend sur plus de 1 200 km, du Golfe d'Akaba à la Turquie orientale. C'est une faille décrochante senestre qui permet à la plaque arabique de se déplacer vers le Nord par rapport au Sinaï et à la Méditerranée orientale (plaque africaine) supposés fixes (Fig. 6.19) ; c'est donc une faille transformante formant une limite de plaque (voir § suivant, 2.3). Cette faille a dû commencer à être active dès le Miocène quand s'est ouvert le rift continental de la Mer Rouge et la vitesse de décrochement a dû augmenter quand, vers – 6 Ma, un centre d'expansion océanique s'est mis en place en Mer Rouge (voir ce chapitre, § 6.1.2-2.2c).

La plaque arabique se déplaçant vers le Nord, est entrée en collision avec la plaque eurasiatique dans laquelle elle s'enfonce tel un poinçon. Au front de ce poinçon, dans le Caucase et de l'Est turc au Zagros iranien, se forment des plis et des chevauchements (Fig. 6.19). Cette déformation est active : le séisme de Spitak (Arménie) de 1988 (voir Chap. 5, § 5.1) traduisait la réactivation d'un des chevauchements du Petit Caucase. Le poinçon arabe chasse aussi la Turquie vers l'Ouest et l'Iran central vers l'Est. Il se forme ainsi à son front des failles décrochantes intracontinentales que nous appellerons *failles coulissantes* (voir § suivant, 2.4). Le bloc turc est limité au Nord par la grande faille décrochante dextre Nord Anatolienne et au Sud-Est par la faille décrochante Est Anatolienne. L'Iran central est bordé au Sud par la faille décrochante dextre du Zagros. Ces failles coulissantes sont postérieures à la collision arabo/eurasiatique ; elle sont d'âge postérieur à 12 Ma.

2.3. *Question de terminologie*

Le terme de *faille décrochante* est utilisé pour toute faille dont le mouvement est essentiellement horizontal (voir Chap. 4, § 4.1.1-1.2 et Chap. 5, § 5.1.2) ; il est l'équivalent du terme anglais «strike-slip fault». Les *failles transformantes* (= transform fault, T. Wilson, 1965) sont des failles décrochantes qui transfèrent (transforment) le mouvement d'une limite de plaque à une autre limite de plaque. Par exemple la faille transformante senestre du Levant transforme l'ouverture de la Mer Rouge en un raccourcissement au Nord de la plaque Arabique (Fig. 6.19 et 6.20a) et la faille transformante dextre de San Andreas transfère l'ouverture de la dorsale Est-Pacifique à la dorsale de Gorda et à la subduction Nord-Américaine (Fig. 6.18a et 6.20b). Le terme de *faille coulissante* peut être utilisé pour définir des failles décrochantes qui affectent la croûte continentale et qui ne sont donc pas des limites de plaques : pris dans ce sens, il est l'équivalent du terme anglais «transcurrent fault» (Sylvester, 1988). Ces deux termes ont d'ailleurs à peu près la même signification originelle : en français «coulis» vient de couler et en anglais «current» signifie courant, qui coule. Par ailleurs, l'expression «régime tectonique en coulissement ou coulissant» est souvent utilisé (Mattauer, 1973 ; Gidon, 1987) pour désigner un régime de déformation crustale par failles décrochantes «coulissantes» (Fig. 4.13c).

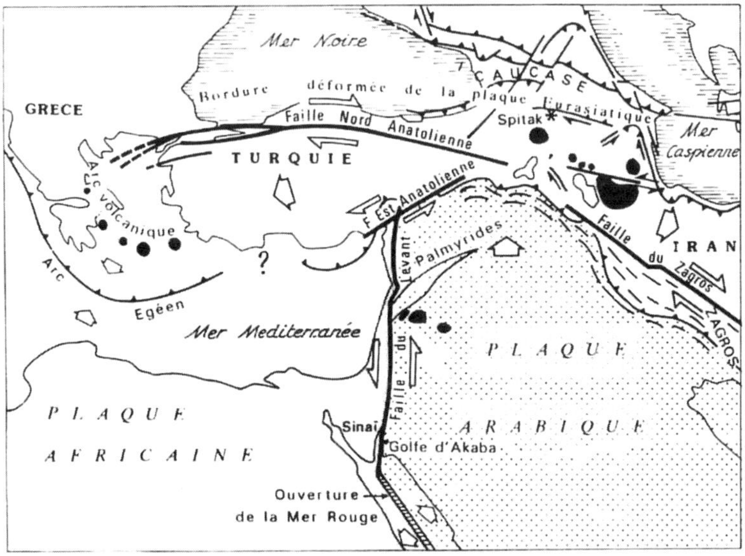

Figure 6.19 – **Les failles décrochantes péri-arabes (d'après J. Mercier, 1979, *Rev. Géogr. Phys. et Géol. Dyn.*, Paris, 21, 67-92 ; et pour le séisme de Spitak, Cisternas et Philip, 1989, *La Recherche*, 20, 670-675). Voir explication dans le texte.**

6.2.3 La mesure du déplacement horizontal

La mesure du déplacement horizontal réel (Fig. 5.11) sur une faille décrochante nécessite l'existence d'un repère horizontal faisant un angle fort avec la faille et

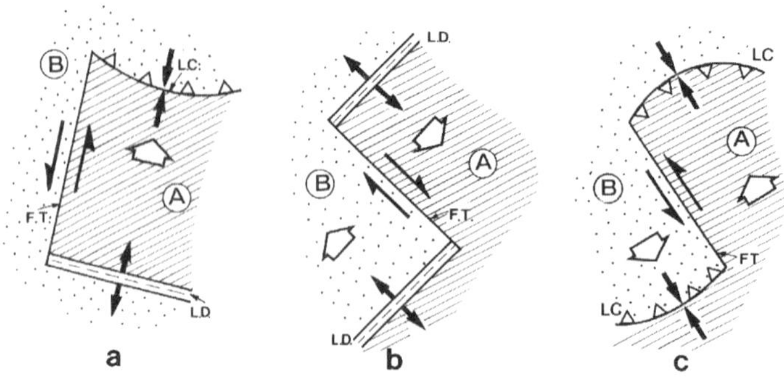

Figure 6.20 – Schéma de failles transformantes (FT) ; a : senestre reliant une limite divergente (LD) à une limite convergente (LC) ; b : dextre reliant deux limites divergentes ; c : senestre reliant deux limites convergentes. On remarquera que sur le schéma b, le décalage apparent des deux rides médio-océaniques (LD) est senestre alors que le mouvement réel, dû à l'ouverture sur les rides, est dextre.

décalé par celle-ci. Lorsqu'une faille sismique est réactivée, il est en général facile de mesurer en surface le déplacement horizontal (voir Chap. 5, § 5.1.1). La somme des déplacements durant une période donnée permet d'estimer une vitesse moyenne de déplacement horizontal actuel ; pour la partie centrale de la faille de San Andreas par exemple, celle-ci est estimée à 34 mm/an. Les mesures géodésiques à terre, ou par le moyen des satellites artificiels, permettent aussi de telles mesures de déplacements horizontaux actuels. Pour les déplacements d'âge quaternaire, on utilise souvent le décalage de structures morphologiques (terrasses alluviales, cônes de déjection, moraines glaciaires, réseau hydrographique) dont il faut estimer l'âge. La déflexion de cours d'eau de part et d'autre du tracé de la faille (Fig. 6.21 b) doit être utilisée avec précaution car les cours d'eau ne sont pas des repères passifs ; érosion et captures peuvent en modifier le cours.

Pour les failles anciennes ces repères peuvent être sédimentaires (lignes de paléorivages, d'isofaciès), structuraux (axes de plis, traces de chevauchements) ou magmatiques (batholithes, axes volcaniques). Ainsi le décalage de lignes d'isofaciès d'âge crétacé supérieur dans la partie sud de la faille du Levant suggère un décrochement senestre de l'ordre de 100 km. Dans sa partie septentrionale, cette faille semble décaler de 80 km, de façon senestre, le front de chevauchement des nappes d'âge crétacé supérieur sur la bordure septentrionale arabe. La différence de déplacement pourrait être absorbée au moins en partie par le plissement des Palmyrides et sur le tronçon libanais de direction NE-SW de cette faille (Fig. 6.19). Mais l'incertitude sur la magnitude des déplacements horizontaux anciens est souvent grande, faute de repères décalés sûrs ; par exemple les estimations du déplacement sur la faille Nord-Anatolienne varient de 25 à 120 km !

6.2.4 Les déformations locales liées à la géométrie des failles décrochantes

La déformation des roches dans une zone de failles décrochantes dépend de la nature des roches, des conditions P-T, de la vitesse et de la quantité de déplacement mais aussi de la géométrie de la surface de faille par rapport au vecteur-déplacement. La trace d'une faille est en effet rarement rectiligne et continue. La faille de San Andreas par exemple peut être divisée en segments de 12-13 km avec des changements abrupts de direction de 5 à 10°. Ces brusques changements de direction du plan de faille et aussi l'existence de relais entre les segments de celle-ci produisent localement des zones où le mouvement des blocs adjacents est convergent (dit aussi transpressif), produisant des déformations par raccourcissement et soulèvement («pressure-ridges», «push-up») ou divergent (dit aussi transtensif), produisant des déformations par extension et subsidence («pull-apart basins», «sag-ponds»), (voir Fig. 5.12 et 5.13).

Sur la courbure en compression de la faille de San Andreas, au voisinage des failles de Big Pine et Garlock, par exemple (Fig. 6.18), se sont formés les plissements E-W, avec soulèvement, des Transverse Ranges. À plus petite échelle, sur de telles courbures en compression, des failles décrochantes à composante inverse peuvent se raccorder vers le bas, formant des structures en coin connues sous le nom de structures en fleur («flower-structures», Fig. 6.21 a). Sur un relais en distension de la faille du Levant, s'est formé le bassin de la Mer Morte. Dans un modèle où les failles normales bordant le bassin et situées transversalement aux failles décrochantes étaient une faille unique au départ, on admet que l'ouverture du bassin correspond au déplacement sur les failles décrochantes (Fig. 6.21 b). En fait, il s'agit là d'un modèle souvent simpliste : la quantification de l'ouverture du bassin déduite des failles superficielles dépend de la géométrie de ces failles en profondeur (voir ce chapitre, § 6.1.5).

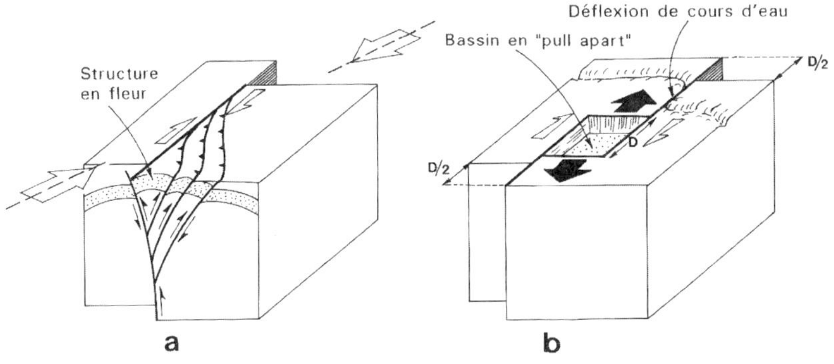

Figure 6.21 – **Déformations locales liées à la géométrie de la faille décrochante, a : structure compressive en fleur ; b : structure distensive de bassin en «pull-apart».**

6.2.5 Le mécanisme de formation des failles décrochantes

Les failles décrochantes peuvent se former par un mécanisme de déformation par cisaillement pur ou par cisaillement simple.

Le mécanisme de cisaillement pur, non rotationnel (Fig. 4.10), a été le premier mécanisme proposé pour expliquer l'orientation des failles décrochantes par rapport à un état de contrainte triaxial dans un milieu homogène et isotrope. Les failles décrochantes dextres et senestres forment des dièdres aigus et obtus contenant respectivement les axes horizontaux σ_1 et σ_3 ; l'axe intermédiaire σ_2 est vertical (Fig. 4.13c). Des failles normales et inverses dont les directions sont orthogonales respectivement à σ_3 et σ_1 peuvent être associées aux failles décrochantes. Une telle déformation non-rotationnelle pose des problèmes d'espace quand la déformation devient grande. Elle ne peut être résolue que par une rotation interne des plans de cisaillement et/ou un glissement différentiel alterné sur chacune des familles de failles conjuguées (Fig. 4.10d). Une telle déformation par cisaillement pur peut s'observer dans les avant-pays plissés des chaînes de montagnes dans lesquels des systèmes de failles décrochantes conjuguées coupent avec un angle fort les systèmes de plis. Dans ce cas, la longueur de ces failles ($L < 100$ km) et le déplacement ($D \leq$ quelques 10 km) restent modestes.

Les grandes failles décrochantes ($L \approx 100$-1 000 km), souvent parallèles aux chaînes de montagnes, ne constituent pas des systèmes conjugués ; elles se forment par un mécanisme de cisaillement simple (Fig. 4.11). La zone de faille majeure résulte généralement de la réactivation d'une faille ou d'une discontinuité crustale, voire lithosphérique, préexistante. Dans une telle zone de faille, la déformation est rotationnelle. Les structures incrémentales, formées par exemple lors de la réactivation d'une faille sismique, peuvent parfois montrer une géométrie analogue à celles en échelon (R, R′, T, P, Fig. 4.11) formées au cours d'expériences. Mais dans les zones de faille ayant une longue histoire, l'utilisation d'un tel modèle théorique est en général une approximation simpliste, souvent fausse ; ce modèle ne permet pas d'interpréter les structures de déformation finie rotationnelle résultant d'une évolution complexe en réseau anastomosé des failles (Fig. 4.12). En outre, une telle interprétation ne tient compte ni de la nature hétérogène des roches et ni, surtout, de leur état de préfracturation. Une zone de failles décrochantes n'indique pas nécessairement un régime tectonique régional décrochant (σ_2 vertical). En effet, si le milieu rocheux est préfracturé, des grandes failles décrochantes peuvent se former aussi bien dans un régime tectonique régional décrochant (σ_2 vertical), qu'extensif (σ_1 vertical) ou compressif (σ_3 vertical) (voir Chap. 5, § 5.4.4).

6.3 La tectonique en compression : « *uplifts* » et écailles de socle

Des structures tectoniques de dimensions régionales se forment souvent par failles inverses dans les avant-pays des chaînes de montagnes.

6.3.1 Les « *uplifts* » : l'exemple des Montagnes Rocheuses (États-Unis)

Un exemple représentatif de ces structures compressives régionales est celui des « *uplifts* » des Montagnes Rocheuses ouest-américaines, dans leur partie septentrionale (État du Wyoming, Fig. 6.22a). Ces « *uplifts* » sont des structures où la composante verticale du déplacement est souvent importante (d'où leur nom : uplift = soulèvement). Ils résultent de déplacements sur de gigantesques failles inverses affectant, le socle précambrien, lequel forme de grands *monoclinaux* (= couches inclinées dans le même sens) portés à une altitude de 3 à 4 km. Sur les marges de ces monoclinaux la couverture sédimentaire se déforme par *flexures faillées* (Fig. 6.22b). La morphologie générale d'un « uplift » est donc celle d'un horst, ou d'un demi-horst, mais formé en compression. Ils constituent de véritables chaînons montagneux (Fig. 6.22a) de 15 à 30 km de large et de 100 à 200 km de long qui dominent de 1 000 à 2 000 m les bassins voisins qui sont des synclinaux.

Les profils de sismique-réflexion du programme américain COCORP ont permis de préciser leur géométrie en profondeur (Fig. 6.22c). Certains, probablement les plus nombreux, résultent de la réactivation de failles à faible pendage (30 à 40°), qui traversent la croûte jusqu'à 20-25 km de profondeur. Leur rejet vertical est d'une dizaine de km et leur raccourcissement horizontal, de 15 à 20 km (Fig. 6.22b_2-b_3). D'autres «*uplifts*» sont associés à des failles inverses à fort pendage (> 50°) parfois même presque verticales (Fig. 6.22b_1). Dans ce dernier cas, il est alors probable qu'ils résultent de la composante verticale du mouvement d'importantes failles décrochantes et sont en fait des *structures en fleur* (Fig. 6.21a).

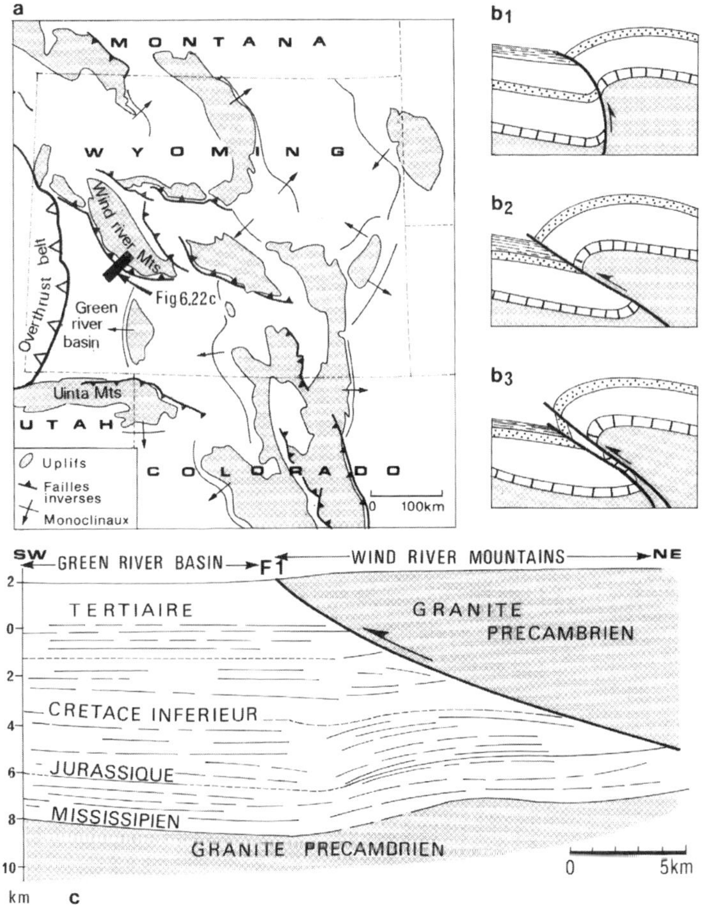

Figure 6.22 – Les «*uplifts*» des Montagnes rocheuses du Wyoming (États-Unis) voir localisation sur la Fig. 9.3a, d'après Berg, 1962, *Bull. Am. Ass. Petr. Geologists*, 46, n° 11, 2019-2032.

6.3.2 Les écailles de socle des Massifs cristallins externes des Alpes occidentales

Dans les Alpes occidentales, l'alignement des massifs cristallins dits externes sépare la zone subalpine des zones internes alpines (Fig. 9.6a). Ils sont formés d'un socle métamorphique d'âge probablement précambrien et paléozoïque, intrudé de granites, sur lequel repose en discordance les dépôts du Paléozoïque supérieur et ceux transgressifs du Mésozoïque.

Ces massifs ont été longtemps considérés comme le socle hercynien autochtone. Mais des travaux de géophysique y ont montré l'existence de grandes failles inverses qui cisaillent la croûte. La coupe interprétative de la Fig. 6.23a qui traverse le Vercors et les Massifs cristallins externes de Belledonne et du Pelvoux montrent deux failles inverses majeures à faible pendage. À la plus superficielle se raccordent les failles inverses à faible pendage qui découpent le massif du Pelvoux. À la plus profonde se raccordent les failles inverses à fort pendage qui découpent le massif de Belledonne. Ces failles inverses à faible ou fort pendage débitent des lames, ce qu'on appelle des *écailles de socle* qui sont équivalentes, bien que de plus faibles dimensions, aux «*uplifts*» des Montagnes Rocheuses. Les failles inverses cassantes dans la croûte supérieure, deviennent probablement des zones de cisaillement ductile dans la croûte inférieure. Le profil de sismique réflexion profonde du programme franco-italien ECORS-CROP réalisé dans les Alpes au nord du Massif de Belledonne (Fig. 9.1 et Fig. 6.23b) a montré que la zone de failles inverses la plus profonde atteint le Moho à 60 km de profondeur. Elle fait chevaucher l'ensemble des écailles du Massif cristallin externe de Belledonne sur la croûte européenne sur 25 km environ, refoulant à son front la couverture décollée et déformée de la zone subalpine et du Jura (voir Chap. 9, § 9.1.3).

L'analyse structurale de ces failles inverses montre que le transport se fait dans une direction comprise entre le NW et le SW. Elle montre aussi que ces failles résultent de la réactivation en compression (mouvement 2, Fig. 6.23a) d'anciennes failles normales (mouvement 1, Fig. 6.23a) d'âge mésozoïque (voir § 6.4.3). Ces failles inverses ont parfois été réactivées en failles normales (mouvement 3, Fig. 6.23a) postérieurement à la compression alpine.

6.4 L'inversion tectonique

On appelle *inversion tectonique* le phénomène qui produit une inversion du sens du déplacement sur une faille préexistante. Ce phénomène est surtout décrit à propos de structures de grandes dimensions (hectométriques à kilométriques) nées en distension (grabens) puis réactivées en compression.

Mais il peut se produire dans d'autres conditions tectoniques, par exemple : une faille inverse peut être réactivée en faille normale (cas du Basin and Range, § 6.1.3), une faille décrochante de sens (a) en une faille décrochante de sens (– a) (cas de la faille paléozoïque dextre des Cévennes réactivée en décrochement senestre à

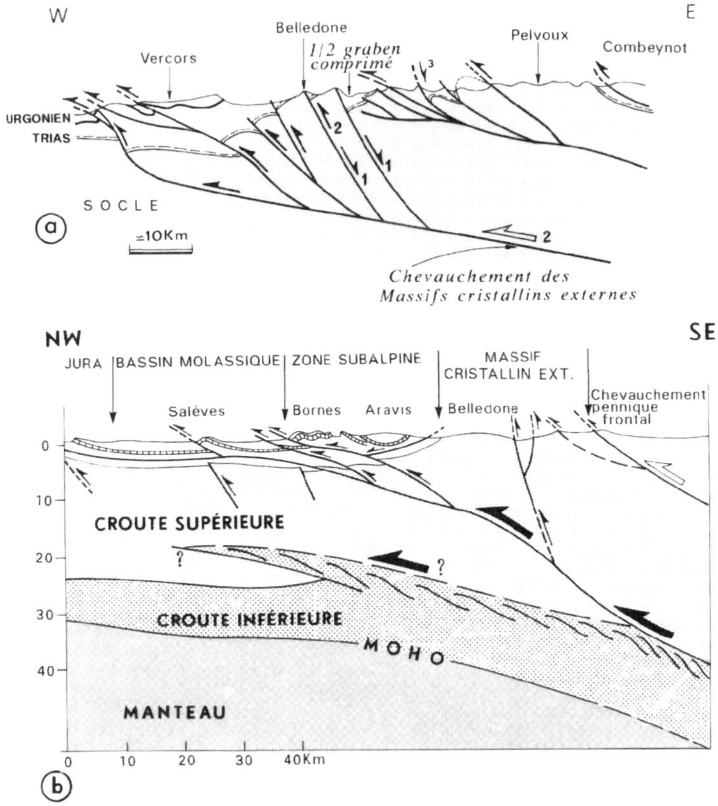

Figure 6.23 – **Les écailles de socle des Massifs cristallins externes ; a : coupe passant par les massifs du Vercors et de Belledonne-Pelvoux (d'après Ménard, 1979, *Thèse*, Grenoble ; Gillcrist *et al.*, 1987, *Geodynamica Acta* (Paris), 1 (1), 5-34) ; b : coupe interprétative d'un profil de sismique – réflexion ECORS-CROP passant par les massifs des Bornes et de Belledonne (d'après Mugnier et al., 1990, in Roure *et al.* Éds, *Mém. Soc. Géol. France*, Paris, 156, 203-216). Voir localisation sur Fig. 9.1.**

l'Éocène supérieur, § 6.2.1). L'inversion tectonique n'est en fait qu'un cas particulier de la réactivation dans un nouveau régime tectonique de fractures préexistantes (voir Chap. 5).

6.4.1 Les facteurs contrôlant l'inversion tectonique

a) Lorsque une faille est réactivée, la direction du glissement **S** dépend du nouveau régime tectonique et de l'orientation (direction et pendage) de la faille par rapport aux nouvelles directions principales de contrainte (voir Chap. 5, § 5.3.2). Lorsque l'inversion en compression se produit sur une faille normale à pendage de 45 à 60°, la valeur de la contrainte cisaillante τ est suffisamment élevée pour que celle-ci soit aisément réactivée en faille inverse ; éventuellement une déformation plicative peut lui être associée (Fig. 6.24a). La présence d'une couverture sédimentaire cachetant initialement la faille favorise la formation de flexures, parfois accompagnées du décollement de cette couverture (Fig. 6.24 b). Si la faille préexistante a un faible pendage (environ 30°), proche de celle du plan de cisaillement maximum (Fig. 4.13a), l'inversion en compression est encore plus facile et la géométrie finale de l'accident peut prendre l'allure d'un chevauchement (Fig. 6.24 c). Par contre, dans le cas d'une faille à pendage vertical ou presque vertical sur laquelle la valeur de la contrainte normale σ_N est élevée par rapport à celle de la contrainte cisaillante τ, l'inversion se réalise difficilement ; il se crée souvent une « zone morte » au-dessus de laquelle le contenu sédimentaire du graben est charrié (Fig. 6.24d) suivant un plan de faille inverse à pendage de 30 à 45°.

b) L'inversion en compression d'une faille normale plane conduit souvent à une faille inverse de géométrie simple, éventuellement compliquée de flexures ou d'écaillages formant ce qu'on appelle une *faille-pli* (Fig. 6.25a). Mais si la faille normale préexistante est listrique, la forme courbe de la faille impose un basculement du toit vers l'intérieur de l'ancien fossé (Fig. 6.25b) éventuellement accompagné, là encore, d'un écaillage des lèvres du mur. L'expression de l'inversion est évidemment d'autant plus spectaculaire que l'ampleur du nouveau déplacement est grande par rapport au déplacement initial. L'inversion pourra être sous-estimée et même ignorée si le deuxième déplacement est inférieur au premier.

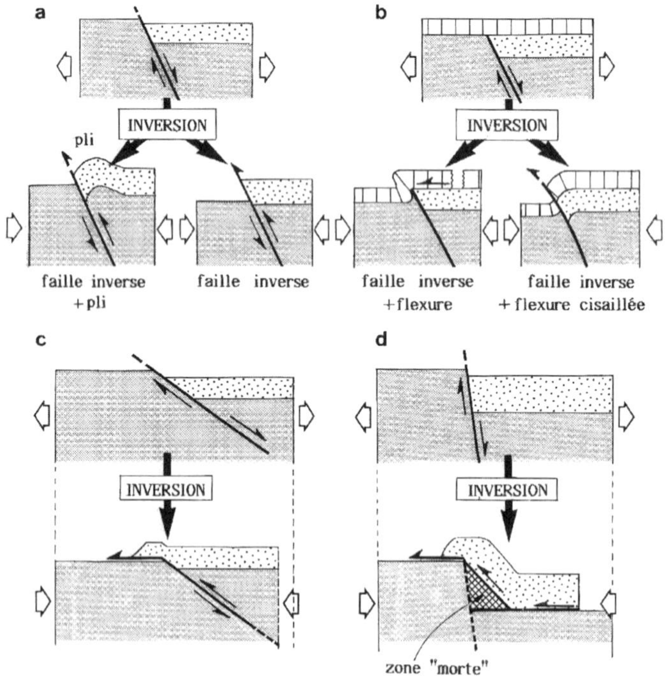

Figure 6.24 – **Inversion tectonique d'une faille initialement normale, influence du pendage de la faille.**

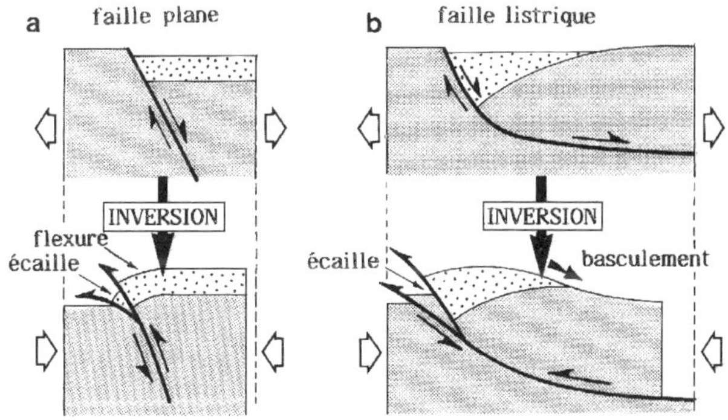

Figure 6.25 – **Inversion tectonique de failles initialement normales, planes et listriques.**

6.4.2 L'inversion d'un graben : l'exemple des Uinta Mountains (USA)

L'inversion d'un graben symétrique conduit à un «uplift» également symétrique (Fig. 6.26a) ; en revanche la dissymétrie d'un fossé (demi-graben par exemple) conduit à la formation d'une structure inversée dissymétrique dont les complications structurales peuvent être importantes (Fig. 6.26b). Un exemple clair d'inversion de graben est donné par les Uinta Mountains dans les Montagnes Rocheuses (Fig. 6.22) qui forment un uplift de 150 km de long sur 20 à 30 km de large. Les Uinta Mountains résultent de l'inversion en compression au Crétacé supérieur – Paléocène d'un grand fossé formé dans le craton américain au cours d'une distension d'âge Précambrien supérieur et dans lequel s'étaient accumulés plus de 7 500 m de sédiments clastiques d'âge compris entre 1 600 et 800 Ma.

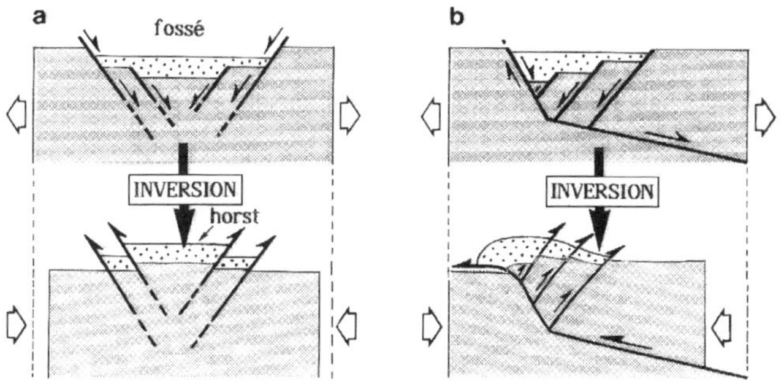

Figure 6.26 – **Inversion tectonique de grabens symétrique (a) et dissymétrique (b).**

6.4.3 L'inversion d'une marge continentale : l'exemple de la chaîne alpine

Les marges continentales passives montrent des dispositifs structuraux analogues à ceux qui existent sur les bordures des rifts continentaux (voir § 6.1.2-2.3). Il n'est donc pas étonnant que l'analyse structurale détaillée des chaînes de montagnes montre que souvent la localisation des grandes failles inverses qui affectent le socle de ces chaînes soit contrôlée par la localisation et l'orientation des failles majeures en distension nées lors de la formation du bassin océanique. C'est le cas des Alpes occidentales par exemple. La fracturation de la plate-forme continentale européenne a débuté au Trias inférieur et a abouti au Trias supérieur – Jurassique inférieur à une architecture en horsts et grabens. L'actuelle marge occidentale des massifs cristallins externes (Fig. 6.23) était alors bordée de grandes failles normales de direction NNE-SSW à pendage généralement vers l'ESE (mouvement 1, Fig. 6.23a) comme en témoignent les brèches d'écroulement synsédimentaires d'âge jurassique inférieur qu'on observe à leur pied et les basculements de blocs qui leur sont associés. Au Jurassique supérieur – Crétacé inférieur l'extension de la région s'est généralisée, accompagnée d'une importante subsidence de la marge et d'un e importante activité magmatique (formation d'une croûte océanique) dans le bassin proprement dit. L'expansion océanique s'est interrompue au Crétacé supérieur ; la région est entrée en compression ; c'est alors que s'est produite l'inversion tectonique (mouvement 2, Fig. 6.23a). L'héritage structural du bassin et de ses marges qui s'est exprimé lors de l'inversion est non seulement d'échelle locale (failles, blocs basculés…) mais peut être considéré d'un point de vue plus général encore, à l'échelle de la croûte (Fig. 6.23b).

LA DÉFORMATION DUCTILE DES ROCHES

7

Dans les conditions naturelles, les roches peuvent se déformer de façon ductile. Le plissement en est l'exemple le plus frappant ; comme il a fait l'objet de nombreuses études il sera analysé dans un chapitre particulier (Chap. 8). Ce chapitre est plus général ; il concerne les mécanismes de la déformation ductile, homogène et hétérogène, des roches.

7.1 LA DÉFORMATION DUCTILE DANS LES ESSAIS MÉCANIQUES

Revenons brièvement sur le Chap. 3 dans lequel nous avons précisé les conditions physiques dans lesquelles se produit la déformation ductile des roches.

a) À basse température et pression de confinement élevée (25° C et 35 MPa, dans l'expérience de la Fig. 3.6), un échantillon cylindrique de marbre subit une déformation ductile de 3 à 20 % sans rupture et acquiert une forme de barillet (Fig. 4.4b). En traction, un échantillon de roche peut être aussi étiré ductilement à basse température (Fig. 4.4d) mais ceci nécessite des pressions de confinement souvent plus élevées (750 MPa en traction contre 125 MPa en compression à 25° C pour le calcaire à grain fin de Solenhofen). Dans ces deux cas, la partie déformée de ces échantillons est envahie par deux systèmes de bandes conjuguées, appelées *bandes de Lüder* dans les métaux, dont l'orientation est voisine de celles des plans de cisaillement conjugués en déformation ductile-cassante (Fig. 4.4b et d). Ces bandes de Lüder sont des bandes, où le cisaillement se trouve concentré (sans rupture), qui permettent le mouvement relatif de domaines moins déformés.

b) À pression de confinement constante, une augmentation de la température (300° à 600° C dans l'expérience de la Fig. 3.7) abaisse le seuil d'apparition de la déformation plastique et peut augmenter la quantité de déformation plastique avant rupture. Le même effet est obtenu par une augmentation de la teneur en fluide dans la roche à température élevée (Fig. 3.13a). Dans ces expériences de haute température, la déformation ductile des échantillons résulte d'un transfert de matière par diffusion qui sera examiné plus en détail au paragraphe 7.2.2-2.2.

L'analyse de la déformation ductile peut donc être abordée sous deux aspects. On peut s'intéresser au changement de forme macroscopique (distorsion) du matériau ; c'est l'analyse de l'état de déformation quantifié par l'*ellipsoïde de déformation finie* (voir Fig. 4.4e et f). On peut aussi s'intéresser aux différents mécanismes microscopiques de l'*écoulement ductile*. Cet écoulement ductile peut être accommodé par des *mouvements relatifs de domaines*, ceux-ci résultant de la fracturation de grains cristallins, ou même de blocs rocheux, suivie d'un glissement sur les plans de fracture ; c'est la *déformation cataclastique*. Il peut aussi résulter de glissements intra-grains qui conduisent au changement de forme de ceux-ci ; c'est la *déformation plastique par glissement de dislocations* (voir § 7.2.2-2.1). L'écoulement ductile peut aussi résulter d'un transfert de matière aux limites de ces domaines par diffusion de particules (voir § 7.2.2-2.2). Le terme de *déformation ductile* s'applique donc à la déformation globale d'un volume de matériau (dont il faut préciser les dimensions) que l'on considère comme un continuum homogène. Il n'implique rien quant aux mécanismes microscopiques possibles de l'écoulement.

7.2 Les mécanismes de la déformation plastique

Les mécanismes cataclastiques ayant déjà été décrits dans les chapitres 3, 4 et 5, nous n'envisagerons ici que les mécanismes de la déformation plastique. La connaissance de ces mécanismes à l'échelle de la maille cristalline résulte d'études expérimentales en Physique des minéraux, ce qui est une autre approche de la Tectonique (pour en savoir plus, voir Nicolas et Poirier, 1976 ; Poirier, 1985 ; Quéré, 1988).

7.2.1 Les mécanismes de la déformation plastique à l'échelle de la maille cristalline

1.1. *Le réseau cristallin et ses défauts.* Le réseau cristallin est constitué par un arrangement périodique en 3 dimensions d'atomes. L'existence même d'un cristal exige qu'il soit imparfait et contienne des défauts (Fig. 7.1).

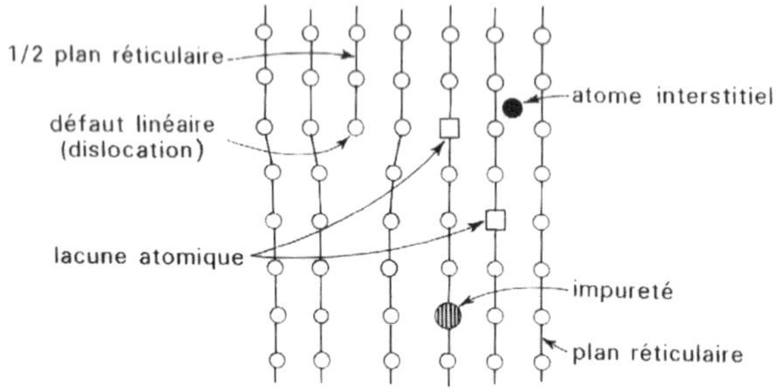

Figure 7.1 – **Défauts du réseau cristallin.**

Certains *défauts* sont *ponctuels* : un site du réseau peut être inoccupé, il y a alors une *lacune atomique*, ou un des atomes peut être inséré entre les sites du réseau, il y a alors un *atome interstitiel*, ou même un atome peut-être différent de ceux du site normalement occupé, comme le demanderait la stoechiométrie, c'est une *impureté*. Les *défauts* peuvent être *linéaires* ; c'est le cas par exemple de la ligne de terminaison d'un demi-plan réticulaire supplémentaire qui s'insère entre les plans du réseau.

Enfin un *défaut* peut être *planaire* ; c'est le cas par exemple de la limite extérieure d'un cristal et aussi d'autres défauts fondamentaux pour la plasticité comme les macles, les parois de dislocations,… (voir § 7.2.2-2.1).

1.2. *La diffusion dans le réseau cristallin et le transfert de matière.* À l'intérieur d'un cristal, un atome ne reste pas dans un site du réseau mais se déplace à travers celui-ci en sautant dans les lacunes ou dans des sites interstitiels. Les atomes du réseau peuvent ainsi voyager par un processus qui fait intervenir la *diffusion* à l'état solide. Empiriquement on constate que le flux (J_x) d'atomes qui diffusent est proportionnel à leur gradient de concentration (dC/dx) ; c'est la loi de Fick :

$$J_x = -Dx \,.\, dC/dx \qquad (1)$$

Dx est le coefficient de diffusion qui exprime la mobilité des atomes. En fait, cette loi ne s'applique qu'aux systèmes idéaux, dont les systèmes dilués, et non aux minéraux complexes, $A_\alpha B_\beta C_\gamma$, non-idéaux qu'on considère en géologie (voir Jaoul, 1990). Dans ces minéraux, le flux J_i des atomes de l'espèce (i) qui diffusent est :

$$J_i = -\frac{\alpha_i D_i}{V_M RT} \cdot \frac{d\mu_i}{dx} \qquad (1)$$

avec $\alpha_i = \alpha, \beta, \gamma$ le coefficient de stoechiométrie dans la formule du minéral, V_M le volume molaire du minéral, μ_i le potentiel chimique de la particule (i) et D_i le coefficient d'auto-diffusion de l'atome (i) qui est thermiquement activé comme une exponentielle : $D_i = K \,.\, e^{-E/RT}$ (E = énergie d'activation de la diffusion). Cette loi est équivalente à la loi de Fick dans le cas de l'idéalité. La mobilité des atomes croît quand la température croît et décroît quand la pression hydrostatique croît. On montre aussi que la concentration de lacunes est plus grande sur les surfaces en tension et plus faible sur les surfaces en compression. Un atome (A, Fig. 7.2a) peut donc migrer vers la surface du cristal soumis à la contrainte déviatorique la plus faible (extensive) σ'_3 et les lacunes (L, Fig. 7.2a) migrer vers la surface soumise à la contrainte déviatorique la plus forte (compressive) σ'_1. De ces migrations résulte un *transfert de matière* à partir de surfaces discrètes qui conduit à un raccourcissement et à un allongement du grain. La *déformation* du grain est *coaxiale*, les axes principaux de la déformation gardant la même orientation pendant la déformation.

1.3. *Les dislocations dans le réseau cristallin et le glissement des dislocations.* La déformation plastique peut aussi se faire par glissement d'une partie du cristal sur un plan cristallographique (Fig. 7.2b), qui est habituellement un plan atomique dense, et suivant une direction cristallographique (b) dont les distances inter-atomiques sont petites. L'ensemble plan-direction s'appelle le *système de glissement*. Mais sur le plan de glissement toutes les liaisons atomiques ne sont pas rompues en même temps ; le glissement se propage progressivement dans la zone intacte. La ligne qui borde la région où le glissement a déjà eu lieu est un défaut linéaire appelé *dislocation*.

Une dislocation est la bordure d'un demi-plan réticulaire supplémentaire (Fig. 7.3a) qui peut se déplacer (glisser) successivement d'une quantité élémentaire, égale à une distance interatomique (Fig. 7.4). Cette dislocation est dans le plan de glissement. Quand on applique une contrainte cisaillante parallèlement au plan de

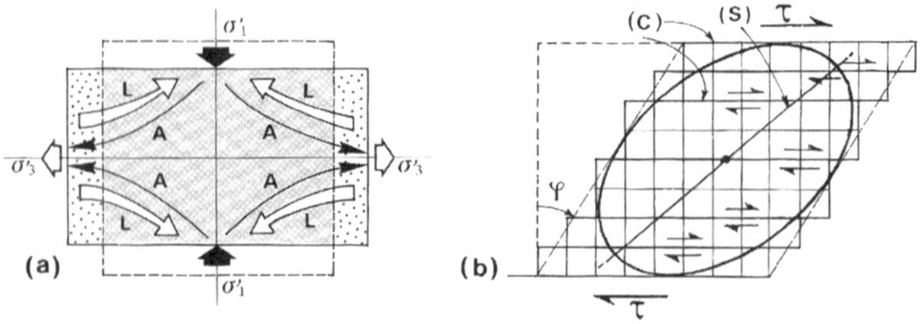

Figure 7.2 – **(a) Déformation coaxiale d'un cristal par diffusion des atomes (A) et des lacunes (L) ; (b) Déformation non co-axiale d'un cristal par glissement sur une seule famille de plans cristallographiques.**

glissement, la dislocation qui se déplace parallèlement à la contrainte cisaillante est appelée une *dislocation-coin* (edge dislocation). Celle qui se déplace perpendiculairement à la direction du cisaillement est appelée une *dislocation-vis* (screw dislocation), elle est bien visualisée par la propagation de l'extrémité d'une déchirure dans une rame de papier (Fig. 7.3a$_1$). Plus généralement, la surface qui a glissé s'étend autour d'elle dans toutes les directions ; elle est donc limitée par une *boucle de dislocation* (Fig. 7.3b) qui comporte à la fois des sections coin, vis et mixte. Une dislocation est caractérisée par un vecteur-déplacement élémentaire, le *vecteur de Burgers* **b** (Fig. 7.3a), qui exprime la direction du déplacement et la quantité de déplacement élémentaire. La déformation plastique par glissement sur une seule famille de plans cristallographiques d'un cristal produit une déformation rotationnelle (voir Fig. 2.13b), progressive, dite *déformation non-coaxiale*. Le plan d'*aplatissement-allongement de la matière (S)* est oblique sur les *plans de glissement (C)*, (Fig. 7.2b).

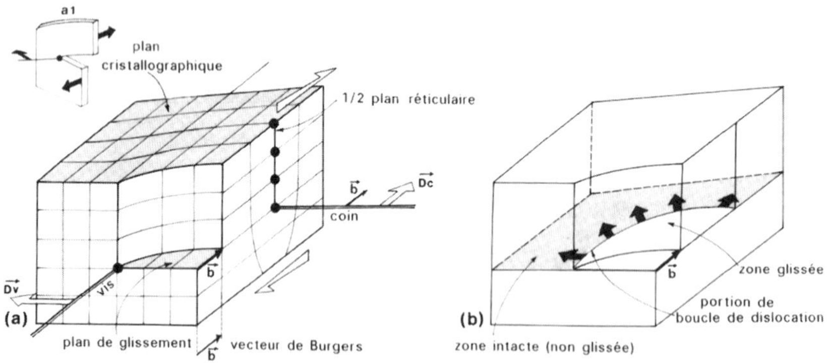

Figure 7.3 – **(a) Dislocation-coin et dislocation-vis dans un cristal ; b est le vecteur de Burgers et D_c, D_v les directions de déplacement des dislocations coins et vis ; (b) Portion de boucle de dislocation.**

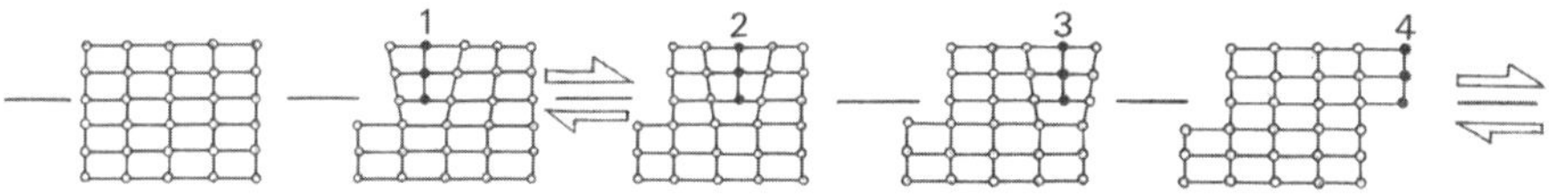

Figure 7.4 – Déplacement successifs (de 1 à 4) d'une dislocation-coin sur un système de glissement.

7.2.2 Les mécanismes de la déformation plastique à l'échelle de l'agrégat polycristallin

2.1. *La déformation par glissement de dislocations.* Un glissement se produit sur une famille de plans cristallographiques si la *contrainte cisaillante résolue* (resolved shear stress) sur celle-ci atteint une valeur critique τ_c. Dans de nombreux cristaux il existe plusieurs systèmes de glissement possibles ayant chacun leur valeur critique qui dépend de la température. Cette déformation plastique est dite déformation par *glissement de dislocations* (dislocation glide).

Pour la déformation par glissement de dislocations d'un agrégat polycristallin de même espèce minérale, sans orientation préférentielle, deux situations peuvent se présenter :

– la déformation de tous les grains est homogène à celle de l'agrégat. Dans ce cas, la déformation doit être partout définie par les 6 composantes $\varepsilon_{i,j}$ d'un tenseur homogène de déformation incrémentale [(10), Chap. 2], composantes qui se réduisent à 5 puisque la déformation par glissement de dislocations est isovolumique ($\Delta V/V = \varepsilon_{11} + \varepsilon_{22} + \varepsilon_{33} = 0$). Ceci est donc réalisé s'il existe dans les grains 5 systèmes de glissement indépendants : c'est le *critère de ductilité de Von Mises*. Les métaux très ductiles y satisfont.

– Il n'existe pas 5 systèmes de glissement indépendants : ce sont alors les grains dont les systèmes de glissement sont les mieux orientés par rapport à la contrainte qui se déforment les premiers. Leurs déplacements doivent être accommodés par des déformations élastiques des grains voisins, dans lesquels se développent des contraintes internes élastiques. C'est le cas pour la plupart des minéraux des roches qui possèdent un nombre faible de systèmes de glissement.

a) À basse température ($T < 1/2\ T_f$, T_f température de fusion en degrés K), pour de faibles contraintes, les contraintes élastiques internes sont partiellement relaxées par des courbures du réseau cristallin (qui s'expriment au microscope polarisant par des *extinctions onduleuses* des minéraux) et par des enchevêtrements de dislocations (dislocation tangles). Pour des contraintes plus élevées, l'orientation du réseau est plus perturbée : il peut se former des *mâcles mécaniques* ou des *pliages* de cristaux. Enfin à très haute contrainte, les plans réticulaires s'ouvrent, formant des craquelures de *clivage*.

b) À haute température ($T > 1/2\ T_f$), le glissement des dislocations est assisté par la diffusion. On sait que quand la déformation s'accroît, il y a durcissement du matériau (Fig. 3.1). Ceci est dû à une forte augmentation de la densité des dislocations ; celles-ci se bloquent sur les divers défauts du réseau, en particulier sur les dislocations voisines et il faut des valeurs de contraintes de plus en plus élevées pour les mouvoir. Mais à haute température, les lacunes et les atomes peuvent diffuser facilement et les dislocations-coins peuvent contourner les obstacles si des lacunes ou des atomes (L et A, Fig. 7.5 a) s'ajoutent à l'extrémité du demi-plan réticulaire supplémentaire ; c'est le phénomène de *montée des dislocations*. Celui-ci permet une diminution de la densité des dislocations isolées par exemple par leur annihilation quand deux dislocations, se déplaçant en sens opposés, entrent en contact (Fig. 7.5b) ou par leurs regroupements planaires qui forment ce qu'on appelle des *parois de dislocations*. Celles-ci séparent, à l'intérieur des grains, des sous-grains d'orientations cristallines un peu différentes qu'on observe souvent dans des grains de quartz déformés ; c'est le processus de *polygonisation*. L'ensemble de ces processus constituent le phénomène de *restauration* (recovery). Il peut ainsi s'établir un équilibre dynamique entre le durcissement et la restauration conduisant à un *fluage stationnaire* (voir Chap. 3, § 3.1.2-2.2) dit *fluage-dislocation* (climb controlled creep ou dislocation creep). La vitesse de déformation $\dot{\varepsilon}$ est alors contrôlée par la montée des dislocations donc par la diffusion dans le cristal

$$\dot{\varepsilon} \propto D_S \sigma'^{n} \qquad (2)$$

en général avec $n \approx 3 - 5$: *le fluage-dislocation est non-newtonien* (voir Chap. 3, 1.2.2). D_s est un coefficient de diffusion effectif de l'ensemble des atomes migrant vers ou hors de la dislocation pour la faire monter. Pour un minéral de formule $A_\alpha B_\beta C_\gamma$ [voir (1)] :

$$\frac{1}{D_s} = \sum_i \frac{\alpha_i}{D_i} = \frac{\alpha}{D_A} + \frac{\beta}{D_B} + \frac{\gamma}{D_C}$$

où D_A, D_B, D_C sont les coefficients d'auto-diffusion des espèces i = A, B, C. S'il se trouve qu'une des espèces a un coefficient d'auto-diffusion beaucoup plus faible que les autres, c'est elle qui contrôle la vitesse de déformation $\dot{\varepsilon}$. Il faut noter que $\dot{\varepsilon}$ est thermiquement activé comme l'est D_s (voir Jaoul, 1990).

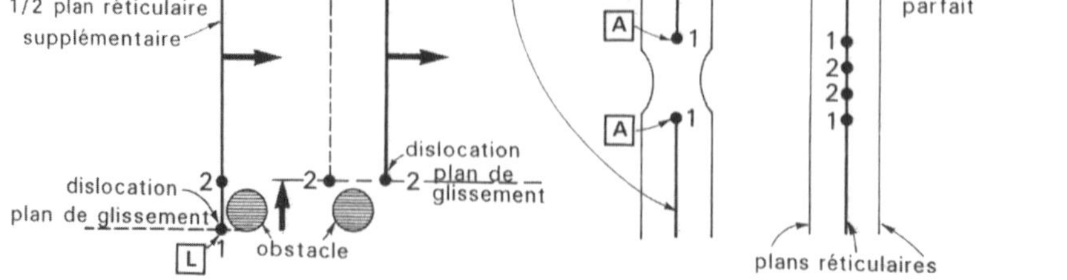

Figure 7.5 – (a) Montée d'une dislocation de 1 en 2 par ajout d'une lacune (L) ; la dislocation peut contourner l'obstacle et se déplacer de I en II. (b) deux dislocations montent de 1 en 2 par ajouts d'atomes (A) et s'annihilent.

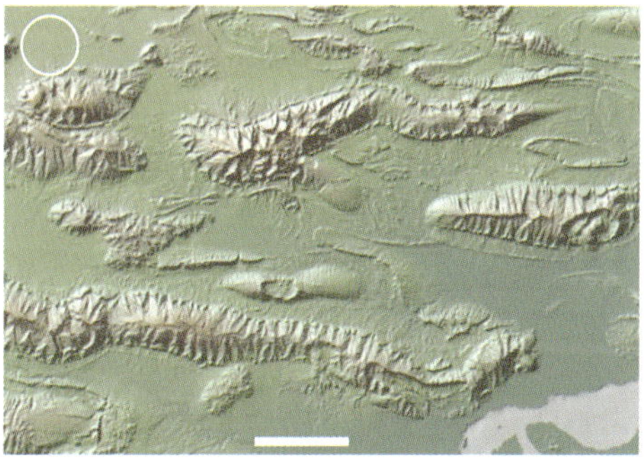

Plis du Zagros externe (Sud-Iran).

Plis en chevron (calcaire, Alpes, France).

Anticlinal de St. Julien en Beauchêne
(calcaires, Alpes, France).

Plis cylindriques (calcaires, Alpes).

Anticlinal
(calcaires et marnes, Alpes, France).

Détail de (d).

Planche 1 – **Plis et plissements**

Failles normales conjuguées
(Isparta, Turquie).

Faille normale sismique
(Burdur, Turquie).

Miroir de faille normale
(Korkuteli, Turquie).

Faille normale (Causses, France).

Faille décrochante
(calcaires, Languedoc, France).

Faille inverse
(Marnes de l'Oxfordien, Alpes, France).

Planche 2 - **Failles**

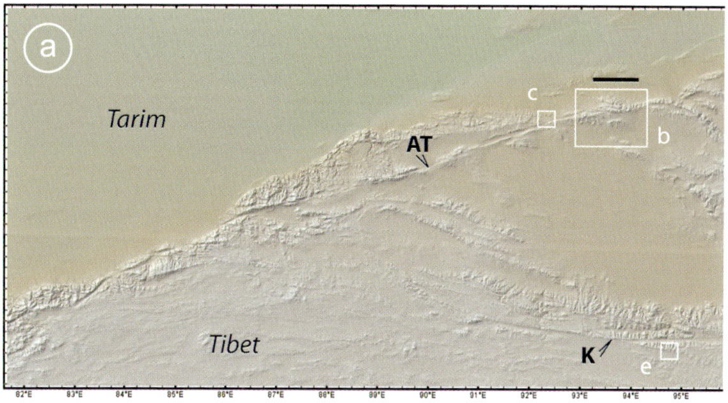

Système de failles décrochant de l'Altyn Tagh (AT), et de Kunlun (K), (Chine).

Chainon en compression (en « *push-up* » sur la faille de l'Altyn Tagh (jeu sénestre).

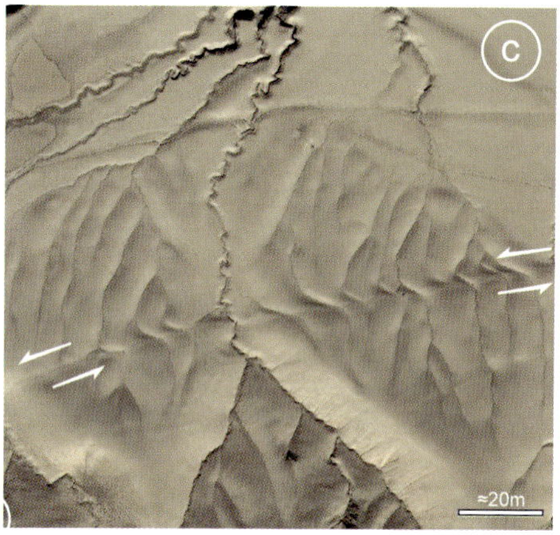

Distorsion du réseau hydrographique (jeu récent sénestre).

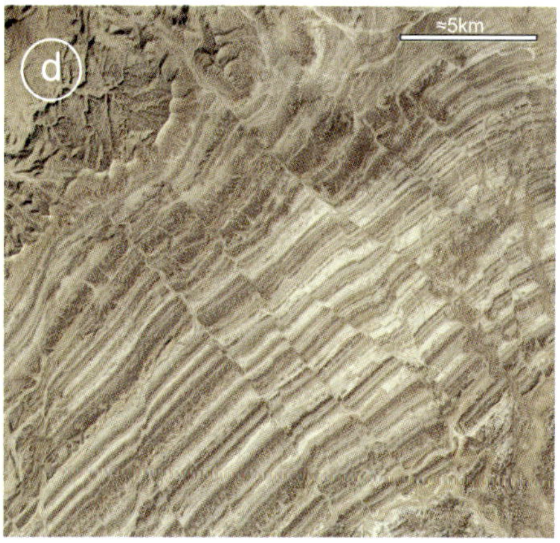

Failles décrochantes dextres et sénestres associées (Baluchistan, Iran).

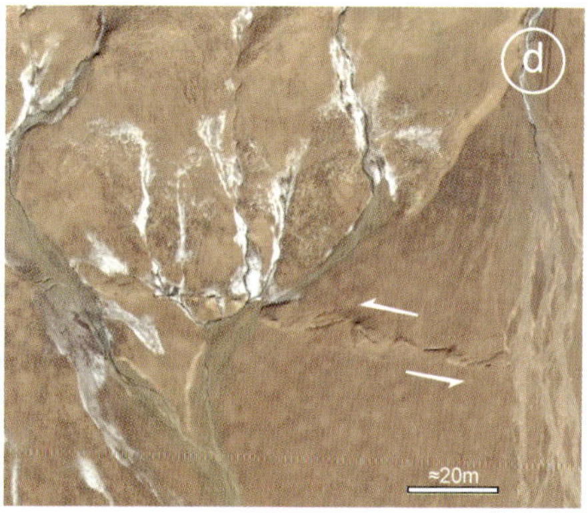

Faille sismique de Kunlun (jeu sénestre).

Planche 3 – Failles décrochantes actives

III

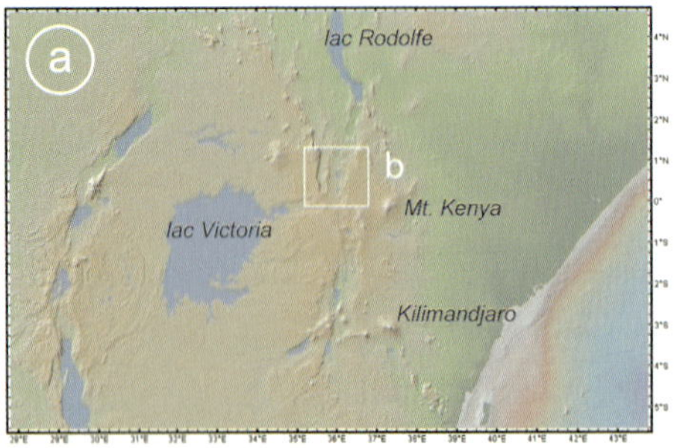

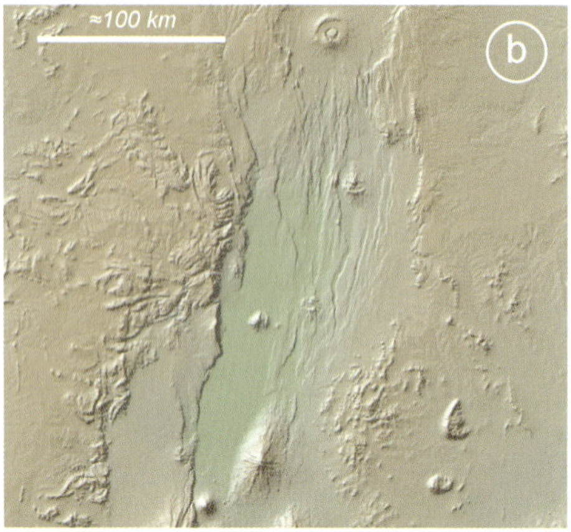

Rift est-africain - partie centrale.
Vue générale (a) et fossé N-Kenya (b).

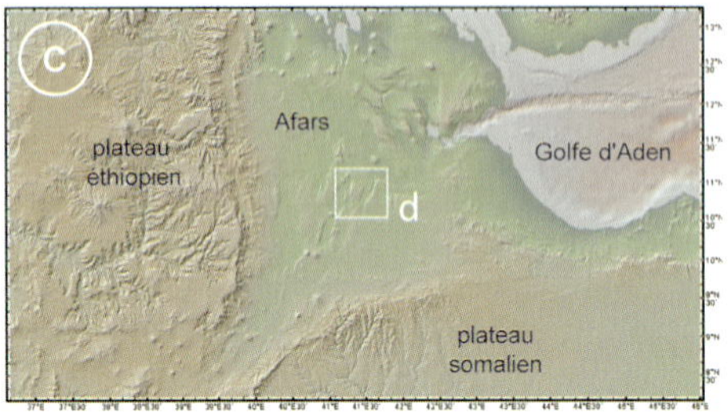

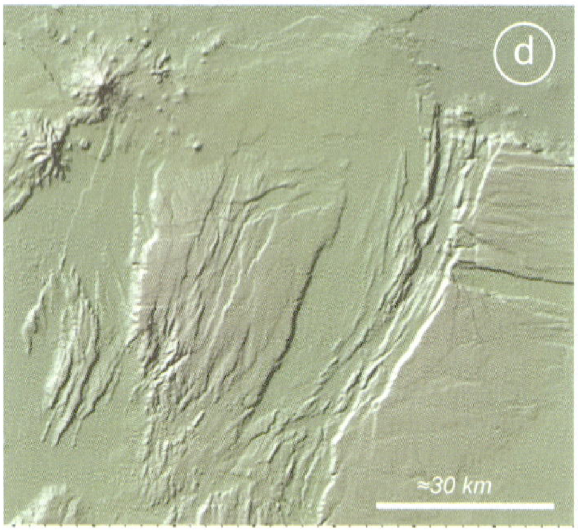

Dépression des Afars.
Vue générale (c) et détail dans la dépression (d).

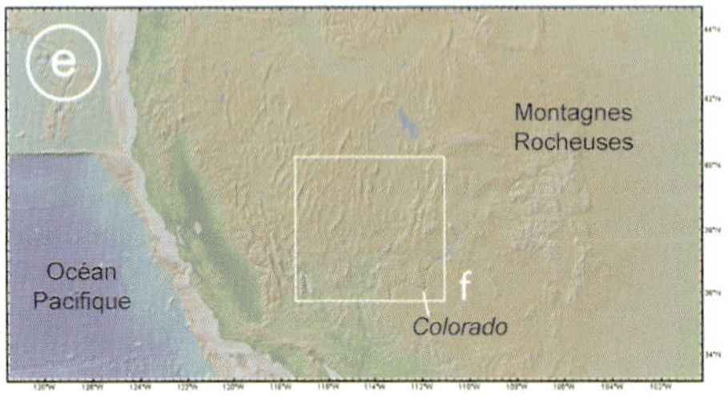

Province du Bassin et Ranges (USA).
Vue générale (e) et détail (f).

Planche 4 - Grands systèmes tectoniques extensifs

Fentes en échelon conjugués (calcaire du Trias, Anhui, Chine).

Demi-fente, domino et faille (calcaire, Languedoc, France).

Stylolites orthogonaux, horizontaux et verticaux, (calcaire, France).

Miroir de faille à stries mécaniques (grés permiens, Languedoc, France).

Brèche tectonique sur miroir de faille (calcaire, Languedoc, France).

Miroir de faille à stries de cristallisation (calcaire, Wyoming, USA).

Planche 5 – **Structures tectoniques cassantes**

Stries de cristallisation et stylolitique
(calcaire, France).

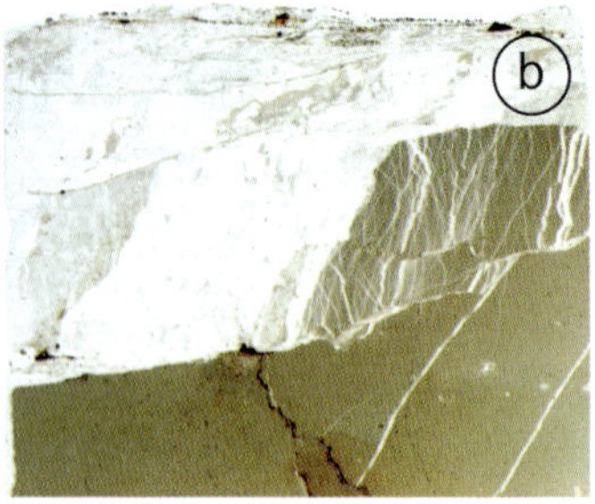

Escalier de cristallisation
(calcaire et calcite, lame mince).

Stries de cristallisation
(gabbros, Alpes, France).

Stries mécaniques et de cristallisation
(grés calcaire, Alpes, France).

Stries de cristallisation
(serpentinites Vourinos, Grèce).
Deux générations.

Stries mécaniques
(calcaire et dolomie, Grèce).

Stries mécaniques sur brèche de faille
(Languedoc, France).

Galet strié et impressioné
(Oligocène, Alpes, France).

Planche 6 – Structures de glissement (tectoglyphes)

Schistosité de crénulation
(Paléozoïque, Pyrénées, France).

Schistosité plan axial de pli
(Éocène, Pyrénées, Espagne).

Schistosité espacée et réfractée (calcaires
marneux, Jurassique, Alpes, France).

Brèche de faille (calcaires et marnes,
Jurassique, Causses, France).

Gouge dans une faille (calcaire, Oligocène
Limagne Massif central, France).

Brèche tectonique
(calcaire, Pyrénées, France).

Planche 7 – Structures tectoniques diverses

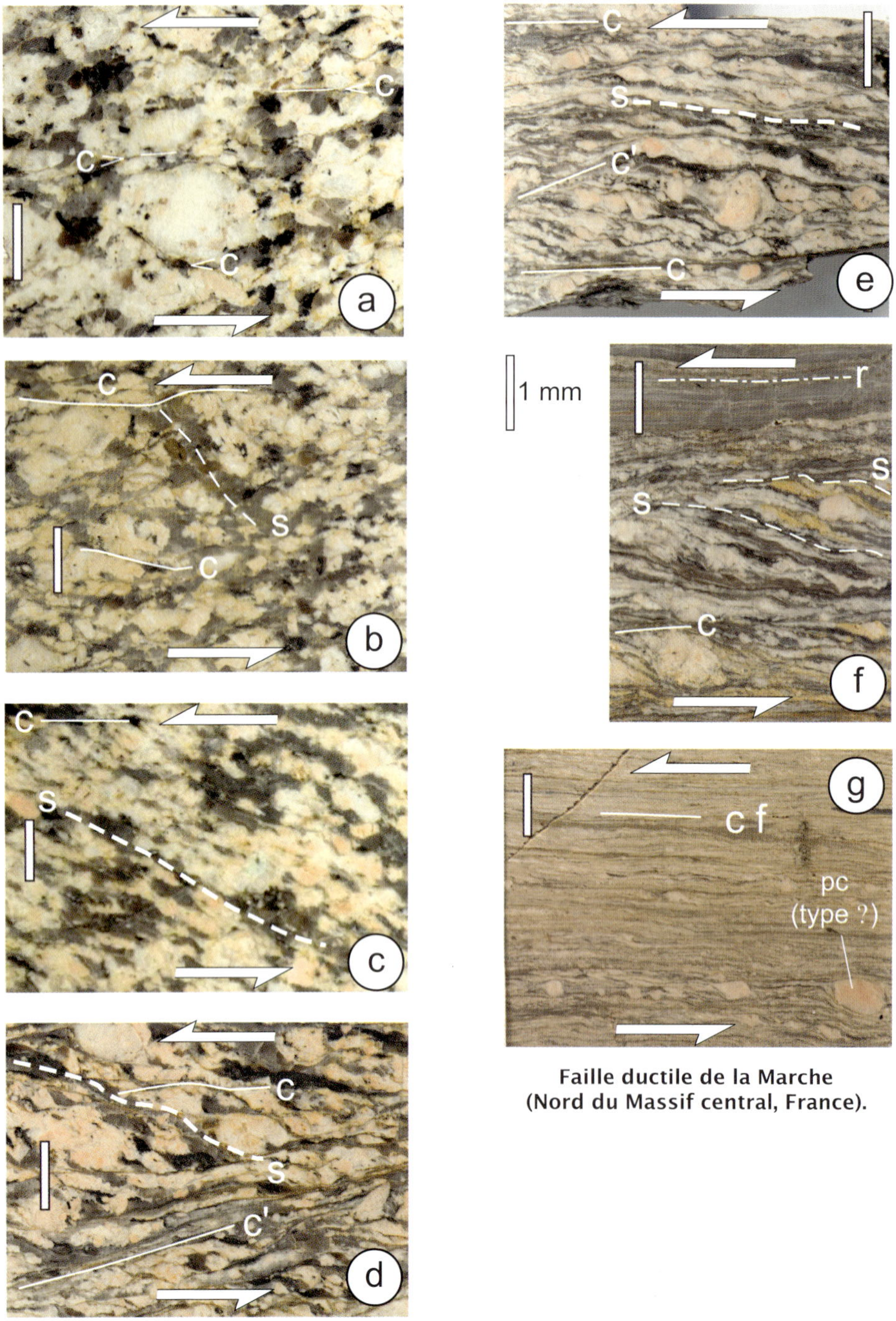

Faille ductile de la Marche
(Nord du Massif central, France).

Planche 8 - **Mylonites**

2.2. *La déformation plastique par transfert de matière*

a) La diffusion aux hautes températures (T > 1/2 T_f). À haute température, un transfert de matière peut avoir lieu directement par diffusion (Fig. 7.2a) des atomes vers les surfaces soumises à la contrainte déviatorique la plus faible (σ'_3) et des lacunes vers les surfaces soumises à la contrainte déviatorique la plus forte (σ'_1). La diffusion peut se produire à travers le cristal ; c'est le *fluage de Nabarro-Herring* (Fig. 7.6a) pour lequel la vitesse de déformation $\dot{\varepsilon}$ dépend du coefficient de diffusion effectif dans le cristal (D_s), de la contrainte différentielle (σ') et de la taille (d) des grains :

$$\dot{\varepsilon} \propto D_s \cdot \sigma'/d^2 \qquad (3)$$

La diffusion peut aussi se produire le long des joints de grains en les contournant (Fig. 7.6b), c'est le *fluage de Coble*. La vitesse de déformation dépend dans ce cas d'un coefficient de diffusion aux joints de grain (D_j) et de l'épaisseur δ du joint.

$$\dot{\varepsilon} \propto D_j \cdot \delta\sigma'/d^3 \qquad (4)$$

Le fluage par diffusion n'est prépondérant que pour de faibles contraintes, des températures élevées (Fig. 7.7) et une taille de grains petite, inférieure à 20 μ. Le *fluage-diffusion* dépend d'un exposant n = 1 de la contrainte σ' ; c'est un *fluage visqueux newtonien* (voir Chap. 3, 1.2.2).

b) La pression-dissolution aux basses températures. Le processus de *dissolution-cristallisation* ou *pression-dissolution* (pressure-solution) ne diffère pas fondamentalement du fluage de Coble, à ceci près qu'il existe un fluide mouillant les joints de grains (Fig. 7.6c). Il s'établit un flux des ions dissous (I, Fig. 7.6c) des faces du solide soumises à plus forte contrainte déviatorique ($\sigma'1$) vers les faces soumises à la plus faible contrainte déviatorique ($\sigma'3$). Le transfert des ions se fait dans le fluide intergranulaire, soit par diffusion soit par infiltration. La loi de vitesse de fluage est de la même forme que celle du fluage de Coble, avec D_m le coefficient de diffusion dans le fluide intergranulaire :

$$\dot{\varepsilon} \propto D_m \cdot \delta\sigma'/d^3 \qquad (5)$$

Dans ce cas, le système n'est pas nécessairement clos à l'échelle du grain car les éléments dissous peuvent être transportés par le fluide et cristalliser loin du lieu de dissolution. Le phénomène de pression-dissolution peut être important aux basses températures et de ce fait il est souvent associé à la tectonique cassante, en particulier dans les calcaires dans lesquels il se manifeste par la formation de *joints stylolitiques* (Fig. 4.3b) et de *fentes* à cristallisations minérales (Fig. 4.3a).

La Fig. 7.7 donne pour la calcite, à titre d'exemple, une carte des domaines température-contrainte pour les différents mécanismes de fluage. Il faut toutefois se souvenir que, du fait de l'hétérogénéité minéralogique des roches, différents mécanismes de fluage peuvent être actifs en même temps dans un même volume rocheux.

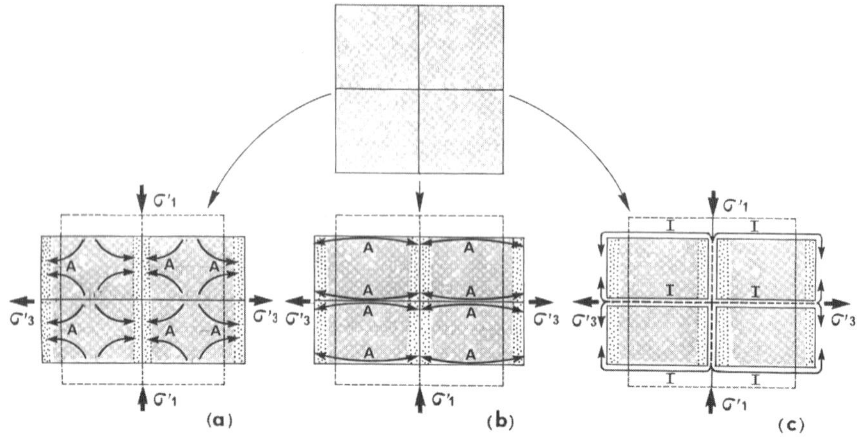

Figure 7.6 – Mécanismes de transfert de matière par diffusion (a) fluage de Nabarro-Herring, (b) fluage de Coble et (c) par pression-dissolution. La forme initiale des grains est en tiretets. A : atomes, I : ions.

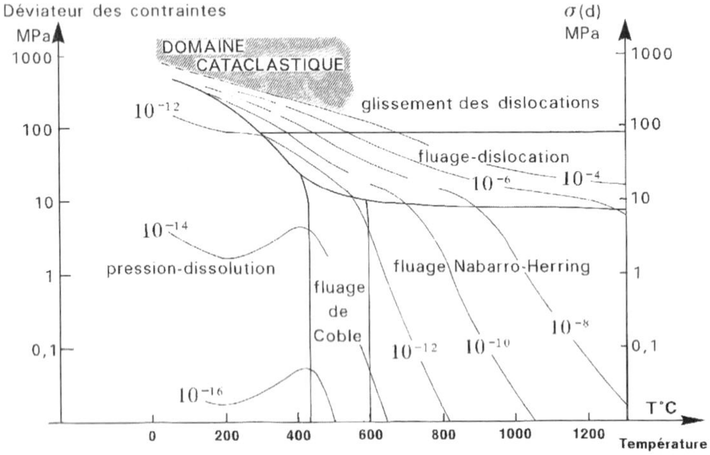

Figure 7.7 – Carte des domaines (T – σ) de déformation de la calcite ; la taille des grains est de 100 μ et la pression de fluide de 100 MPa pour la pression-dissolution (d'après Rutter, 1976, *Phil. Trans. Roy. Soc. London*, A283, 43-54). Les courbes représentent les taux de déformation par seconde.

On a considéré que pour $\dot{\varepsilon} > 10^{-4}\,s^{-1}$ la déformation est cataclastique à basse température.

7.2.3 La recristallisation et la cristallisation des minéraux des roches

Une roche est composée d'un assemblage de minéraux (les *phases*) qui dépend de la composition chimique globale de la roche et des conditions physiques du milieu dans lequel elle se trouve en cours de déformation à haute température. Si les conditions demeurent stables, il y a *recristallisation* des minéraux existants ; si ces conditions changent, il y a *cristallisation* de nouvelles espèces minérales.

3.1. *La recristallisation sans changement de phase*

a) La recristallisation induite par la déformation :

– *La recristallisation dynamique.* Nous avons vu (§ 7.2.2-2.1.b) qu'à haute température la restauration diminue la densité des dislocations isolées et conduit, par le processus de polygonisation, à la formation de *sous-grains* à l'intérieur des grains. C'est probablement à partir de ces sous-grains que se nucléent de nouveaux grains. Ceux-ci croissent par migration des joints de grains et sont eux-même polygonisés pendant leur croissance. Il peut ainsi s'établir un équilibre dynamique où la taille moyenne (d) des grains est stationnaire, dépend de la contrainte différentielle σ' de fluage et peu de la température :

$$d \propto k/\sigma' \qquad (6)$$

La détermination expérimentale de la valeur de k pour différents minéraux permet en principe d'estimer la contrainte différentielle σ' pour la déformation naturelle d'un agrégat polycristallin si la déformation s'est faite en régime stationnaire, ce qui n'est malheureusement jamais démontrable.

Les *grains recristallisés dynamiquement* ont des formes allongées ou aplaties avec une *sous-structure en sous-grains* : la texture de l'agrégat montre une orientation préférentielle. Il est hors de notre propos de détailler l'acquisition de cette texture préférentielle. Une *simulation numérique* en 2-D (Etchécopar, 1974) en suggère les caractères fondamentaux par une approche purement géométrique, sans recristallisation. On admet dans ce modèle que les grains constituant l'agrégat polycristallin ont un système unique de glissement orienté de façon aléatoire (Fig. 7.8a). Ils se déforment par glissement sur ce système, par translation et rotation. On observe qu'en cisaillement simple (Fig. 7.8b), les systèmes de glissement tendent à s'orienter statistiquement, par rotation des grains, suivant un plan (C) parallèle à celui du cisaillement moteur et suivant une direction conjuguée (C′). Quand le cisaillement augmente, le système de glissement (C) faiblement oblique sur le plan d'aplatissement (S) devient prépondérant. En cisaillement pur (Fig. 7.8c), les systèmes de glissement tendent à s'orienter statistiquement par rotation des grains suivant deux plans (C) et (C′) symétriques par rapport au plan d'aplatissement (S). Dans les deux cas, il en résulte des *orientations préférentielles* caractéristiques des systèmes de glissement donc du *réseau cristallin* et de *forme* (rapports géométriques aplatissement S/cisaillement C). En fait, la déformation en 3 dimensions des agrégats polycristallins, même formés d'une seule espèce minérale, est beaucoup plus complexe car elle active souvent plusieurs systèmes de glissement. Par ailleurs, il ne se produit ni vides entre les grains, ni superpositions de grains tels qu'on peut les observer sur la Fig. 7.8 car il y a recristallisation dynamique des grains au cours de la déformation. On trouvera dans Ribbe et Yang (1991), une approche plus complexe, mais plus réaliste, de l'acquisition d'une texture préférentielle en 3-D, avec recristallisation.

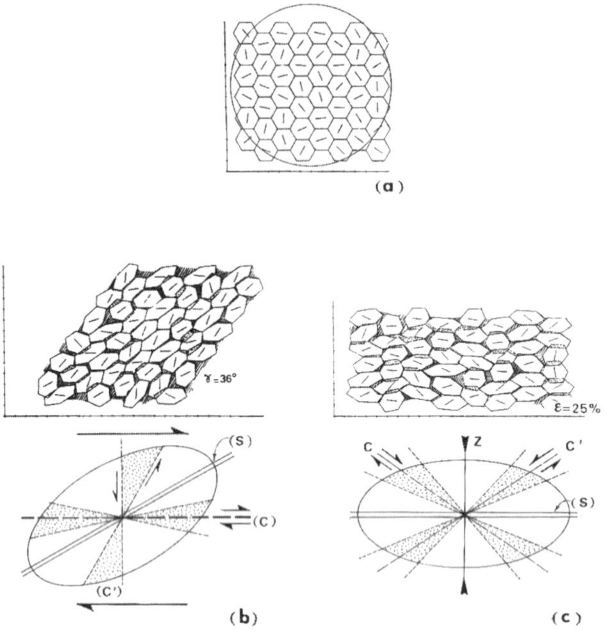

Figure 7.8 – Simulation numérique en 2-D de la déformation par glissement de dislocations sur un seul système de glissement. (a) : représenté par un trait dans les grains hexagonaux dans un agrégat formé d'une seule espèce minérale. (b) par cisaillement simple, (c) par cisaillement pur. Les vides et les superpositions de grains sont représentés respectivement en hachurés et en pointillés (d'après Etchecopar, 1974, *Thèse*, Montpellier et Nicolas et Poirier, 1976, Masson, Paris, 223 p.).

– *Une recristallisation statique* se produit quand la contrainte tectonique cesse d'agir et que l'état de contrainte devient hydrostatique (c'est le phénomène de *recuit* des métallurgistes). À haute température, il se produit d'abord une *recristallisation statique primaire* qui tend par restauration, comme dans la recristallisation dynamique, à diminuer l'énergie de déformation stockée dans les grains par les dislocations. Il y a nucléation de nouveaux grains (néoblastes), libres de dislocations, probablement à partir de sous-grains. Ces nouveaux grains croissent par migration de joints de grains aux dépens des grains déformés contenant beaucoup de dislocations qui finissent ainsi par être résorbées. Les grains étant libres de dislocations, la diminution de l'énergie de déformation ne peut se poursuivre que par une diminution de l'énergie de surface : c'est la *recristallisation statique secondaire*. La surface totale des grains doit diminuer : les gros grains croissent aux dépens des petits par migration des joints de grains et ceux-ci tendent à rectifier leur tracé qui convergent vers des points triples avec des angles de 120°. La *recristallisation statique* tend à effacer l'orientation préférentielle de l'agrégat et à lui donner une texture équante.

b) La recristallisation induite par la contrainte :

Une orientation préférentielle d'un agrégat polycristallin peut aussi résulter d'un transport de matière par diffusion ou par pression-dissolution (Fig. 7.6). Les grains tendent à croître dans la direction de σ'_3 et à s'aplatir dans la direction de σ'_1 et la déformation globale de l'agrégat est dans ce cas coaxiale. On peut ainsi observer des cristaux comme le quartz comportant une frange néoformée, sans impuretés, bordant un grain ancien comportant des impuretés.

3.2. *La cristallisation avec changement de phases.* Lorsque les conditions physiques du milieu changent, il y a *cristallisation* de minéraux néoformés aux dépens des minéraux anciens devenus instables, il y a donc changement de phases. Ces changements de phases impliquent des processus de *diffusion* des éléments soit à sec, soit en présence de fluides, processus qui dépendent des conditions de pression et de température.

L'ensemble des processus de recristallisation et de cristallisation, associés à des changements de chimisme ou non, constitue le *métamorphisme*.

7.3 Les principales structures ductiles homogènes naturelles des roches

Lorsqu'une déformation ductile se produit dans une roche, le matériau s'aplatit et/ou s'allonge. Les roches qui présentent de telles déformations sont appelées des *tectonites*. On en distingue 3 types principaux (Fig. 7.9) : les *tectonites S* qui possèdent une structure uniquement planaire (schistosité ou foliation), les *tectonites L* qui ont une structure uniquement linéaire (linéation) et les *tectonites S-L*, les plus courantes, qui présentent à la fois schistosité et linéation. Les objets inclus dans les roches peuvent aussi subir des déformations et ainsi servir de *marqueurs de la déformation*. Ce sont eux que nous examinerons d'abord.

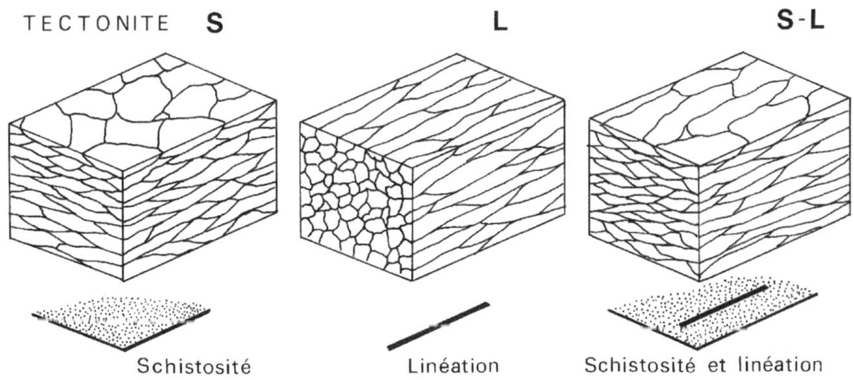

Figure 7.9 - **Principaux types de tectonites de la déformation ductile.**

7.3.1 Les objets déformés et l'ellipsoïde de déformation finie

1.1. *Les objets inclus dans les roches.* Il peut exister soit aucun contraste mécanique soit, au contraire, un fort contraste mécanique entre l'objet et la matrice de la roche. Ceci conduit à deux modes de déformation différents :

– dans le premier cas les objets sont passivement déformés dans la matrice et permettent de définir *la forme de l'ellipsoïde de la déformation finie* de l'ensemble objet-matrice ;
– dans le deuxième cas les objets créent des perturbations locales de la déformation et nous renseignent sur le *régime tectonique, rotationnel ou non*, qui a produit cette déformation (voir § 7.4).

Les objets inclus dans la roche sont d'origines diverses et de formes variables. Bien sûr, les objets de forme simple (par exemple les oolites sphériques) ou de forme parfaitement connues (par exemple les fossiles) sont utilisés de préférence pour déterminer l'ellipsoïde de déformation finie.

1.2. *De nombreuses méthodes* ont été mises au point (voir Ramsay et Huber, 1983) pour reconstituer l'ellipsoïde de déformation finie (forme et orientation) à partir de la mesure de ces objets déformés.

a) Cas d'objets initialement sphériques. Dans ce cas très simple les sphères, par exemple des oolites, sont transformées en ellipsoïdes d'axes X, Y, Z (voir Chap. 2, § 2.2). Sur trois sections orthogonales taillées dans l'échantillon et orientées perpendiculairement au plan de schistosité et parallèlement à la linéation (Fig. 7.9), plans qui correspondent aux trois plans principaux de la déformation ZY, ZX et XY (voir § 2-4), on mesure les demi-longueurs des axes des ellipses. De ces mesures faites statistiquement (Fig. 7.10a), on déduit les rapports principaux de la déformation (Fig. 7.10b) :

$$R_{XY} = (1 + e_1)/(1 + e_2),\ R_{XZ} = (1 + e_1)/(1 + e_3),\ R_{YZ} = (1 + e_2)/(1 + e_3).$$

Le report de ces valeurs sur un diagramme d'ordonnée R_{XY} et d'abscisse R_{YZ}, appelé le diagramme de Flinn (1962), permet de caractériser la forme de l'ellipsoïde de la déformation (fig. 7.11). Le paramètre $k = (R_{XY} - 1)/(R_{YZ} - 1)$ localise l'objet déformé sur le diagramme où 3 domaines sont distingués :

- le domaine A où $1 > k > 0$, caractérisé par un ellipsoïde triaxial de forme aplatie (oblate) résultant d'une déformation par *aplatissement* dominant ;
- le domaine B où $\infty > k > 1$, caractérisé par un ellipsoïde triaxial de forme allongée (prolate) résultant d'une déformation par *constriction* dominante ;
- un domaine intermédiaire où $k = 1$, Y étant invariant, la déformation est dite *plane* ou *biaxiale* ;
- des domaines-limites avec $k = 0$, caractéristique d'un ellipsoïde aplati, *de révolution* autour de l'axe Z (X = Y) et $k = \infty$, caractéristique d'un ellipsoïde allongé, de révolution autour de l'axe X (Y = Z, déformation en *striction*).

b) Cas d'objets de formes complexes. Dans le cas d'objets initialement ellipsoïdaux, des galets par exemple, l'orientation et la forme des objets déformés est le résultat de la superposition de l'ellipsoïde de déformation sur ces objets approximativement

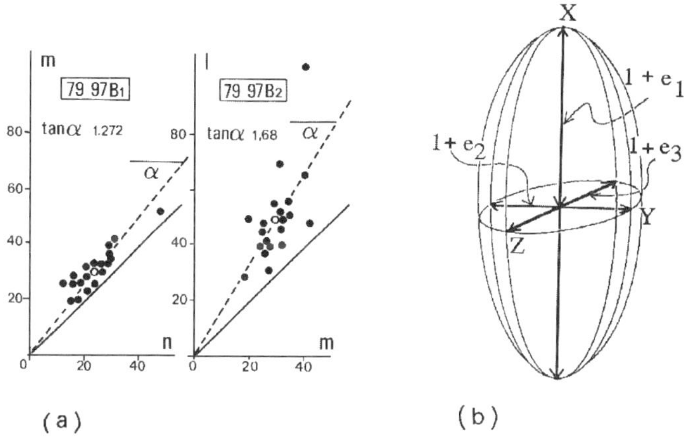

Figure 7.10 – **Ellipsoïde de la déformation finie : (a) détermination des longueurs moyennes des axes de l'ellipsoïde (cas de vésicules de pillow lavas), l, m et n sont les longueurs des axes des ellipses mesurées sur deux sections orthogonales de roche (d'après Vergely, 1984, *Thèse*, Orsay) : (b) paramètres de forme de l'ellipsoïde (d'après Ramsay et Huber, 1983, *Acad. Press*, London, 450 p.).**

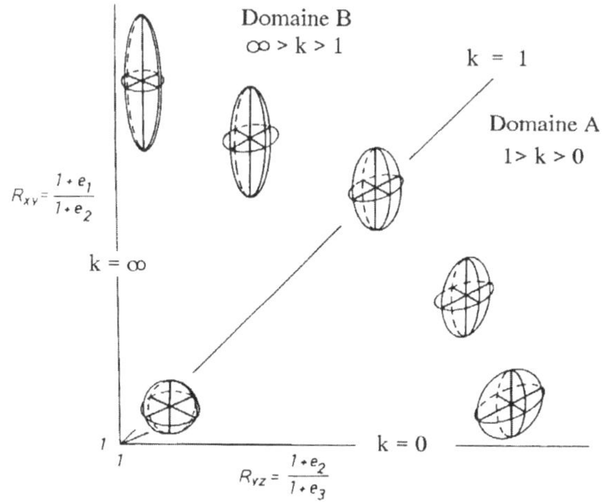

Figure 7.11 – **Diagramme de Flinn (1962, *J. Geol. Soc. London*, 68, 385-433) représentant les diverses formes d'ellipsoïdes de la déformation.**

ellipsoïdaux et d'orientation aléatoire. Des techniques spécifiques (voir Ramsay et Huber, 1983) permettent d'estimer la forme et l'orientation de l'ellipsoïde de la déformation enregistré par de tels objets. Pour des objets de forme allongée (belemnites, crinoïdes, minéraux aciculaires…) dont la déformation se fait par tronçonnement et déplacement accompagné le plus souvent de rotation (Fig. 7.12), la forme de l'ellipse de déformation (dans le plan d'observation) peut être obtenue à partir de mesures d'élongation de ces objets suivant différentes directions. Avec des fossiles de formes plus compliquées (trilobites, brachiopodes, ammonites...) on utilise la modification de valeurs angulaires caractéristiques, connues sur les fossiles non déformés pour déterminer l'ellipsoïde de déformation.

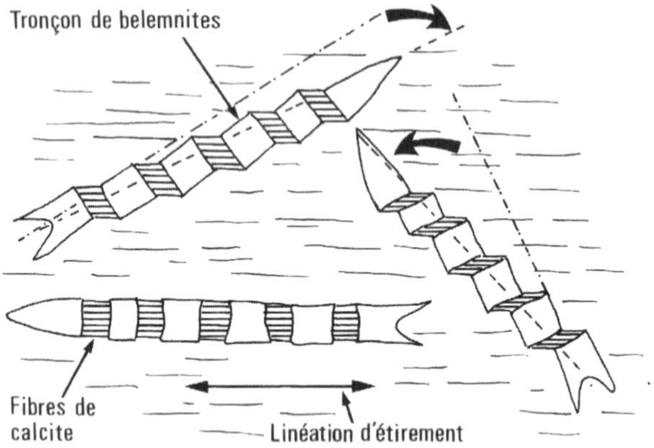

Figure 7.12 – **Exemple de fossiles déformés par tronçonnement, translation et rotation.**

7.3.2 Les schistosités et les linéations

2.1. *Les schistosités* (cleavages en anglais, qu'on appelle aussi en français clivage schisteux et parfois abusivement clivage) sont des structures planaires, d'origine tectonique, suivant lesquelles les roches se débitent préférentiellement. La distinction des principaux types de schistosité est établi sur le caractère continu/discontinu que présente, à l'échelle de l'observation microscopique optique, ce débit parallèle qui intéresse la totalité de la roche et qu'on dit pénétratif.

- La schistosité est de *type continu* (continuous cleavage) lorsqu'aucun plan de fissilité, c'est-à-dire de débit en feuillets minces, n'est observable au microscope ; c'est la *schistosité de flux* (Fig. 7.13). *La schistosité ardoisière* en est l'exemple le plus connu (elle présente macroscopiquement un débit en feuillets mais pas au microscope).
- La schistosité est de *type espacé* (spaced cleavage) lorsque la roche montre des zones de schistosité (cleavage domains), (s, Fig. 4.13) qui sont des plans de fissilité, séparant des zones appelées *microlithons* (m, Fig. 7.13). Selon l'importance de la déformation des microlithons et la morphologie des surfaces qui les séparent, on distingue la *schistosité disjointe* (dite improprement schistosité de fracture) et la *schistosité de crénulation* (Fig. 7.13) dite aussi schistosité par microplis (strain-slip cleavage ; 2, Fig. 7.14). Cette dernière affecte des roches qui présentent un feuilletage originel riche (pélites, séricitoschistes, micaschistes...).

La *foliation* (schistosity en anglais) exprime un débit de al roche en feuillets de nature minéralogique différente, résultant de transformations métamorphiques.

2.2. *Les linéations* sont des structures linéaires parallèles entre elles, pénétratives à l'échelle de l'échantillon. Sous ce terme se trouvent rassemblées diverses

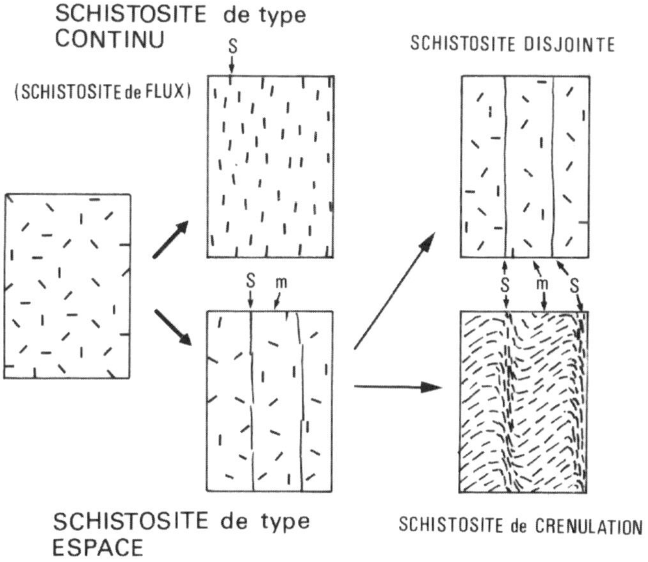

Figure 7.13 – **Principaux types de schistosités.**

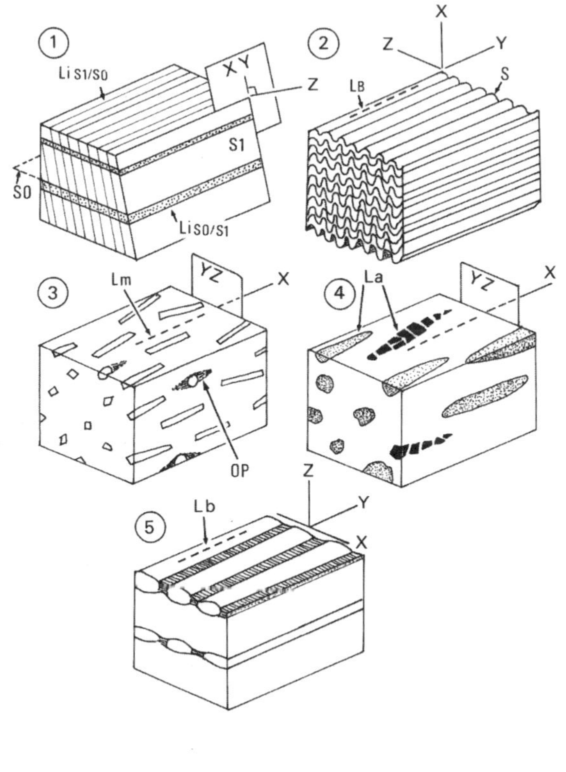

Figure 7.14 – **Principaux types de linéations : 1) d'intersection (L_i) ; de microplissement (L_B) ; 3) minéralogique (L_m), allongement de minéraux prismatiques ou de zones de pression (OP) ; 4) d'allongement (L_a) ductile (objet en grisé) ou cassant (objet noir) ; 5) de boutinage (L_b).**

structures d'origine tectonique mais également sédimentaire ou magmatique. En ce qui concerne les linéations tectoniques, 4 types principaux de linéations peuvent être distingués.

- *la linéation d'intersection* (L_i) résulte de l'intersection de deux surfaces, par exemple la stratification (S_0) et une schistosité (S) ou bien deux schistosités (1, Fig. 7.14). La linéation d'intersection est observable sur une des surfaces concernées et son aspect (style, espacement...) est généralement différent selon la surface considérée. Parfois ces linéations sont courbes.

Ceci est dû soit à la torsion d'une linéation initialement rectiligne (superposition de deux phases de déformation), soit à l'intersection d'une surface plane avec une surface courbe.

- *la linéation de crénulation* (ou de microplis) (L_B) correspond au plissotement d'une surface de stratification (S_0) ou de schistosité (S). Elle représente les axes des microplis qui affectent cette surface (2, Fig. 7.14). Ce type de linéation est étroitement lié à la schistosité de crénulation (Fig. 7.13) qui se développe préférentiellement dans les roches riches en minéraux phylliteux.
- la *linéation minérale* (L_m) s'exprime dans les roches déformées, par l'allongement de minéraux néoformés ou non. Cette linéation peut résulter de minéraux de forme aciculaire qui cristallisent au cours d'une déformation en striction (3, Fig. 7.14). Elle peut aussi résulter de la réorientation, lors de la déformation, d'anciens minéraux. La cristallisation de minéraux (aciculaires ou non) dans les zones d'*ombre de pression* (pressure shadow) peut aussi donner naissance à ce type de linéation (OP, 3, Fig. 7.14).
- la *linéation d'allongement* (L_a) résulte de l'étirement d'objets (galets, fossiles, grains, minéraux...) dans une direction préférentielle. Ces objets se déforment ductilement ou se fragmentent. Dans ce dernier cas les débris sont déplacés et réorientés dans la direction d'étirement de la matière (4, Fig. 7.14).
- la *linéation de boudinage* (L_b) résulte d'une striction régulière et répétée de niveaux compétents inclus dans une matrice ductile (5, Fig. 7.14). Les niveaux compétents sont découpés en baguettes parallèles selon des zones de rupture qui sont souvent cicatrisées par des cristallisations minérales (quartz, calcite...).

7.3.3 Les mécanismes de formation des schistosités

Les principaux mécanismes de déformation ductile analysés au paragraphe II interviennent dans la formation de la schistosité. Ils agissent seuls ou combinés à une rotation rigide du matériau.

3.1. *La schistosité disjointe (de fracture)* est une schistosité espacée qui résulte essentiellement d'une déformation par pression-dissolution localisée le long de surfaces discrètes séparant les microlithons. Dans ces microlithons cristallisent des minéraux, soit à l'intérieur de microfractures orthogonales au plan de schistosité (1, Fig. 7.15), soit le long des faces non comprimées des clastes résistants (C1., Fig. 7.16). Ces minéraux, dits de colmatage, croissent souvent perpendiculairement aux épontes des microfractures et parallèlement à la schistosité témoignant ainsi de l'allongement du matériau pendant l'acquisition de cette schistosité. La surface de schistosité peut être plane, ondulée ou accidentée de miro-pics rappelant les joints stylolitiques (voir Fig. 4.3b). La disparition de parties d'objets (oolite, fossile, …) contre ces surfaces (1, Fig. 7.16) et la concentration résiduelle de minéraux argileux dans celles-ci témoignent du *mécanisme de dissolution* qui a crée ces micropics. La dissolution s'initie sur des micro-fractures qui servent de drains aux fluides ou à partir d'hétérogénéités (clastes, fossiles, microveines) de la roche, qui constituent des lieux d'accumulation de contraintes.

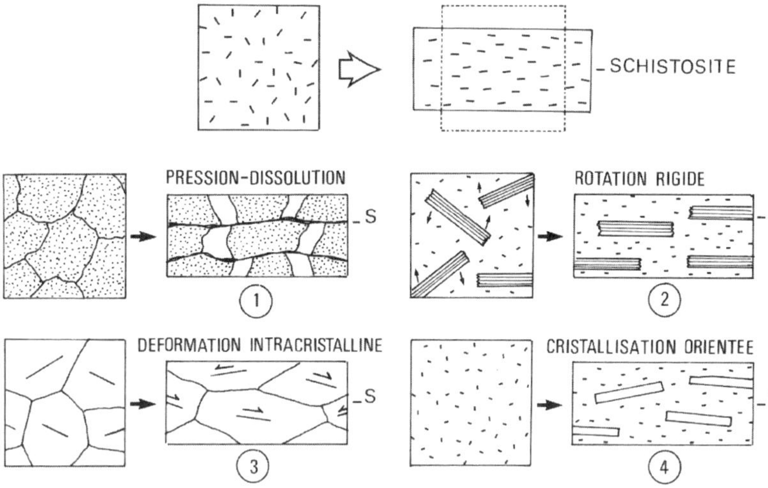

Figure 7.15 – **Principaux mécanismes intervenant dans la formation de la schistosité.**

Les décalages de niveaux repères (stratification ou schistosité antérieure) que l'on observe souvent dans les roches présentant un tel type de schistosité, ont pu laisser croire à l'existence d'un cisaillement le long du plan de schistosité (d'où le terme impropre de schistosité de fracture). En fait, ils proviennent de la disparition par dissolution d'un volume de matière au voisinage immédiat d'un plan de schistosité oblique sur les niveaux repères (S_x, 1, Fig. 7.16). La schistosité disjointe se développe dans toutes les roches formées de minéraux sensibles à la dissolution (calcite, quartz), notamment dans les roches carbonatées impures (calcaires argileux, mamo-calcaires, mames, calcschistes).

3.2. *La schistosité de crénulation* est une schistosité espacée qui se forme par une action simultanée d'un processus de pression-dissolution localisée sur des surfaces discrètes et d'une rotation rigide du matériau (2, Fig. 7.15) liée au plissement des microlithons. Les phyllites sont réorientées par rotation rigide dans les flancs des microplis lors de flexion du matériel, de telle sorte que leur plan de clivage (plan 001) devienne parallèle ou presque au plan axial des microplis (Fig. 7.13). En outre, dans les flancs des plis où la contrainte moyenne σ_m est la plus forte, se produit une dissolution importante et un transfert de matière vers les charnières

(2, Fig. 7.16). Ceci provoque une transposition du litage initial (S_0 ou S_1) en bandes, phylliteuses dans les flancs des plis et quartzeuses ou calcitiques dans les charnières. La fissilité de la roche est due précisément à l'orientation préférentielle des phyllites dans les flancs des microplis. La forme des microplis donnant cette schistosité de crénulation est fonction de la position que ceux-ci occupent dans les plis de plus grande dimension dans lesquels ils se forment : symétrique dans la charnière du pli majeur, asymétrique dans ses flancs, l'asymétrie s'inversant d'un flanc à l'autre.

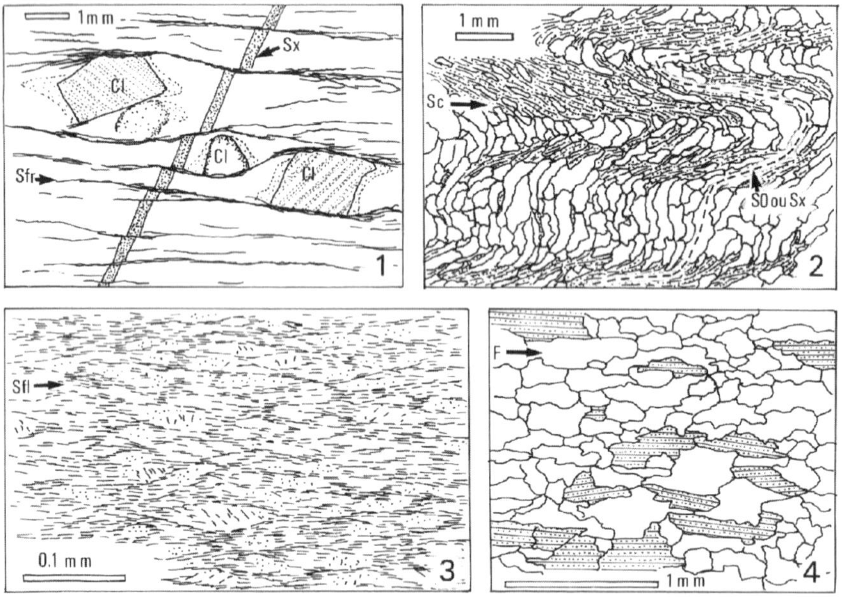

Figure 7.16 - Exemples de schistosités : 1) schistosité de fracture (Sfr), [calcaire fin à clastes de calcite (C1) et marqueur planaire (Sx) antérieur à la schistosité] ; 2) schistosité de crénulation (Sc) ; 3) schistosité de flux (Sfl) ; 4) foliation (F).

3.3. *La schistosité de flux* est une schistosité de type continu ; toutefois, en lame mince (3, Fig. 7.16), on peut distinguer des domaines lenticulaires, formés d'agrégats ou de minéraux isolés (le plus souvent quartz et feldspath), dans un fond formé de minéraux phylliteux disposés parallèlement, en films très serrés, anastomosés autour des clastes et agrégats.

Cette schistosité peut résulter d'une réorientation passive par rotation rigide (2, Fig. 7.15) de minéraux à habitus en plaquette (micas), associée à un processus de pression-dissolution. Il y a dissolution des minéraux sensibles (calcite, quartz), localisée sur les surfaces soumises à plus forte contrainte déviatorique et recristallisation le long des surfaces soumises à la contrainte déviatorique la plus faible (zones d'ombre de pression, 1, Fig. 7.19). Des cristallisations orientées de minéraux peuvent se produire dans certaines zones favorables (franges de pression – 2, Fig. 7.19).

Dans les roches riches en minéraux silicatés non phylliteux (quartz, feldspath), la schistosité de flux peut être acquise par un processus de glissement de dislocations (3, Fig. 7.15), accompagné d'une recristallisation dynamique des minéraux existants (voir § 7.2.3-3.1) ou d'une cristallisation orientée de néoblastes (4, Fig. 7.15 et 4, Fig. 7.16). La roche ainsi déformée possède une schistosité de flux qui s'exprime par une *orientation préférentielle de forme* des minéraux (allongement des grains parallèlement à une même direction) et par une *orientation préférentielle du réseau* cristallin dont l'étude se fait à partir de l'analyse statistique de l'orientation des axes optiques des minéraux déformés. Il est ainsi possible de caractériser le régime de la déformation (coaxiale ou non), le sens du cisaillement si la déformation est non-coaxiale et de définir l'orientation des axes cinématiques associés à cette déformation (pour en savoir plus, voir Bouchez, 1977).

En définitive, la schistosité de flux se forme dans un large éventail de conditions physiques ($\dot{\varepsilon}$, P, T) dans lesquelles apparaissent et se combinent les divers mécanismes de la déformation ductile (voir Fig. 7.7) et cela depuis les zones sans métamorphisme jusqu'aux domaines fortement transformés par métamorphisme.

7.3.4 Relations entre schistosités, linéations et axes de la déformation

Ces relations dépendent des mécanismes impliqués dans la formation des schistosités et des linéations.

4.1. *Les schistosités et les axes de la déformation.* L'observation des relations structurales entre les objets déformés (oolites, fossiles, ...) et le plan de schistosité montrent que, dans de nombreux cas, la schistosité correspond au plan XY de la déformation. Ceci est particulièrement vrai pour les *plans de schistosité disjointe et de crénulation* qui sont des plans de pression-dissolution (Fig. 7.17a) ; dans ce cas, la déformation est globalement coaxiale (Fig. 7.6c). Mais dans d'autres cas, on peut observer des traces de mouvements tangentiels le long des plans de schistosité, indiquant que ceux-ci ne correspondent pas, ou plus, au plan XY de la déformation. Diverses situations tectoniques peuvent expliquer ce phénomène ; le plus souvent elles impliquent une rotation du matériel au cours de la déformation et donc une rotation des plans de schistosité précocement formés (plans XiYi). Ces plans de schistosité peuvent alors se trouver en position oblique sur les directions des axes Xe et Ze de la déformation instantanée et devenir ainsi des plans de glissement (Fig. 7.17b).

C'est ce que l'on observe par exemple dans les plis synschisteux (voir Chap. 8) lorsque la flexion des niveaux les plus compétents provoque une rotation des plans de schistosités précocement formés ; des glissements peuvent alors se produire sur ceux-ci (Fig. 7.17c et d). De telles rotations peuvent aussi se produire au cours d'une déformation par cisaillement simple, non-coaxiale. La *schistosité acquise par recristallisation dynamique* et correspondant au plan XY de la déformation (Fig. 7.18 a) peut subir une rotation externe d'autant plus grande que la déformation cisaillante

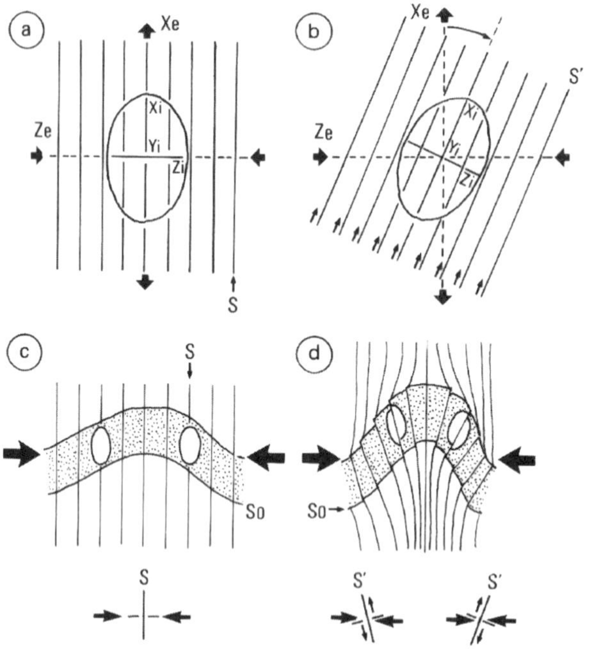

Figure 7.17 – Relation schistosité-déformation, cas d'une déformation globalement coaxiale avec plissement par flexion. (a) stade précoce ; (b) rotation du stade (a), (apparition de glissement sur S′) ; (c) et (d) illustration du modèle (a), (b) dans un plissement synschisteux (détails dans le texte).

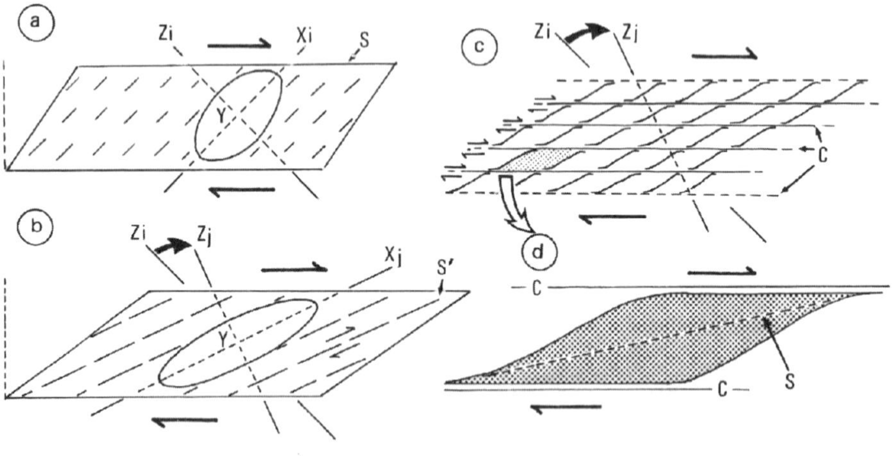

Figure 7.18 – Relations schistosité-déformation, cas d'une déformation globalement non-coaxiale. (a) initiation de la schistosité (S) ; (b) rotation et initiation de cisaillements sur la schistosité (S → S′) ; (c) naissance des plans de cisaillement C et formation de structures lenticulaires sigmoïdes (grisé et d).

est plus importante (Fig. 7.18b). Le plan de schistosité (S) peut alors devenir un plan de glissement «actif» (S′). Des plans de cisaillements «C» (Fig. 7.18c), parallèles au plan du cisaillement majeur, se forment souvent dans ces conditions. S'ils sont nombreux et serrés ils peuvent être confondus avec des plans de schistosité. Cette déformation conduit à l'acquisition d'une orientation préférentielle de forme dite «*fabrique de forme*». Les microlithons acquièrent une forme sigmoïdale analogue à celle des lenticulations en déformation ductile-cassante (Fig. 4.20), qui permet de déterminer le sens du cisaillement (Fig. 7.18d).

De façon générale, la *schistosité* représente, du moins à son initiation, le plan XY de la déformation, ensuite et selon le type de déformation, le plan de schistosité s'écarte, par rotation, de la position de plan XY et de ce fait peut être activé en plan de glissement.

4.2. *Les linéations et les axes de la déformation.* Les linéations résultent de mécanismes variés et ont, de ce fait, des significations très différentes vis-à-vis des axes de la déformation.

- La *linéation d'intersection* (L_i) et la *linéation de crénulation* (L_B) contenues dans le plan de schistosité S sont souvent, mais pas nécessairement, parallèles à l'axe Y de la déformation. Ceci n'est vrai qu'à condition que la surface déformée (S_0) soit, à l'origine, parallèle au plan YZ de la déformation (1 et 2, Fig. 7.14), c'est-à-dire à condition qu'au début du plissement, la surface déformée (S_0) contienne la direction de raccourcissement Z. C'est pourquoi ce type de linéation ne peut être considéré, seul, comme un indicateur fiable d'axe de déformation ; il doit toujours être associé à un autre marqueur.
- La *linéation minérale* (L_m) est disposée selon l'axe X de la déformation, qu'il s'agisse d'une orientation préférentielle de minéraux prismatique ou de minéraux ayant cristallisés dans les zones d'ombre de pression (3, Fig. 7.14).
- La *linéation d'allongement ou d'étirement d'objet* (L_a) définit comme la linéation précédente l'axe X (4, Fig. 7.14). Toutefois les fragments d'objets résultant d'un boudinage sont disposés parallèlement à l'axe Y.
- La *linéation de boudinage* (L_b) indique sans ambiguïté la direction de l'axe Y (5, Fig. 7.14) lorsqu'il n'existe qu'une direction de boudins. Mais le boudinage peut parfois se faire sur deux directions de fractures conjuguées donnant un débit en «plaquettes de chocolat» qui ne définit donc pas une linéation.

7.4 Exemples de déformation ductile hétérogène

Dans ce paragraphe nous nous intéressons surtout à la déformation hétérogène associée aux zones de cisaillement, celle associée au plissement étant traitée au Chap. 8. Les diverses structures de déformation hétérogène qui s'y forment, observées dans le plan XZ de la déformation, peuvent servir à préciser le sens du cisaillement principal et ont de ce fait un grand intérêt en analyse structurale. La nature et la géométrie de ces structures dépendent de l'hétérogénéité du matériel et de l'hétérogénéité du champs de déformation. L'hétérogénéité du matériel est liée surtout au contraste mécanique entre les objets inclus et la matrice (clastes et matrice des roches sédimentaires, minéraux ou agrégats de minéraux des roches métamorphiques et magmatiques). Mais les conditions physiques du milieu ($\dot{\varepsilon}$, T, P) contrôlent également la forme de ces structures.

7.4.1 Les structures et microstructures de déformation hétérogène

Nous ne décrirons ici que quelques fabriques de forme typiques de la déformation hétérogène.

- Les *ombres de pression* (1, Fig. 7.19) sont des zones triangulaires, situées de part et d'autre d'un objet résistant où la déformation de la matrice est perturbée ; l'orientation des minéraux recristallisés y est différente de celle qui définit le plan de schistosité de la matrice.
- Les *franges de pression* (2, Fig. 7.19) résultent de cristallisations fibreuses (quartz, calcite) ou lamellaires (phyllites) dans des zones qui s'ouvrent à l'interface objet-matrice ; les premières cristallisent perpendiculairement, les secondes parallèlement à cet interface. La forme de ces fibres peut témoigner de l'histoire de la déformation de la roche.
- Les *« queues » des porphyroclastes* (tails), (3, Fig. 7.19) sont beaucoup plus allongées que les ombres de pression. Elles sont d'origine variée, souvent mal définie, et se forment dans des zones protégées au sein des plans de schistosité, de foliation ou même de stratification. Entraînées et déformées au voisinage d'objets inclus dans la matrice, elles peuvent être de bons indicateurs du sens de cisaillement (2 et 3, Fig. 7.21).
- Les *inclusions dans les porphyroblastes* (grenats, chloritoïdes, albites...) (4, Fig. 7.19) correspondent à des minéraux ou agrégats de minéraux soulignant la trace d'anciens plans de stratification, de schistosité ou de foliation, inclus dans ces porphyroblastes lors de leur croissance. Si le porphyroblaste subit une rotation pendant sa croissance, les inclusions prennent une forme sigmoïdale ou spirale qui indique le sens du cisaillement ; les grenats dits hélicitiques en sont les exemples les plus remarquables.
- Des *débris de minéraux* (5, Fig. 7.19), peuvent être aussi arrachés à des porphyroclastes. Ils sont ensuite entraînés et piégés à leur voisinage lors de l'écoulement de la matrice.

Ces structures sont disposées symétriquement (1, Fig. 7.20) ou non (2, Fig. 7.20) par rapport au plan général de schistosité (S). Souvent, une disposition symétrique indique une déformation coaxiale et une disposition asymétrique, une déformation non coaxiale.

7.4.2 Structures et indicateurs du sens de cisaillement

Les deux principaux types de structures, liés à la présence d'un objet et servant d'indicateurs tectoniques, sont les structures dites de type σ (1, Fig. 7.21) et de

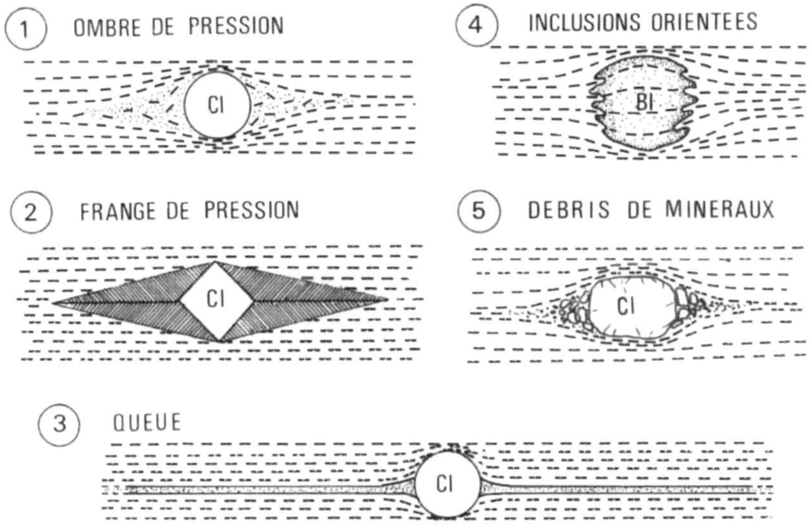

Figure 7.19 – **Principales microstructures de la déformation hétérogène (C1 : clastes et B1 : blastes).**

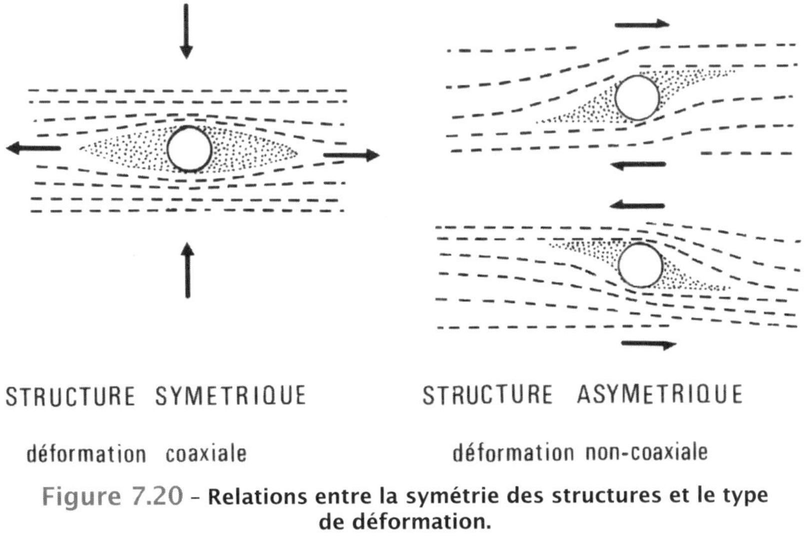

Figure 7.20 – **Relations entre la symétrie des structures et le type de déformation.**

type δ (2, Fig. 7.21) ; la forme des lettres grecques σ et δ schématisent la forme de ces deux types de structures. Un type mixte σ – δ (3, Fig. 7.21), moins courant, est également connu.

Il est probable que la forme de ces structures est surtout contrôlée par, d'une part, le degré de couplage entre l'objet et sa matrice et, d'autre part, par le gradient de déformation cisaillante à travers les plans de cisaillement de la matrice. On peut ainsi distinguer des indicateurs structuraux essentiellement liés à la rotation d'objets (*fabriques de type δ*; a_1, Fig. 7.22) et des indicateurs essentiellement liés aux surfaces de cisaillement (*fabriques de type S-C*, b_3, Fig. 7.22). Le tableau de la Fig. 7.22 regroupe de façon schématique, en fonction de ces deux paramètres, quelques figures typiques de ces indicateurs parmi un grand nombre de structures décrites.

a) Le gradient de déformation cisaillante à travers les plans de cisaillement est nul ou faible, le cisaillement simple de la matrice est donc homogène.

- a_1 : l'objet est fortement couplé à la matrice ; il influence le champ d'écoulement local de la matrice en tirant celle-ci vers la limite objet-matrice. Des microplis asymétriques (structures δ) se développent dans la matrice au voisinage de l'objet si celle-ci est litée. Ces *structures roulantes* (rolling structures) indiquent clairement le sens du cisaillement.
- a_2 : l'objet est modérément couplé à la matrice ; l'influence de l'objet sur l'écoulement local de la matrice est diminuée. Si la matrice est litée, il se forme encore des microplis δ mais de plus faible amplitude qu'en a_1. Des figures asymétriques, *ombres de pression* et *porphyroclastes de type* δ, se forment et sont de bons indicateurs du sens de cisaillement.
- a_3 : l'objet est très faiblement couplé à la matrice ; les structures liées à la rotation de l'objet sont absentes. Il se forme des figures asymétriques de type mixte σ – δ résultant de la superposition de microplis (2, Fig. 7.21) autour des porphyroclastes et d'ombres de pression asymétriques (1, Fig. 7.21).

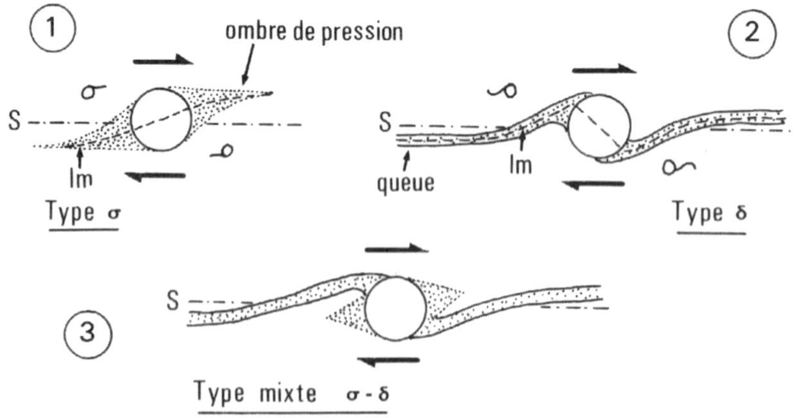

Figure 7.21 – **Principaux indicateurs du sens de cisaillement (d'après Passchier et Simpson, 1986, *J. Struct. Geol.*, 8 (8), 831-843).**

b) Le gradient de déformation cisaillante à travers les plans de cisaillement est fort, le cisaillement simple de la matrice est hétérogène.

- b_3 : L'objet est très faiblement couplé à la matrice ; il n'a alors aucune influence sur l'hétérogénéité de la déformation (objet passif). Le glissement est concentré sur les plans de cisaillement C qui sont obliques sur les plans d'aplatissement S. Il se développe alors une fabrique de type S-C avec des lenticulations sigmoïdales

(D, Fig. 7.18) dites en poisson qui sont de bons indicateurs du sens du cisaillement.

– b_2 : Le matériel situé entre les plans de cisaillement n'est pas passif ; il subit une rotation (par rapport à un référentiel externe) enregistrée soit autour des clastes, soit par les lentilles sigmoïdales de la matrice. Il se produit alors des cisaillements secondaires C′ (b_2, Fig. 7.22) et aussi P, analogues aux joints de cisaillements R et P en déformation ductile-cassante (Fig. 4.12).

– b_1 : l'objet est fortement couplé à la matrice. Sa rotation dépend beaucoup de sa forme et de son orientation initiale par rapport aux plans de glissement rapide dans la matrice. S'il est rigide, il peut se cisailler ; dans ce cas, le sens de glissement des fragments, comparable au basculement à droite ou à gauche d'une pile de livres, n'est pas un critère fiable du sens du cisaillement général.

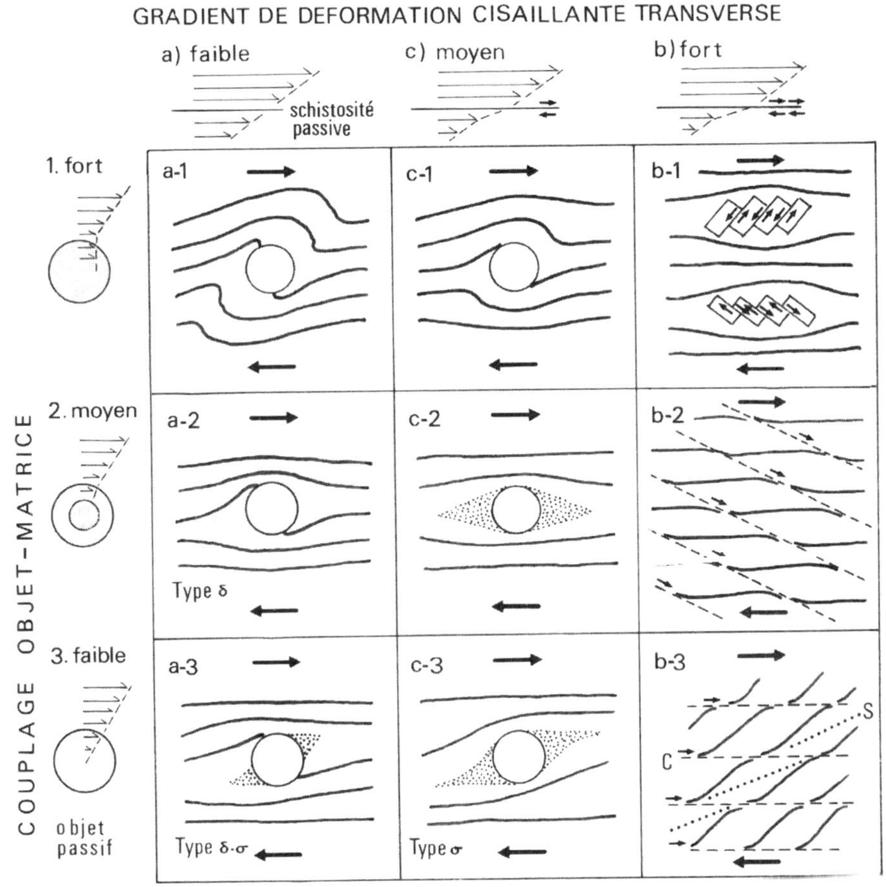

Figure 7.22 – **Forme et orientation des indicateurs cinématiques dans les zones à déformation cisaillante (rotationnelle) (d'après Bjornerud, 1989, *J. Struct. Geol.*, 11 (8), 1045-1049, modifié).**

c) Le gradient de déformation cisaillante à travers les plans de cisaillement est modéré

– c_1 : l'objet est fortement couplé à la matrice. Il se forme des figures faiblement asymétriques (ombres de pression, microplis d'entraînement), au voisinage immédiat des objets. Ceux-ci ne perturbent pas profondément le champ de l'écoulement de la matrice et ces structures s'amortissent rapidement quand on s'éloigne de l'objet.

– c_2 : le couplage objet-matrice est modéré, les effets de rotation de l'objet sont contre-balancés par le glissement relativement rapide sur les plans de cisaillement. Il se forme des structures symétriques qui ne donnent pas de sens clair de cisaillement et qui ne sont pas significatives du mode de déformation général rotationnel.

– c_3 : l'objet est très faiblement couplé à la matrice ; le champ d'écoulement de la matrice est seulement perturbé autour de l'objet. Il forme des ombres de pression (de type σ) qui sont de bons indicateurs du sens de cisaillement.

L'utilisation des structures de déformation hétérogène pour définir le sens du cisaillement général dans une zone de cisaillement n'est donc pas évidente ; elle nécessite un grand soin dans l'analyse. Des fabriques de forme symétriques (Fig. 7.19) peuvent aussi se former en déformation coaxiale et permettent de caractériser ce régime tectonique.

7.4.3 Les mylonites

Les mylonites sont des roches transformées par déformation hétérogène localisée le long de zones de cisaillement (*shear zones*). Contrairement aux roches cataclastiques (*cf.* § 5.7) où la déformation est essentiellement cassante, dans les mylonites la déformation est majoritairement ductile. Les mylonites ont surtout été décrites dans des roches isotropes à gros grains à quartz, telles que les granites ou les granodiorites, mais on en connaît dans des roches basiques (gabbros) ou ultrabasiques (péridotites).

Les mylonites sont l'expression de zones de cisaillement ductile (failles ductiles) à fort gradient de déformation qui se traduit par une variation rapide de l'intensité de la déformation orthogonalement à la zone (Fig. 7.23). La déformation est fortement rotationnelle.

3.1. *Aspect structural des mylonites.* Les mylonites sont des roches **foliées** (c'est-à-dire à texture feuilletée) et **linées** (marquées par une linéation). Ce sont des tectonites S-L.

Plusieurs **surfaces planes** structurent le matériau déformé. On distingue :

- la **foliation (S)** disposée obliquement (environ à 45°) au plan de cisaillement général : elle représente une surface d'aplatissement (plan XY, *cf.* § 7.3.1.) (Fig. 7.18a, Fig 7.22, Fig 7.23) ;
- les **surfaces C**, surface de cisaillement synthétique parallèle au plan de cisaillement général (Fig 7.18c, Fig. 7.22 ; Fig 7.23c) ;

- les **surfaces C'**, surface de cisaillement synthétique oblique (15-35°) au plan de cisaillement général, à pente dans le sens du mouvement (Fig 7.22 ; Fig 7.23c).

Ces surfaces sont génétiquement associées et donnent naissance à des tectonites de type S/C, S/C'. Au cours de la déformation elles interagissent de sorte que les surfaces C et C' (C- type et C'- type *shear bands*) déforment la foliation. Ces formes d'interactions servent de critères cinématiques lors de l'étude des mylonites.

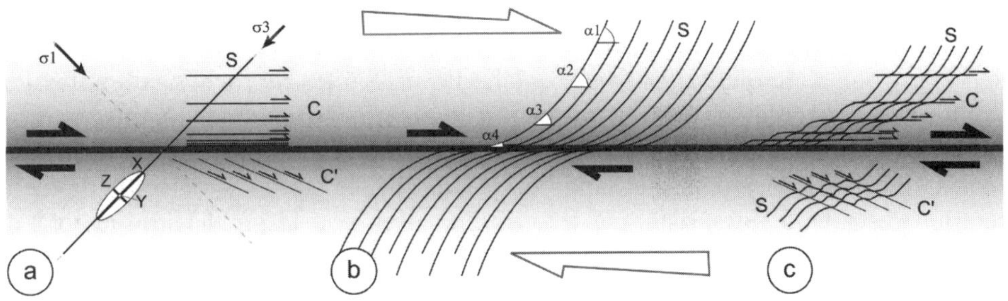

Figure 7.23 – **Disposition des structures tectoniques dans une zone mylonitique (cas d'une zone dextre). a : position de la foliation S, des surfaces de cisaillement C et C' ; b : déflexion de la foliation dans la zone mylonitique ; c : interaction des surfaces C et C' avec la foliation S.**

Plusieurs **linéations** marquent les mylonites :

- Sur la surface S, s'exprime une **linéation d'allongement** minérale (l all.) soulignant l'axe X de la déformation ; la nature de cette linéation varie selon les conditions (cassante ou ductile) de la déformation (voir § 7.3.2 et Fig 7.24a).
- Sur la surface C, se forme une
- **linéation lc**, parallèle à la direction du cisaillement général. Sa nature est également variée pour les mêmes raisons que pour la linéation l all. (Fig 7.23).
- Sur la surface C' peut se former, dans les mêmes conditions, une **linéation lc'**, mais son occurrence est occasionnelle.

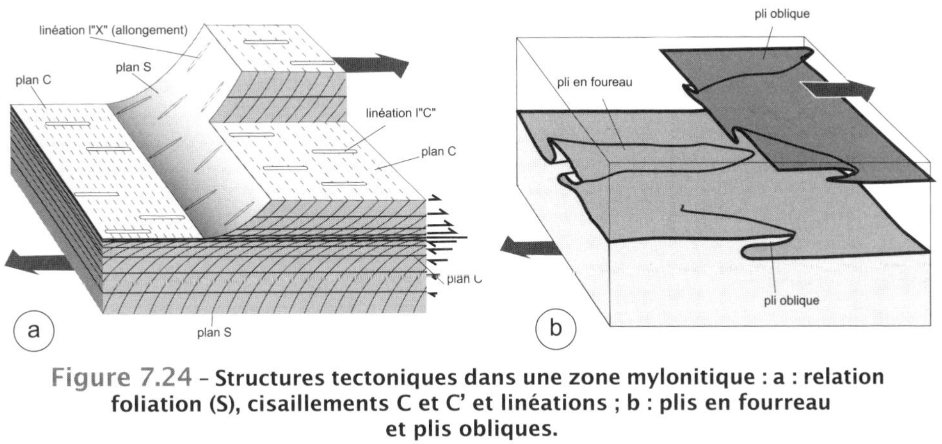

Figure 7.24 – **Structures tectoniques dans une zone mylonitique : a : relation foliation (S), cisaillements C et C' et linéations ; b : plis en fourreau et plis obliques.**

- Des **plis** se forment également dans les mylonites. Généralement anisopaques, ils ne sont pas cylindriques mais en forme de fourreau (*sheat fold*) avec l'axe du fourreau parallèle à la direction de cisaillement général (Fig 7.24 b), ou bien obliques et leur axe tend à être parallèle au cisaillement. Leur asymétrie flanc long/flanc court très marquée sert à définir la cinématique de la déformation cisaillante qui accompagne la formation de la zone mylonitique.

3.2. *Aspect microstructural des mylonites.* Les mylonites se forment au détriment de roches qui sont mono ou polyminérales. Dans le premier cas la déformation est relativement simple car les minéraux se déforment de manière identique ; c'est les cas de mylonites de quartzites. En revanche les mylonites de roches polyminérales montrent des singularités microstructurales dues à la diversité de réponse rhéologique des différents minéraux. Par exemple dans une granodiorite, roche formée de quartz, feldspaths (orthoclase et plagioclase), biotite, le quartz se déforme de façon ductile (glissement intracristallin) (*cf.* § 7.2.), alors que les feldspaths le font de manière cassante (fracturation, granulation…) et les micas, par flexuration ou granulation (voir cahier couleur, planche 8). Il en résulte une riche diversité de structures et de microstructures et, par voie de conséquence, une nomenclature complexe (voir tableau 5.1).

3.3. *Mécanismes de formation des mylonites.* Sans entrer dans le détail (nous renvoyons le lecteur aux références bibliographiques), nous retiendrons que la déformation dans les mylonites procède :

- par amplification de la déformation ductile : depuis des grains de quartz à texture onduleuse jusqu'au quartz en ruban ;
- par réduction de la taille des minéraux cassants et « arrondissement » de leur forme initiale (formation de porphyroclastes).

La déformation dans les mylonites se faisant dans un régime cisaillant général, la déformation est nécessairement rotationnelle hétérogène. Les interactions mécaniques entre les grains initiaux ductiles qui donnent naissance à la matrice mylonitique et les grains cassants, à l'origine des porphyroclastes, s'expriment par des déformations localisées autour des clastes (mantled porphyroclasts) (voir § 7.4.2) ; celles-ci sont utilisées pour caractériser l'histoire structurale de ces roches, notamment pour déterminer le sens du cisaillement contemporain de leur formation.

La planche 8, illustre divers aspects microstructuraux de la déformation ductile le long de la Faille décrochante finihercynienne de La Marche, sur le bord septentrional du Massif central français.

8 La tectonique ductile à l'échelle régionale : les décrochements ductiles

Les systèmes plissés et les zones de cisaillement ductiles

Nous prendrons pour exemple, le système de failles décrochantes d'âge paléozoïque supérieur auquel appartient la faille des Cévennes (voir Chap. 6, § 6.2.1).

8.1 Les décrochements tardi-hercyniens d'Europe

8.1.1 Le système de failles

Après la formation de la chaîne hercynienne (360-300 Ma), un important système de failles décrochantes, dit tardi-hercynien, se forme en Europe du Carbonifère supérieur au Permien inférieur (290-250 Ma). Les failles majeures dextres de direction E-W à ESE (Fig. 8.21a), comme par exemple les failles ibériques, la faille nord-pyrénéenne, les failles sud-armoricaines, atteignent 400 à 600 km de long et le déplacement sur ces failles est supérieur à 20-30 km ; on l'estime à 150 km pour la faille nord-pyrénéenne. Les failles majeures senestres comme par exemple la faille du Sillon Houiller du Massif Central français, la faille de Villefort (Fig. 6.1a), les failles du graben du Rhin (Chap. 6, § 1-2), la Great Glen Fault en Écosse ont une orientation voisine de N-S à NNE-SSW (Fig. 8.21a). La faille du Sillon Houiller a une longueur probable de 600 km avec un décrochement senestre de 70-100 km. Ces failles jouent un rôle considérable dans l'histoire de la plate-forme européenne, car beaucoup d'entre elles ont été réactivées au cours du Mésozoïque et du Cénozoïque (voir Chap. 6, § 6.1.2 et § 6.2.1).

8.1.2 La déformation décrochante ductile

Elle s'observe dans des conditions favorables sur les failles sud-armoricaines (Fig. 8.22a). La faille la plus méridionale recoupe des massifs granitiques qui sont décalés de 20 à 30 km de façon dextre. Dans la zone déformée, de 1,5 à 2 km de large, la déformation croît en intensité vers une zone centrale (Fig. 8.22b). La roche non

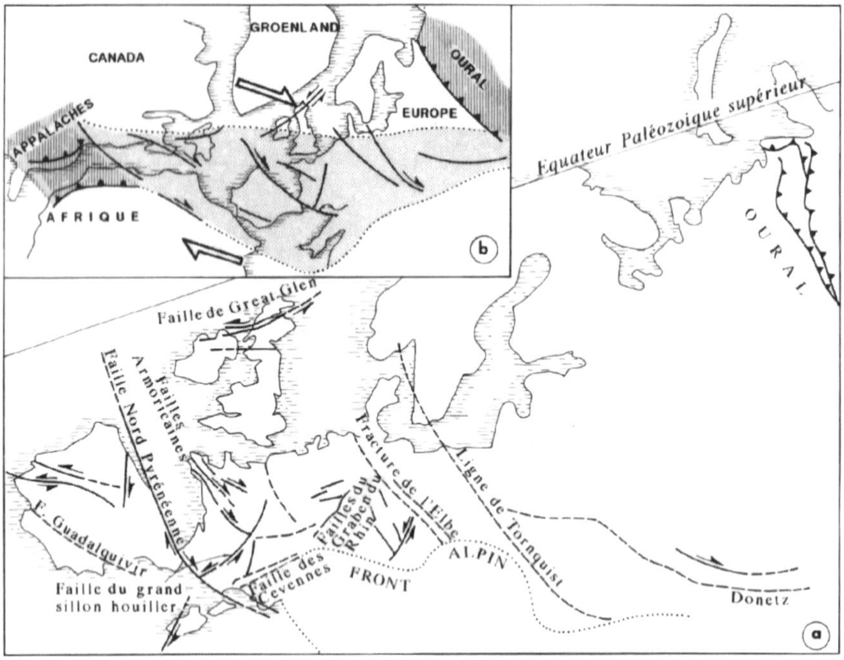

Figure 8.1 – Les grands décrochements tardi-hercyniens d'Europe occidentale (a) et leur interprétation géodynamique (b) (voir texte), d'après Arthaud et Matte, 1977, *Geol. Soc. Amer. Bull.*, 88, 1305-1320.

déformée est un granite à biotite et muscovite (320 Ma), de texture équante. Les roches les moins déformées (*protomylonites*) montrent des plans subverticaux, parallèles à la trace du cisaillement majeur, portant des linéations d'étirement et des stries ; ce sont donc des plans de cisaillement (C). Une deuxième famille de plans verticaux correspond à une orientation minérale qui définit un plan de schistosité (S), (voir Fig. 7.18). Les plans (S) et (C) forment un dièdre voisin de 45°. L'intensification de la déformation se manifeste par une augmentation de la densité des surfaces C (c, Fig. 7.18), par une rotation des surfaces S, leur activation en plans de cisaillement (b, Fig. 7.18) et par une diminution de la valeur de l'angle (S, C). Dans les roches les plus déformées (*ultramylonites*), situées dans la zone de cisaillement majeur, les plans S et C sont confondus. La taille des grains diminue (10 μ) et il y a recristallisation dynamique des grains dans des conditions de P-T estimées par la stabilité de la biotite et de l'assemblage albite-microcline à T ≈ 400-500 °C et P > 500 MPa. L'existence de structures cassantes (stries) et ductiles (linéations d'étirement) sur les plans (C) doit correspondre à des vitesses de déplacement sur ces plans respectivement rapides et lentes (voir Fig. 3.9) dans un processus de glissement instable.

À l'échelle de l'affleurement, certains massifs granitiques ont acquis une forme de cornue caractéristique d'une déformation cisaillante. Sur ce décrochement majeur, une déformation par cisaillement simple dextre se manifeste donc clairement de l'échelle de l'échantillon à celle du massif.

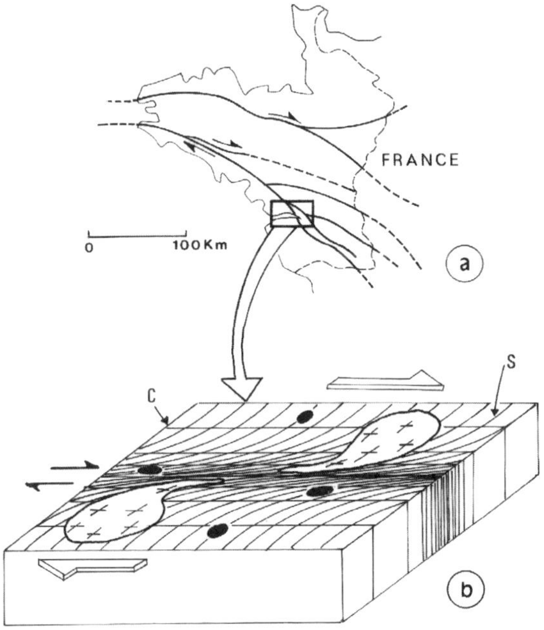

Figure 8.2 – **a) Les décrochements ductiles dextres sud-armoricains (France), b) les déformations liées au décrochement ductile (voir texte), d'après Berthe *et al.*, 1979, *J. Struct. Geol.*, 1 (1), 31-42.**

8.1.3 La signification géodynamique des décrochements tardi-hercyniens d'Europe

Replacés sur une carte de la position des continents à la fin du Paléozoïque (Fig. 8.21b), ces décrochements apparaissent situés dans une zone de cisaillement dextre séparant, au sud, une plaque africaine et, au nord, une plaque formée par l'Europe du Nord, le Groënland et le Canada. Cette zone de décrochements aurait ainsi valeur de zone transformante intracontinentale assurant le transfert du raccourcissement qui se produisait, à cette époque, d'une part dans les Appalaches et d'autre part dans l'Oural. Mais une hypothèse alternative a été proposée, au moins pour certains décrochements, ils pourraient être liés à l'extension gravitaire qui a suivi l'épaississement crustal et la surrection de la chaîne hercynienne (voir § 9.2.1-1.3).

8.2 Autres exemples de décrochements ductiles

Dans les parties profondément érodées des chaînes récentes, on peut aussi observer des décrochements ductiles ; c'est le cas par exemple des Alpes et de l'Himalaya.

Nous avons vu (§ 9.3.2-2.2) que les Alpes orientales et centrales sont limitées, au sud, par la ligne insubrienne qui est un décrochement majeur de direction N 110° E (Fig. 8.6a). Elle correspond à une large zone de déformation ductile mylonitique, d'âge Oligocène supérieur – Miocène inférieur, résultant d'un rétrochevauchement suivi d'un décrochement. Le décrochement ductile est suivi d'un décrochement cassant. Ces déformations décrochantes sont marquées par des mylonites de basse température, des cataclasites et des gouges indiquant un décrochement dextre. À l'échelle régionale, la forme en cornue du massif granitique de Bergell d'âge oligocène (30 Ma) indique un déplacement horizontal dextre d'au moins 50 kilomètres (Fig. 8.3a). La faille judicarienne (Fig. 8.6a), de direction N 30° E, qui lui est associée, a eu un mouvement senestre. Ces deux failles ont joué un rôle important dans la partition des déplacements liés à la collision adriatique – européenne, déplacement vers l'ouest dans les Alpes occidentales, vers le nord dans les Alpes centrales (Fig. 8.3).

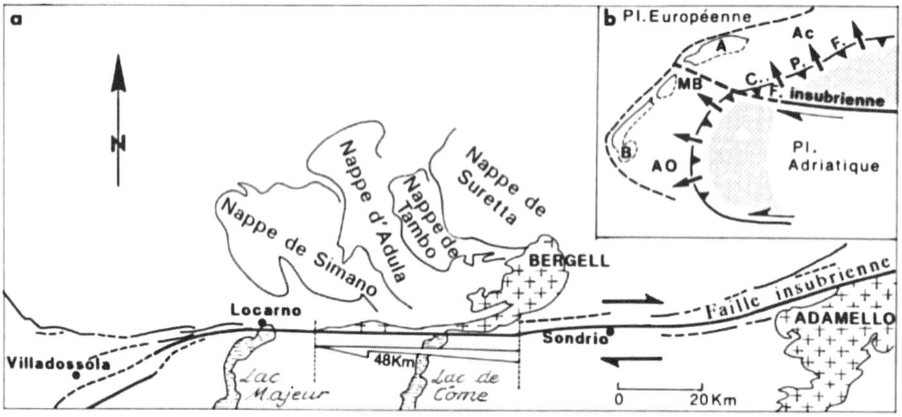

Figure 8.3 – **Le décrochement dextre de la ligne insubrienne (a) et son rôle dans la partition du déplacement entre les plaques adriatique et européenne (b), d'après Lacassin R., *Geol. Soc. Spec. Publ.*, London, 1045, 339-352).**

À l'ouest de l'Himalaya, la faille de Chaman est une faille décrochante senestre intracontinentale liée au déplacement de l'Inde vers le nord et à sa collision avec l'Eurasie (Andrieux et Brunel, 1977). Le décalage des bassins tertiaires, de part et d'autre de cette faille, indique un déplacement minimum de 300 km. Le long de la faille, les déformations sont ductiles dans les formations crétacées et tertiaires et cassantes dans les formations quaternaires. Cette faille coulissante sismiquement active réactive une ancienne zone de failles transformantes qui séparait l'Inde de l'Eurasie au cours du Mésozoïque – Paléogène.

Les décrochements ductiles correspondent donc aux zones profondes de failles coulissantes intracontinentales, éventuellement de failles transformantes, exhumées par l'érosion. Que ces failles puissent recouper toute la croûte continentale est montré par le fait que leur trajet est parfois jalonné de roches de la croûte continentale profonde (faciès granulite) et, éventuellement, du manteau (lherzolites) comme c'est le cas le long de la faille nord-pyrénéenne.

LA DÉFORMATION CASSANTE/DUCTILE ET LE PLISSEMENT

9

Dans les conditions naturelles, les couches sédimentaires se déforment souvent en se plissant. Ce mode de déformation ductile hétérogène, qui peut aussi affecter des roches non stratifiées (mais contenant des repères planaires), a donné lieu à de très nombreuses études. Dans ce chapitre, nous ne nous en tiendrons qu'aux notions de base sur le plissement.

9.1 LA GÉOMÉTRIE DES PLIS

9.1.1 Définitions et nomenclature des éléments descriptifs des plis

Un pli s'exprime par une surface de référence (stratification, schistosité, plan stylolithique, miroir de faille…) déformée de manière continue et hétérogène. Dans les cas les plus simples les plis sont formés d'une succession de courbures vers le haut, appelées *antiformes* et vers le bas, appelées *synformes* (Fig. 9.1a). Lorsque la polarité des roches plissées est restée dans sa position d'origine, par exemple est stratigraphiquement normale, on parle d'*anticlinaux* et de *synclinaux* à la place d'antiformes et de synformes. L'*axe* du pli est le lieu de courbure maximum de la surface déformée et la *charnière* sa section orthogonale. Les *flancs* du pli compris entre les axes, contiennent les *lignes d'inflexions* (i_1, i_2) de la surface plissée. La *ligne de crête* et la *ligne de creux* représentent respectivement les lieux topographiquement les plus élevés et les plus bas de la surface déformée ; axes et lignes de crête ou de creux peuvent être distincts ou confondus. L'axe d'un pli peut être rectiligne ou courbe ; dans ce dernier cas, la surface plissée est accidentée de *dômes* et de *bassins*. On appelle *surface axiale* la surface qui contient les axes des surfaces plissées empilées ; elle est souvent plane, on l'appelle alors le *plan axial* du pli (Fig. 9.1b). Les *surfaces d'inflexions* sont celles qui contiennent les lignes d'inflexions.

La forme des surfaces plissées simples peut être caractérisée par la demi-longueur d'onde W/2 et l'amplitude A de chaque courbure, mesurées à partir de la ligne joignant les points d'inflexion (Fig. 9.2a). La surface plissée peut présenter des ondulations

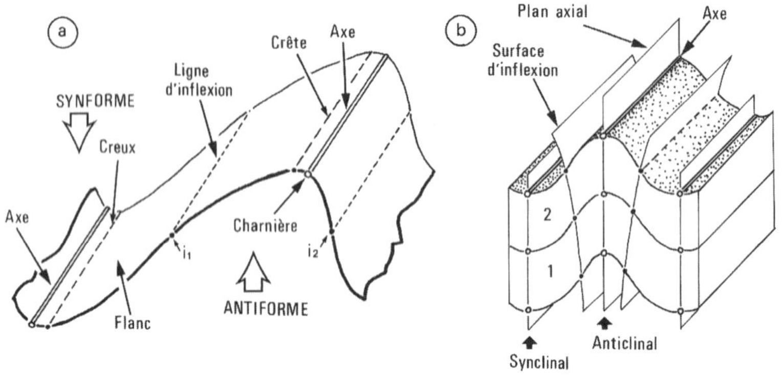

Figure 9.1 – **Principaux termes utilisés pour la description des plis.**

d'ordres différents (*plis polyharmoniques*) ; les plis de petite longueur d'onde sont dits *plis parasites* (Fig. 9.2b). L'angle d'un pli (i_1, i_2) ou *angle d'ouverture* est défini par l'angle des tangentes à la surface plissée aux points d'inflexion (i_1 et i_2) (Fig. 9.3a). Selon la valeur de cet angle on parle de pli modéré (gentle), ouvert (open), fermé (close), serré (tight) et isoclinal (Fig. 9.3b). Des méthodes précises permettent de décrire et de classer les plis (voir *Ramsay 1967*, *Hudleston 1973*, *Twiss 1988*).

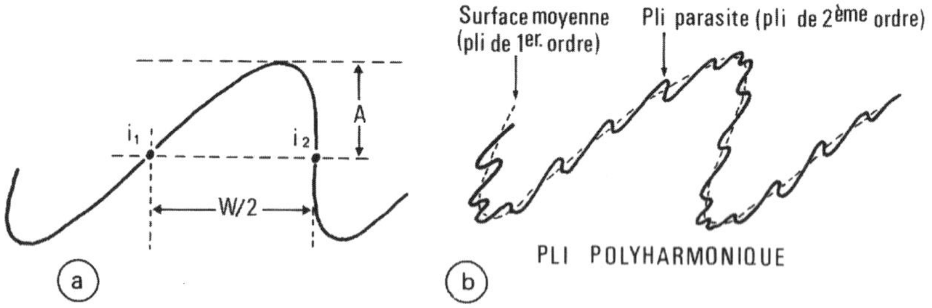

Figure 9.2 – **a) Amplitude (A) et demi-longueur d'onde (W/2) d'un pli ; b) surface moyenne et plis parasites d'un pli polyharmonique.**

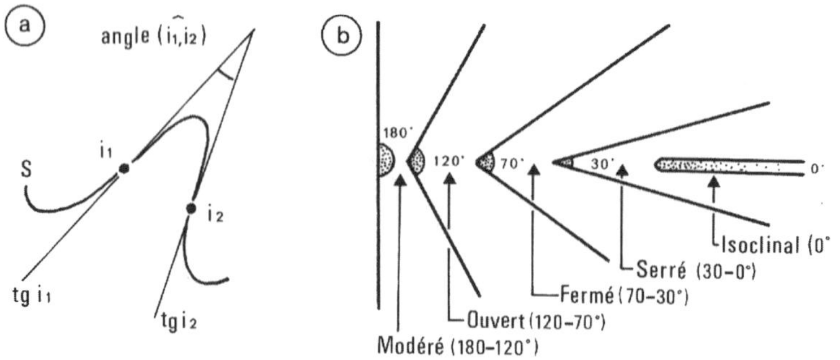

Figure 9.3 – **a) Angle d'un pli (angle des tangentes aux points d'inflexion) ; b) termes utilisés pour décrire les plis définis par leur angle.**

L'*orientation des plis* est définie par l'orientation de l'axe du pli (azimut et plongement) et du plan axial (direction et pendage) (Fig. 9.4). Fleuty (1964) a proposé un mode de classification des plis qui tient compte des valeurs du pendage du plan axial (PA) et du plongement de l'axe (Fig. 9.4). Reportés sur un diagramme, ces deux paramètres permettent de décrire le degré d'homogénéité ou bien d'évolution des plis dans une chaîne plissée ou un segment de chaîne.

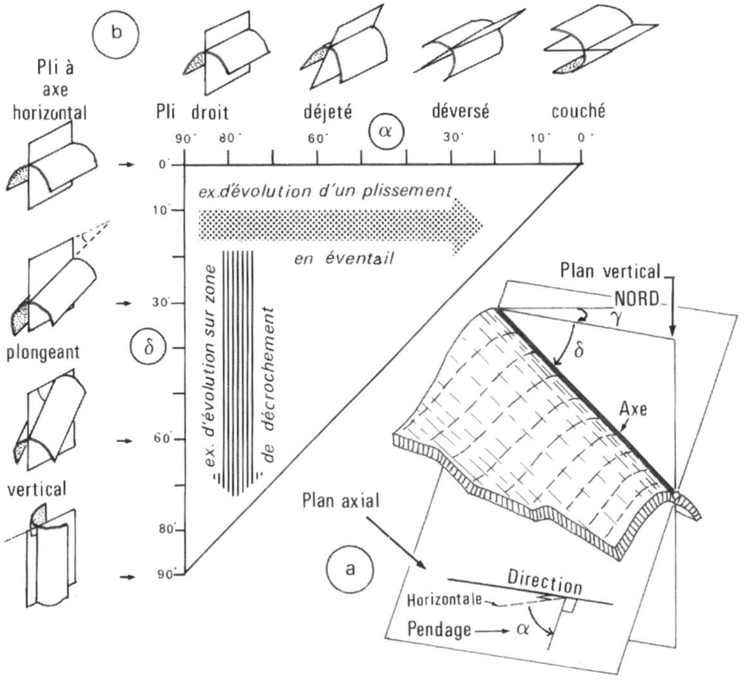

Figure 9.4 – Diagramme de Fleuty (*1964, Proc. Geol. Ass. Lond.*, 75, 461-492) représentant les plis en fonction du plongement (δ) de l'axe et du pendage (α) du plan axial.

9.1.2 La symétrie des plis

Une surface plissée peut posséder zéro, un ou deux plans (M et M′) de symétrie (Fig. 9.5 a) qui sont disposés parallèlement et/ou perpendiculairement à l'axe du pli. De cette disposition on déduit le système d'axes géométriques A, B et C du pli, tel que l'axe C soit la normale au plan axial, B l'axe du pli et A, perpendiculaire aux deux autres axes, correspond à l'intersection des plans M et M′. Un pli qui possède 2 plans de symétrie (M et M′), a une *symétrie orthorhombique* ; un pli qui n'a qu'un plan de symétrie (M ou M′), a une *symétrie monoclinique*, et un pli qui n'en possède aucun, a une symétrie triclinique.

La surface plissée peut être aussi décrite par l'orientation de ses génératrices (Fig. 9.5 b) : lorsque celles-ci sont parallèles entre elles le pli est dit *cylindrique* ; si elles convergent en un point (le vortex) le pli est dit *conique* et autrement il est défini comme *quelconque*.

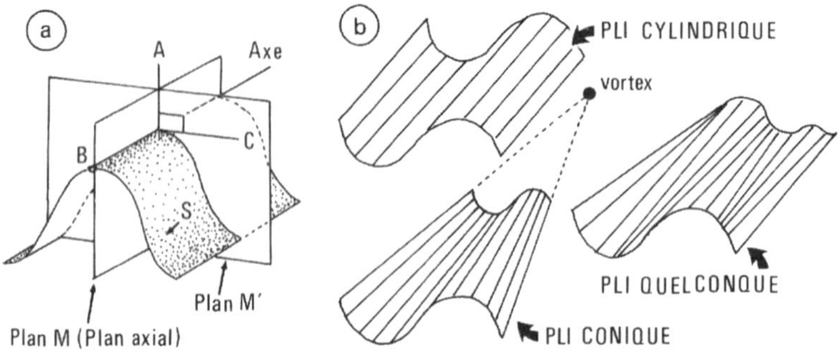

Figure 9.5 – **a) Plans de symétrie (M et M′) et axes géométriques (A, B, C) d'un pli ; b) surface plissée définie par ses génératrices (pli cylindrique, conique et quelconque).**

9.1.3 Classification morphologique des plis

L'aspect des plis en section perpendiculaire à leur axe permet de distinguer les *plis isopaques* dont l'épaisseur (e) des couches déformées, mesurée perpendiculairement à leurs limites est constante et des *plis anisopaques*, dont l'épaisseur est variable le long des flancs du pli. Pour décrire et classer les diverses formes de plis on utilise souvent la classification de *Ramsay (1967)* basée sur l'orientation des isogones sur une section orthogonale à l'axe du pli.

Les *isogones* sont des lignes d'isopendage des surfaces plissées. Par construction l'isogone i_α est la ligne qui joint les points a et b de contact des tangentes $tg_{\alpha a}$ et $tg_{\alpha b}$ de pendage α, de deux surfaces successives plissées (Fig. 9.6a). Elles sont construites pour diverses valeurs de α, le long de la section du pli et elles décrivent la morphologie du pli par leur caractère convergent (vers l'intérieur du pli), parallèle ou divergent (Fig. 9.6c). Cette classification rend compte en fait, de l'évolution de l'épaisseur des flancs du pli par rapport à l'épaisseur de la charnière quand on s'éloigne de celle-ci. Elle se traduit numériquement par le rapport $t'_\alpha = t_\alpha / t_0$, t_α étant la distance séparant deux tangentes successives de pendage α et t_0 l'épaisseur de la couche au niveau du plan axial du pli (Fig. 9.6a). Ces valeurs du rapport t'_α reportées sur le diagramme $t'_\alpha = f(\alpha)$, permettent de distinguer 5 domaines ou classes de plis (Fig. 9.6b) : les plis de classes 1A, 1B et 1C à isogones convergents, ceux de classe 2 à isogones parallèles et ceux de classe 3 à isogones divergents. Les plis de classe 1B sont *isopaques*, les autres sont *anisopaques* et parmi ceux-ci les plis de classe 2 sont *semblables*, c'est-à-dire que leurs surfaces courbées se déduisent l'une de l'autre par une translation parallèle au plan axial du pli.

Cette classification morphologique des plis est significative de leur mode de déformation. Elle est en effet basée sur le changement d'épaisseur des couches plissées, leur épaisseur initiale étant supposée à peu près uniforme. Les *plis isopaques* (classe 1B) et les *plis semblables* (classe 2) ne sont pas vraiment courants dans la nature mais représentent deux modèles simples de plissement : le premier est un *plissement par flexion*, le second un *plissement par cisaillement simple*. Les autres plis anisopaques (classe 1A, 1C et 3), plus réels, font intervenir des déformations supplémentaires dues à de l'*aplatissement homogène ou non* à cause du comportement mécanique des couches voisines. Nous examinerons d'abord les modèles simples de plissement en insistant sur les déformations par flexion, les déformations par cisaillement simple et par aplatissement ayant déjà été analysés dans le chapitre 7.

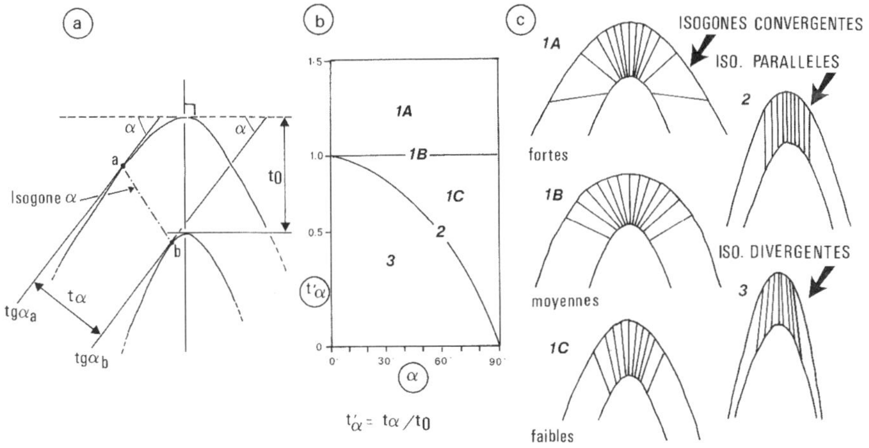

Figure 9.6 - **Classification morphologique des plis d'après Ramsay (*1967*, McGraw Hill, 568 p.) : a) détermination des valeurs de t_0 et t_α et construction de l'isogone α sur une section de pli ; b) diagramme de t'_α en fonction de i_α définissant la classe des plis ; c) géométrie des isogones des plis des différentes classes.**

9.2 Les plis isopaques et le plissement par flexion

Un pli isopaque se forme par gauchissement (*buckling*) d'une strate, en mécanique on dit qu'il y a *flambage* de cette strate.

9.2.1 Le développement des plis isopaques par flambage

Les études théoriques concernant la croissance des plis (*Biot, 1961 ; Ramberg, 1963*) ont considérablement simplifié le problème pour qu'il puisse être traité analytiquement. On admet que le matériau est élastique ou visqueux newtonien, que la déformation est plane, les effets de gravité négligeables et que la compression agit au départ parallèlement aux couches (Fig. 9.7a). On montre ainsi que pour qu'un pli s'initie et croisse, le milieu doit être formé de couches de propriétés mécaniques contrastées qui contiennent de faibles irrégularités que l'on suppose sinusoïdales par hypothèse. Ces dernières sont à l'origine d'instabilités qui commencent toutes à croître mais, parmi celles-ci, l'une d'elle dont la longueur d'onde croît préférentiellement, devient une série de plis de *longueur d'onde dominante Wd* (Fig. 9.7a). Pour un comportement visqueux newtonien, cette longueur d'onde dépend de l'épaisseur

(e) de la couche considérée, de sa viscosité (η_1) et de celle (η_2) du milieu dans lequel elle est insérée :

$$Wd = 2\pi e \sqrt[3]{\eta_1 / 6\eta_2} \qquad (1)$$

Cette analyse montre qu'avant que le plissement ne se développe, il se produit d'abord un raccourcissement (et un épaississement) des couches qui peut atteindre 20 %. La relation (1) n'est établie que pour des pendages des flancs du pli inférieur à 15°. Si on appelle *Ad* le *facteur d'amplification* par lequel l'amplitude A d'un tel pli est ensuite multipliée au bout d'un temps donné t_1 par rapport à son amplitude au temps initial t_0 pour un comportement visqueux newtonien, celui-ci est défini par :

$$\mathrm{Ln}\ Ad = t_1 / t_0 \sqrt[3]{(\eta_1 / 6\eta_2)^2} \qquad (2)$$

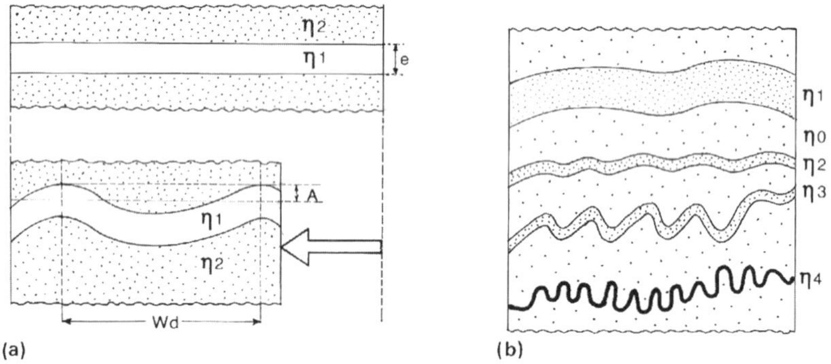

Figure 9.7 – **Plissement par flexion (a) d'une couche de viscosité η_1 dans un milieu de viscosité η_2 ; b) plissement disharmonique de couches à viscosités différentes (d'après Ramberg, *1964, Tectonophysics*, 1, 307-341).**

L'expression graphique de cette fonction (Fig. 9.8) montre clairement que l'amplification du plissement dépend du rapport de viscosité des couches. Pour un rapport faible ($\eta_1/\eta_2 < 10$) il n'y a pas plissement, il se produit seulement un raccourcissement et un épaississement des couches. Pour un rapport plus élevé l'amplification des plis devient explosive dès que le raccourcissement atteint une valeur critique. Enfin, pour un milieu rocheux stratifié formé de couches d'épaisseurs et de viscosités différentes, la même quantité de raccourcissement du milieu rocheux est prise en compte par des plis de longueurs d'onde et d'amplitudes différentes : le *plissement* est *disharmonique* (Fig. 9.7b).

9.2.2 La flexion d'une poutre élastique

La flexion des poutres élastiques permet d'aborder de façon simple le mécanisme de la flexion qui est essentiel dans la formation des plis isopaques.

2.1. *Les modes de flexion.* Supposons une poutre en appui libre, c'est-à-dire mobile horizontalement à ses extrémités, et soumise à des forces de surface P agissant perpendiculairement à son axe longitudinal, on considère par hypothèse que le

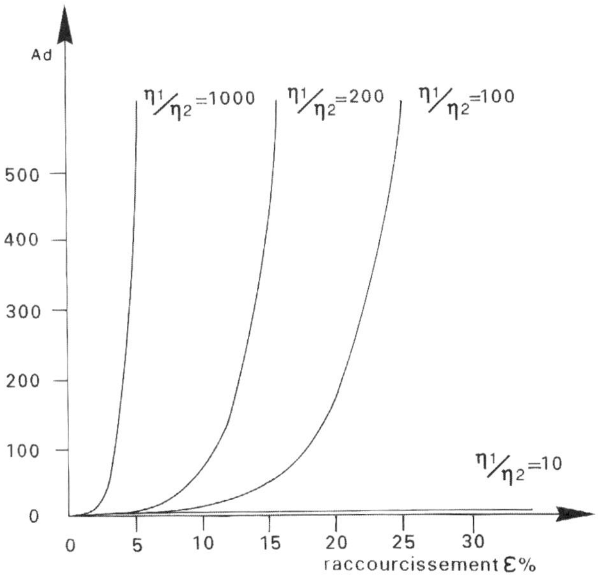

Figure 9.8 - Amplification (Ad) du plissement d'une couche en fonction du raccourcissement ε % et du rapport de viscosité η_1/η_2 (d'après Ramsay, *1967*, McGraw Hill, 568 p.).

plan contenant ces forces est un plan de symétrie de la poutre. Les forces de réaction sur les appuis sont R_1 et R_2. Ces forces extérieures imposent des moments de flexion et des forces de cisaillement dans les sections droites, perpendiculaires à l'axe de la poutre. Toute section droite D (Fig. 9.9a) est soumise sur un de ses côtés (le gauche par exemple) à :

- *un moment de flexion M* (ou *moment fléchissant*) égal à la somme algébrique des moments des forces extérieures (à gauche) autour d'un axe O passant par *D* : $M = R_1 x - P_1 (x - a) - P_2 (x - b)$
- et à une *force de cisaillement* F_T (ou *effort tranchant*) égale à la somme algébrique de toutes les forces extérieures (à gauche) parallèles à *D* :
  $F_T = R_1 - P_1 - P_2$ (les conventions de signe sont celles de la fig. 9.9).

Si dans toutes les sections droites de la poutre, il n'existe que des moments de flexion celle-ci est dite en *flexion pure* ; s'il existe en plus des forces de cisaillement, la poutre est dite en *flexion simple*. Sur les faces droite et gauche d'un morceau de poutre de longueur dx et de largeur b égale à l'unité (Fig. 9.10) sur lequel on peut considérer que la pression p est uniforme, les moments de flexion et les forces de cisaillement dues aux forces extérieures sont respectivement M et $M + dM$, F_T et $F_T + dF_T$ (on admet que les valeurs sont croissantes de la gauche vers la droite) et p (dx . b). Écrivons l'équilibre des moments autour de 0 (Fig. 9.10) pour que la poutre soit en équilibre statique :

$$\sum M_0 = M - (M + dM) + F_T dx - p(dx \cdot b)(dx/2) = 0$$

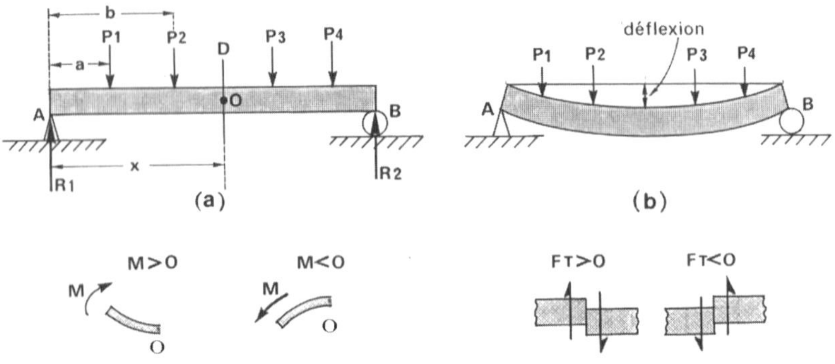

Figure 9.9 - **Flexion d'une poutre en appui libre. Les conventions de signe du moment M et des forces cisaillantes F_T sont définies en bas de la figure.**

$$\text{avec } b = 1, \text{ d'où } dM = F_T\, dx - p\, dx^2/2$$

Le dernier terme en dx^2 étant négligeable, la force de cisaillement est égale à :

$$F_T = dM/dx \qquad (3)$$

Les forces de cisaillement F_T dans les sections droites sont donc liées aux variations du moment de flexion le long de l'axe de la poutre.

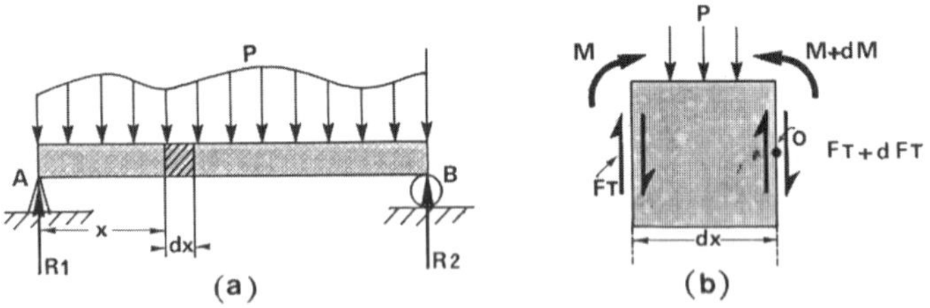

Figure 9.10 - **Forces de cisaillement F_T dans les sections droites d'une poutre (d'après Nash, *1974*, McGraw Hill, 1977). Mêmes conventions de signes que pour la Fig. 9.9.**

2.2. *Les contraintes dans une poutre en flexion pure.* En flexion pure, puisqu'il n'existe pas de forces cisaillantes dans les sections droites, $F_T = dM/dx = 0$ et donc le moment de flexion *M* est constant tout le long de la poutre. Ceci se produit quand seuls des couples sont appliqués aux extrémités de la poutre et qu'aucune force n'agit sur elle. Si la poutre est homogène, sa courbure est constante et elle se courbe en arc de cercle. Après déformation, les sections droites de la poutre correspondent aux rayons d'un cercle de centre C (= centre de courbure, Fig. 9.11). Il est alors évident que les fibres convexes (*extrados*) de la barre s'allongent et que les fibres concaves (*intrados*) se raccourcissent. Entre les deux se trouve la *surface neutre* sur laquelle il n'y a ni allongement ni raccourcissement. Son intersection avec une section longitudinale de la poutre est appelée la *ligne neutre* et avec une section droite, l'*axe neutre* (Fig. 9.11).

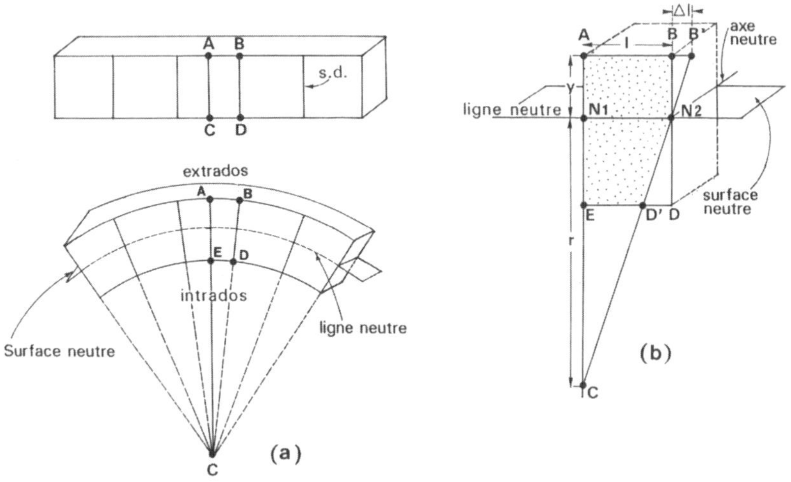

Figure 9.11 – **Contraintes dans une poutre en flexion pure (poutre en appui libre).**

L'allongement (ou le raccourcissement) $\varepsilon = BB'/AB$ se déduit de l'homothétie des triangles ($BB'N_2$) et (N_1N_2C) : $\Delta l / l = \varepsilon = y/r$.

Si la déformation est élastique et que le module de Young identique en traction et en compression, $\sigma = E\,\varepsilon$ d'où : $\sigma = E\, y/r$ (4)

En flexion pure, les contraintes normales dans une section droite d'une poutre élastique sont donc proportionnelles à la distance (y) à la surface neutre de l'élément de surface auquel elles s'appliquent et inversement proportionnelle à la distance (r) de cette dernière au centre de courbure.

On démontre (voir *V. Fesdossiev, 1976*, p. 132) que pour toute poutre possédant un plan de symétrie longitudinal et sollicitée par un moment de flexion M agissant sur une section droite, la contrainte normale σ agissant sur cette section droite à une distance y de l'axe neutre a aussi pour expression :

$$\sigma = My/I \qquad (5)$$

I étant le moment d'inertie de la surface de la section droite autour de l'axe neutre. Lorsque la poutre a un comportement purement élastique, l'axe neutre passe par le centre d'inertie G de la section droite (Fig. 9.11b).

2.3. *Contraintes dans une poutre en flexion simple.* Soit un élément de longueur dx et de largeur b (grisé sombre sur la Fig. 9.12a) d'un morceau de poutre. Les côtés droit et gauche de ce morceau de poutre ont une surface A. Les forces normales $N_1 = \sigma \cdot A$ et $N_2 = (\sigma + d\sigma)\, A$, sur ces côtés, résultent respectivement des moments de flexion M et M + dM. En supposant que les sections droites sont peu déformées, la relation (5) permet d'obtenir la différence dN entre N_1 et N_2 :

$$dN = \int_y^c \frac{(M + dM)\,y}{I} \cdot da - \int_y^c \frac{My}{I} \cdot da = \frac{dM}{I} \int_y^c y \cdot da$$

da étant un élément de la surface A, y la distance de cet élément de surface à l'axe neutre et c la distance du bord de la section à l'axe neutre (Fig. 9.12a). Pour que l'équilibre statique de l'élément de poutre soit réalisé, il faut qu'une force tangentielle T égale à dN et de sens opposé agisse à la base de cet élément. En supposant que les contraintes τ_h agissant à la base (dx . b) de cet élément soient uniformes, la force tangentielle qui lui est appliquée est $T = \tau_h dx \cdot b$, on peut alors écrire l'égalité T = dN sous la forme :

$$\tau_h dx \cdot b = \frac{dM}{I} \cdot \int_y^c y \cdot da \quad \text{d'où il vient} \quad \tau_h = \frac{dM}{dx} \cdot \frac{1}{I \cdot b} \int_y^c y \cdot da$$

En utilisant la relation (3), on peut donc écrire :

$$\tau_h = \frac{F_T}{I \cdot b} \int_y^c y \cdot da \qquad (6)$$

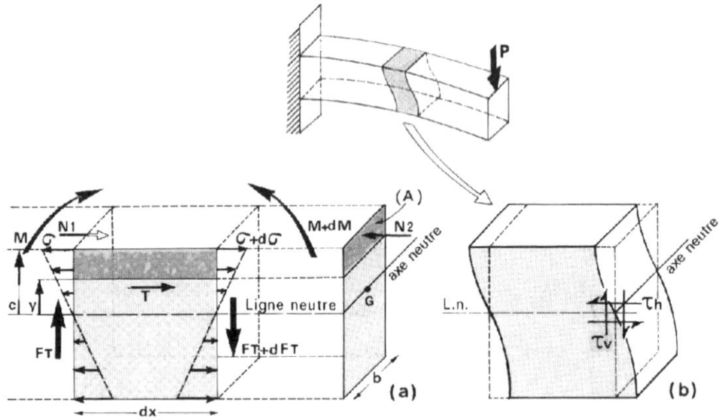

Figure 9.12 - **Contraintes dans une poutre en flexion simple (poutre encastrée).**

Pour que l'équilibre statique du morceau de poutre soit réalisé, il faut qu'en tout point les contraintes tangentielles horizontales τ_h soient égales aux contraintes tangentielles τ_v dans les sections droites (Fig. 8.12b). De la relation (6), il résulte que les contraintes cisaillantes sont maximum sur la ligne neutre (quand $y_o = o$) et nulles sur les bords de la poutre ($y_o = c$). En flexion simple, les sections droites subissent donc des déformations angulaires non uniformes ; c'est le cas quand une *poutre* est *encastrée* à une de ses extrémités (Fig. 8.12b).

9.2.3 La distribution de la déformation dans les plis isopaques

Les données mécaniques sur la flexion des poutres élastiques suggèrent quels types de déformation incrémentales peuvent se produire au cours du plissement isopaque. Mais les grandes déformations permanentes qui résultent de l'ajout des déformations incrémentales sont en fait très complexes, car, en général, l'état de contrainte en tout point donné d'une strate, change au cours de l'histoire du plissement. Seule l'analyse de la fabrique (voir Chap. 7) pourrait permettre de suivre l'histoire de cette déformation. Néanmoins, une approche simplifiée de la déformation macroscopique des plis peut aider à comprendre ce que peuvent être les comportements réels liés à la déformation progressive.

3.1. *Plis à déformation de charnière et plis à déformation de flancs.* L'observation détaillée de plis naturels isopaques affectant des empilements de couches stratifiées indique que plusieurs mécanismes tectoniques peuvent leur donner naissance. En effet, dans ces plis, les déformations peuvent être localisées soit dans les charnières, soit dans les flancs. On distingue ainsi des *plis isopaques à déformation de charnière et des plis isopaques à déformation de flancs*. De nombreuses études, souvent basées sur des modèles analogiques ont permis de comprendre la signification mécanique d'une telle distinction.

a) Les plis à déformation de charnière. Un modèle analogique représentant ce type de pli est celui d'une plaque de caoutchouc que l'on fléchit, la charnière étant libre de se déplacer (voir les poutres en appui libre, Fig. 9.9). La déformation de marqueurs circulaires dessinés sur la tranche de la plaque, permet de visualiser la déformation élastique. Dans la zone de charnière du pli les cercles sont transformés en ellipses (Fig. 9.13a) ; dans l'*extrados* la déformation est en allongement, dans l'*intrados* elle est en raccourcissement et entre les deux existe une zone sans déformation (zone neutre). Des marqueurs linéaires tracés perpendiculairement aux surfaces de la plaque (sections droites) restent des droites après la déformation ; elles sont seulement réorientées et disposées en éventail divergent (par rapport au centre de courbure du pli) dans la zone de charnière (Fig. 9.13a).

La transformation des cercles en ellipses montre que la déformation continue dans le pli est hétérogène, généralement plane et les axes principaux λ_1, λ_3 des ellipses sont perpendiculaires ou parallèles aux surfaces du pli. Globalement, les longueurs des marqueurs linéaires perpendiculaires aux limites de la plaque ne sont pas modifiées, le pli est donc isopaque (classe 1B).

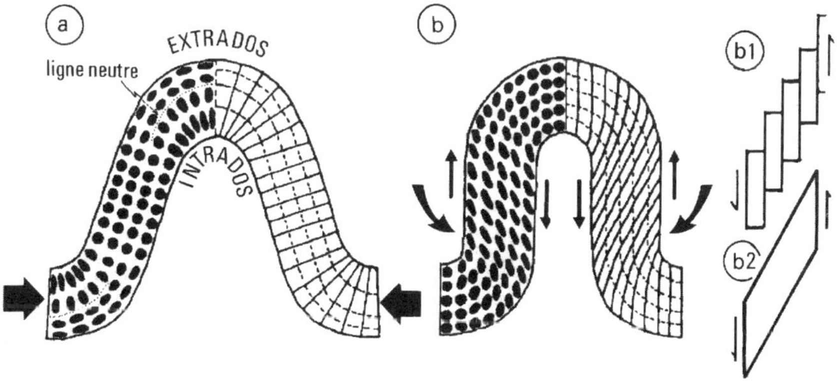

Figure 9.13 - **Pli monocouche à déformation de charnière (a) et de flanc (b) avec cisaillement discontinu (b_1) ou continu (b_2).**

Tout marqueur linéaire l_0 situé sur le plan repère S_0 et faisant avec l'axe B du pli un angle Θ_0 (Fig. 9.14a) subit au cours du plissement une rotation autour de cet axe (Fig. 9.14b). Si cette droite l_0 était située sur la surface neutre, elle deviendrait une ligne courbe faisant en tout point un même angle Θ_0 avec l'axe B du pli. Cette courbe décrirait les génératrices d'un cône ayant pour axe l'axe B du pli et pour demi-angle au sommet Θ_0 et serait représenté sur un stéréodiagramme de Wulff (voir pour l'utilisation de la projection stéréographique Vialon *et al.*, 1976) par un petit cercle (l_0) faisant avec l'axe B un angle Θ_0 (Fig. 9.14c). En fait cette droite l_0 est située soit sur la surface d'extrados, soit sur la surface d'intrados qui subissent respectivement un allongement et un raccourcissement. Il en résulte que dans l'extrados l'angle entre la droite plissée (l'_e) et l'axe B augmente (Θ'_e) et que dans l'intrados l'angle entre la droite plissée (l'_i) et l'axe B diminue (Θ'_i) Dans les flancs du pli, où il n'y a ni allongement ni raccourcissement, cet angle garde une valeur constante (Θ_0). La valeur de ($\Theta'_e - \Theta'_i$) (voir stéréodiagramme, Fig. 9.14) dépend des quantités d'allongement et de raccourcissement dans la charnière du pli à déformation de charnière.

Ces déformations et en particulier la conservation, au cours de la déformation, de la forme rectiligne des marqueurs linéaires perpendiculaires aux limites de la plaque, indiquent que ces *plis isopaques à déformation de charnière* résultent *essentiellement d'un mécanisme en flexion pure* (Fig. 9.11a).

b) Les plis à déformation de flancs. Un modèle analogique représentant ce type de pli est donné soit par un paquet de cartes ou de feuillets minces, soit par une plaque de plasticine que l'on fléchit en maintenant la charnière fixe (voir l'exemple des poutres encastrées, Fig. 9.12). La déformation des marqueurs circulaires imprimés sur la tranche de la plaque montre que la déformation est surtout localisée dans les flancs (Fig. 9.13b). Les cercles, transformés en ellipses, indiquent que la déformation s'est faite par cisaillement simple, parallèlement aux flancs du pli. Le sens du cisaillement s'inverse d'un flanc à l'autre du pli ; l'importance du cisaillement (valeur de γ) diminue de la ligne d'inflexion des flancs vers les charnières. Dans le détail, la déformation par cisaillement peut se faire de façon continue dans la plaque en flexion (*pli par écoulement flexural* : flexural flow fold) (Fig. 9.13b2) ou sur des surfaces discrètes (*pli par glissement flexural* : flexural slip fold) (Fig. 9.13b1).

Les marqueurs linéaires initialement perpendiculaires aux limites de la plaque, acquièrent une forme sigmoïde dans les flancs. La déformation est hétérogène et elle est généralement plane et les axes principaux λ_1 et λ_3 des ellipsoïdes sont perpendiculaires à l'axe du pli. Les surfaces du pli sont approximativement parallèles à une des deux sections particulières circulaires, des ellipsoïdes de déformation et, pour cette raison, aucune distorsion ne se produit sur ces surfaces et sur toutes les surfaces à l'intérieur de la strate qui sont parallèles à celles-ci. Il ne se produit donc aucune modification d'épaisseur de la plaque : le pli est donc isopaque. La déformation cisaillante des marqueurs linéaires initialement perpendiculaires aux limites de la plaque indique que les *plis isopaques à déformation de flanc* résultent *essentiellement d'un mécanisme en flexion simple* (Fig. 9.12b).

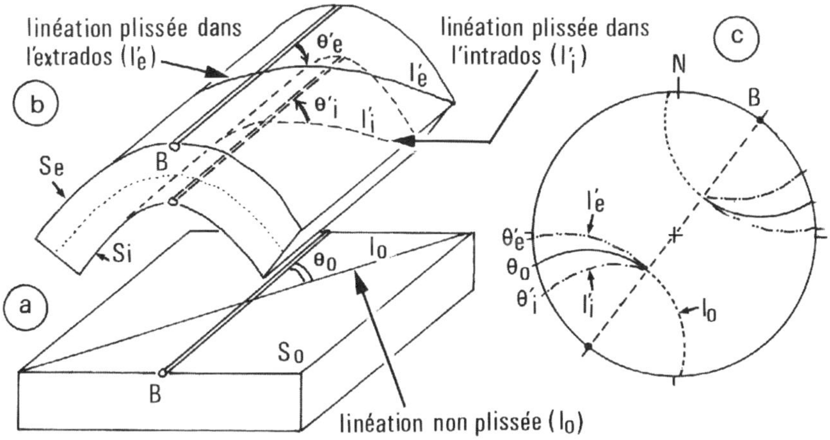

Figure 9.14 – **Flexion de la surface d'un pli à déformation de charnière : situation avant (a) et après (b) le plissement ; (c) diagramme stéréographique (Wulff) représentant l'état (b) (projection hémisphère inférieur).**

3.2. *Les déformations cassantes dans les plis isopaques.* Les nombreuses structures et microstructures cassantes que l'on observe dans les plis naturels, nous renseignent directement sur les modes de plissement isopaque.

a) Dans les plis à déformation de charnière, les zones d'extrados, en allongement, sont découpées par des demi-fentes de traction, souvent remplies de calcite ou de quartz disposé en fibres perpendiculaires à l'axe du pli et par des failles normales limitant des grabens allongés parallèlement à l'axe du pli (Fig. 9.15a et b). Dans la zone d'intrados, en raccourcissement, se forment souvent des stylolithes dont les pics sont perpendiculaires à l'axe du pli, associés à des fentes de traction parallèles à la surface plissée (Fig. 9.15c). Parfois des failles inverses ou des plis parallèles à l'axe du pli accidentent la surface d'intrados (Fig. 9.15d et e).

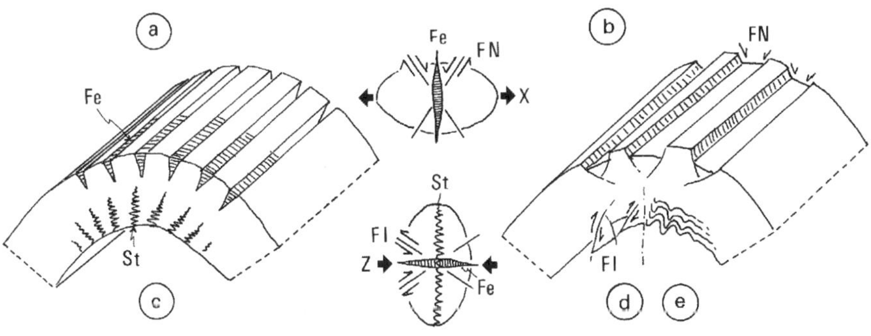

Figure 9.15 – **Structures des plis à déformation de charnière ; a) fentes de traction (Fe), b) failles normales (F_N), c) stylolithes (St), d) failles inverses (F_I) et e) microplissement ; au centre modes d'associations des diverses structures.**

b) Dans les plis à déformation de flanc, se forment toutes les structures cassantes généralement associées aux zones de cisaillement simple (Chap. 4, § 4.5.2) : systèmes de fentes en échelon simple ou conjugués, cisaillements secondaires parallèles à la surface plissée ou en systèmes conjugués de type R et R′ (Fig. 9.16).

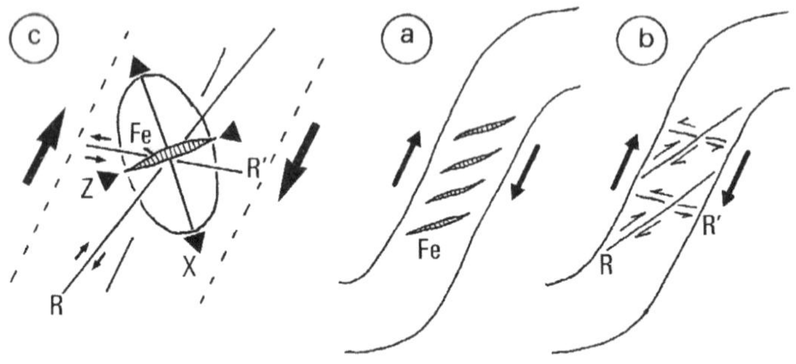

Figure 9.16 – **Structures des plis à déformation de charnière : fentes en échelon (a) et cisaillements de Riedel (b) ; (c) association de structures.**

9.2.4 Plissement isopaque d'un ensemble stratifié

La diminution de l'espace situé dans les parties concaves des plis formés d'un empilement de couches fléchies autour d'un même centre de courbure (Fig. 9.11 a et 9.17 a) complique leur géométrie et est accommodée par la formation de plis parasites (Fig. 9.17b) ou par le cisaillement des couches (Fig. 9.17c) ; il y a *disharmonie de plissement.* Les joints de stratification séparant les empilements de couches ayant une faible résistance mécanique, permettent aux couches compétentes qui fléchissent, de glisser les unes sur les autres (Fig. 9.17d). C'est le *glissement banc sur banc* dont le déplacement matérialisé par des stries identiques à celles des surfaces de failles (Chap. 5, § 5.4.1) se fait en général perpendiculairement à l'axe du pli ; ce glissement converge vers l'axe anticlinal et diverge à partir de l'axe synclinal (Fig. 9.17e). Ce déplacement est maximum dans les flancs et faible à nul à l'axe du pli.

9.3 Les plis semblables et le plissement par cisaillement simple

9.3.1 La géométrie des plis semblables et leur formation par cisaillement simple hétérogène

Les *plis anisopaques semblables* (classe 2) sont caractérisés par une épaisseur constante des couches, mesurée parallèlement au plan axial du pli. En revanche, l'épaisseur mesurée perpendiculairement aux couches varie : elle est maximum dans les charnières et diminue dans les flancs (Fig. 9.18 a).

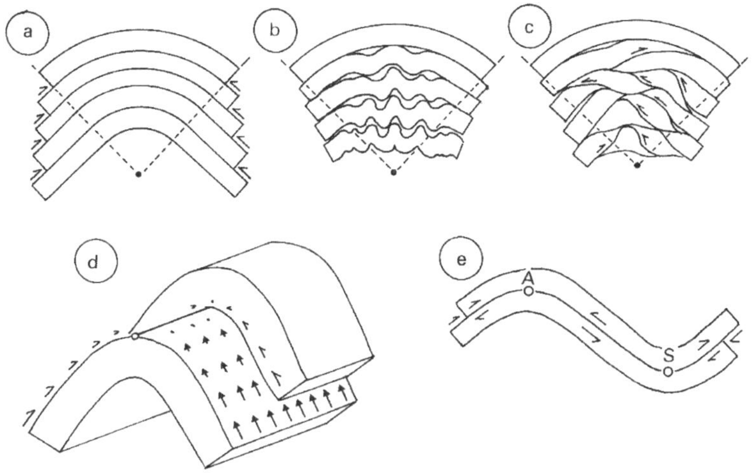

Figure 9.17 – **Plissement isopaque d'un empilement de couches : (a) modèle idéal et accommodation de la déformation par microplissement (b) ou cisaillements imbriqués (c), (d) et (e) glissement banc sur banc.**

La forme de ces plis, et aussi le mode de plissement qui leur donne naissance, sont fondamentalement différents de ceux des plis isopaques (de classe 1B). Lors de la déformation, la surface déformée (stratification ou autres surfaces) subit seulement une translation passive (Fig. 9.18a). Un tel type de plissement peut résulter d'un cisaillement simple de la matière selon des surfaces planes de cisaillement (shear planes) parallèles qui sont des plans de transport. Un cisaillement simple homogène ne peut pas former de plis, ceux-ci résultent nécessairement d'un *cisaillement simple hétérogène* dans le plan perpendiculaire au plan de cisaillement et contenant le vecteur – déplacement, mais homogène dans le plan de cisaillement (Fig. 9.18b). La forme du pli dépend du gradient de cisaillement et de l'inversion du sens de cisaillement dans le plan perpendiculaire au plan de cisaillement. Un paquet de cartes dont les cartes glissent les une sur les autres peut servir de modèle analogique d'un tel mécanisme de plissement.

En raison du mécanisme de cisaillement simple qui est à l'origine de ces plis on peut leur associer des *axes cinématiques* appelés axes a, b et c qui sont tels que (a) est le vecteur – glissement dans le plan de cisaillement (= plan de transport), (c) est la normale à ce plan et (b) est orthogonal à (a) et (c) (Fig. 9.19). Les axes géométrique (B) et cinématique (b) du pli ne sont confondus que si la surface S_0 déformée était, à l'origine, confondue avec le plan (bc) de la déformation (Fig. 9.18).

9.3.2 Plissement par cisaillement simple hétérogène, schistosité et linéation

Les *plis par cisaillement simple* sont toujours *synschisteux* (schistosité de flux) et développent une fabrique de type S-L′ montrant une *linéation* L′ *d'étirement* (ou de

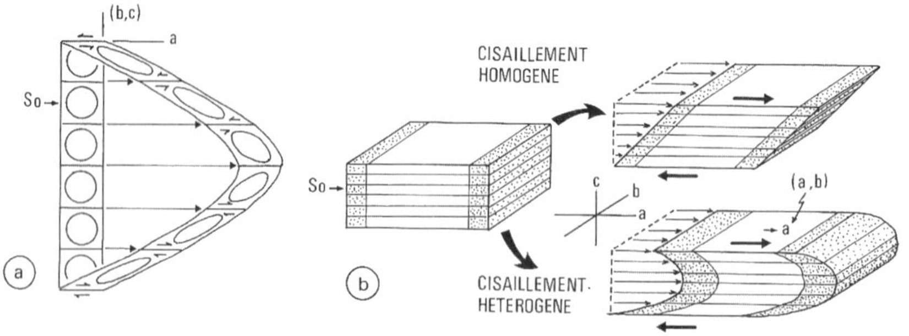

Figure 9.18 – **a) Plissement par cisaillement simple hétérogène (a, b et c : axes cinématiques de la déformation) ; b) modèle de déformation (paquet de cartes) par cisaillement simple homogène et hétérogène.**

transport, Chap. 7, § 7.3.4-4.2) parallèle à l'axe cinématique a. Cette linéation est différente de la linéation d'allongement vrai L(X) (axe X de l'ellipsoïde de la déformation) et est légèrement oblique sur cette dernière (Fig. 9.19a). Les marqueurs linéaires l_0 situés sur le plan repère S_0 déformé par ce mode de plissement (Fig. 9.19b), sont simplement translatés dans la direction de transport (a) et transformés en une courbe l′ qui est à l'intersection du plan contenant (l_0) et (a) avec la surface S_0 déformée. Sur un stéréodiagramme de Wulff (Fig. 9.19c), la courbe l′ est représentée par un grand cercle (l′), vertical sur ce schéma, faisant avec l'axe B un angle Θ_0.

Ce type de *pli anisopaque semblable* et le mode de plissement par cisaillement hétérogène simple correspondent à un cas idéal mais qui peut être réel. Toutefois en général les plis anisopaques ne sont pas strictement de type semblable (Classe 2) car d'autres mécanismes se superposent souvent à celui du cisaillement simple.

9.3.3 Plis à axes courbes par cisaillement simple hétérogène

Lorsque le cisaillement est hétérogène à la fois dans le plan (ac) et dans le plan (ab) de cisaillement ou d'écoulement (Fig. 9.20a), la surface de référence S_0 est déformée selon une géométrie irrégulière en formant des *plis à axes courbes*, en même temps que se développe une linéation d'étirement (la) dans le plan de transport (Fig. 9.20b). Un paquet de baguettes parallépidiques allongées (allumettes) et rangées parallèlement les unes contre les autres est un modèle analogique grossier de ce mécanisme de plissement (Fig. 9.20a). L'exagération de la déformation conduit à la formation de *plis « en fourreau »* (sheath folds) (Fig. 9.20b), allongés parallèlement à la direction du transport c'est-à-dire à l'axe (a) (*Cobbold et Quinquis, 1980*). La direction de l'axe des plis peut dans ce cas devenir parallèle, et non perpendiculaire, à la direction de transport. La reconnaissance de ce type de plis est donc importante dans les reconstructions structurales régionales.

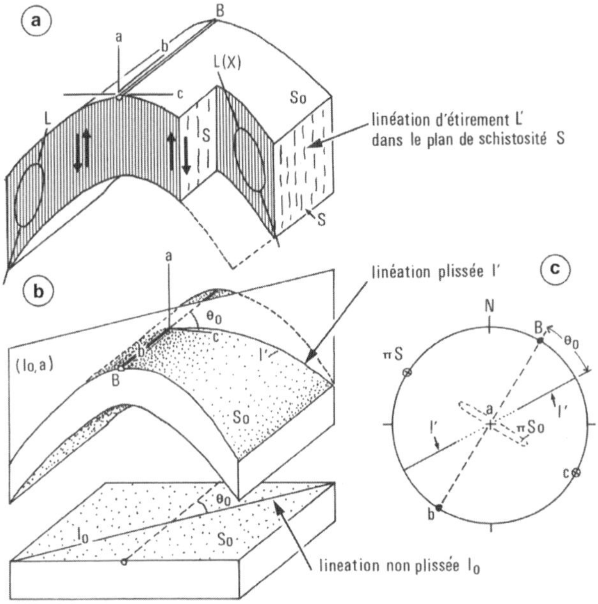

Figure 9.19 – **Plissement par cisaillement simple hétérogène ; a) position des axes a, b, c, de la schistosité (S), de la linéation (L′) d'étirement et de l'axe (B) du pli replissant (S_0) ; b) mode de déformation de la linéation (l_0) ; (c) : diagramme stéréographique (Wulff) correspondant (projection hémisphère inférieur). π So : pôles de la surface So, π S : pôle de la schistosité S.**

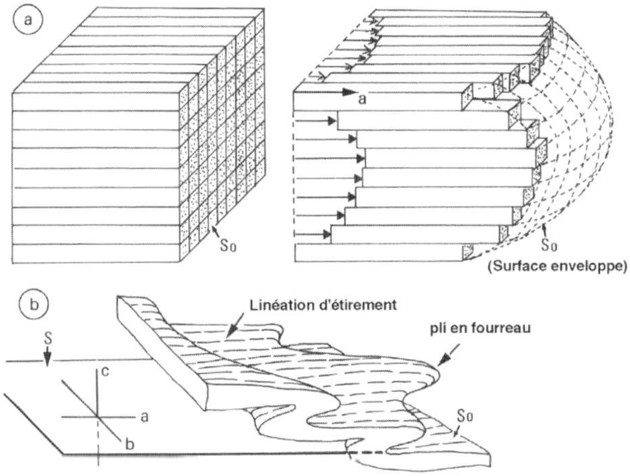

Figure 9.20 – **Pli à axe courbe né par cisaillement simple hétérogène ; a) modèle du paquet d'allumettes avant et après déformation ; b) pli en fourreau.**

9.4 Les plis anisopaques et le plissement par aplatissement

9.4.1 La géométrie des plis anisopaques (non semblables) et leur formation par aplatissement

L'aplatissement homogène des matériaux ne forme pas de plis (Fig. 9.21 a). Si ceux-ci résultent d'un *aplatissement*, cet aplatissement est nécessairement *hétérogène* dans le plan (XZ) (Fig. 9.21 b). Mais l'aplatissement homogène ou hétérogène se

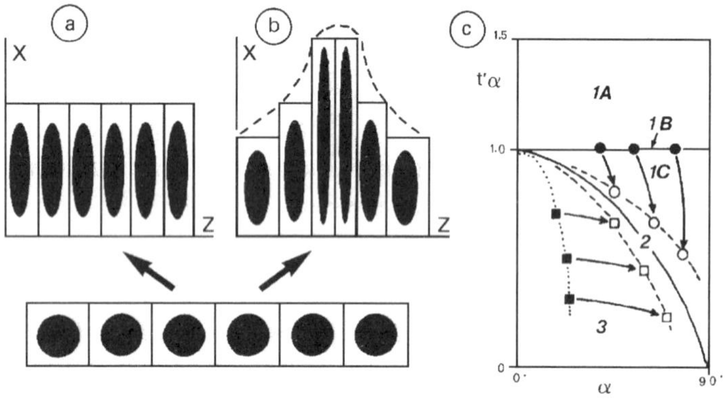

Figure 9.21 – Pli anisopaque formé par aplatissement hétérogène ; a) aplatissement homogène (sans plis), b) aplatissement hétérogène (avec pli) ; c) modification de la forme d'un pli (montrée par les flèches) par superposition d'un aplatissement homogène perpendiculaire au plan axial d'un pli isopaque (1B) ou anisopaque (3).

produit souvent sur des plis déjà formés par flexion (plis isopaques de classe 1B) ou par cisaillement (plis anisopaques de classe 2). En général, l'aplatissement homogène de ces plis (flattened folds) conduit à de nouvelles formes de plis qui occupent dans la classification de Ramsay les divers espaces des classes 1C et 3 (voir Fig. 9.6b, c et Fig. 9.21c). Si la direction d'aplatissement est en gros perpendiculaire au plan axial des plis, l'aplatissement se poursuivant, leur géométrie tend à se rapprocher de celle des plis semblables de la classe 2 (Fig. 9.21c). L'aplatissement perpendiculaire au plan axial de plis déjà semblables tend à rendre ceux-ci isoclinaux en leur gardant une géométrie de classe 2.

9.4.2 Plis par aplatissement, schistosité et linéation

L'aplatissement de plis initialement isopaques, suivant une direction approximativement perpendiculaire à leur plan axial, provoque l'apparition de la schistosité d'abord disposée en éventail (Fig. 9.22a), puis dans un stade plus avancé de l'aplatissement, cette schistosité tend à devenir parallèle au plan axial du pli (Fig. 9.22b). Si un marqueur linéaire (l_0), situé sur une surface repère S_0 et faisant avec l'axe de plissement B un angle Θ_0, se trouve dans une zone où intervient de l'aplatissement, ce marqueur subit une réorientation qui est variable selon sa position sur le pli. Dans la charnière, la surface S_0 proche du plan YZ subit un raccourcissement Z tel que l'angle $\Theta'c$ entre le marqueur réorienté (l′) et l'axe B diminue ($\Theta'_c < \Theta_0$, Fig. 9.22a et b).

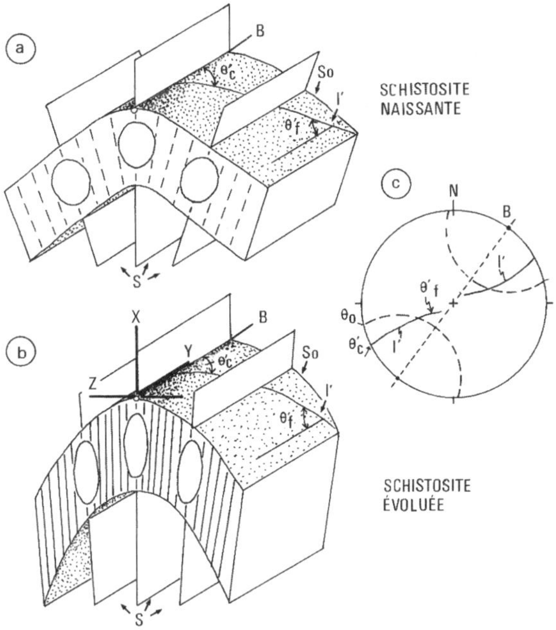

Figure 9.22 – **Plissement par flexion et aplatissement ; a) stade initial ; b) stade final ; (c) représentation sur stéréodiagramme de Wulff du stade (b) (projection hémisphère inférieur).**

Dans les flancs du pli, la surface S_0, voisine du plan XY, subit un allongement X tel que l'angle Θ'_f entre le marqueur réorienté (l′) et l'axe B augmente ($\Theta'_f > \Theta_0$, (Fig. 9.22a et b).

La courbe de dispersion de la linéation l′ sur un stéréodiagramme de Wulff par exemple (Fig. 9.22c), permet d'apprécier l'importance et la localisation de cet aplatissement dans le pli.

9.4.3 Plis à axes courbes par aplatissement hétérogène

Dans les plis naturels l'aplatissement se produit souvent de façon hétérogène, non seulement dans le plan (XZ), mais aussi dans le plan (XY) (Fig. 9.23a). Quelle que soit leurs dimensions, ces plis ont alors des axes courbes et leur géométrie est quelconque. Il convient de distinguer ces plis anisopaques à axes courbes de ceux issus d'un cisaillement hétérogène (Fig. 9.20b). En fait, seule une analyse de la fabrique de la roche (voir Chap. 7) et notamment de la signification du débit planaire (S ou C : S = schistosité par aplatissement dans le premier cas et C = plans de cisaillement dans le second cas., Chap. 7, § 7.3.4), peut permettre de distinguer ces deux *types de plis à axes courbes* (Fig. 9.23b).

En résumé, la diversité de forme des plis naturels est le reflet de la diversité des mécanismes qui leur donnent naissance, de la nature du matériel affecté, en particulier des contrastes mécaniques (différence de viscosité) des assemblages stratifiés, des conditions du milieu où se produit la déformation (P, T, $\dot{\varepsilon}$) et de l'évolution de la déformation au cours du temps. L'utilisation de la géométrie des plis comme indicateur de la déformation n'est pas simple car les plis résultent en général d'une déformation hétérogène progressive. En revanche les plissements successifs enregistrent souvent bien les grandes étapes historiques de l'édification des chaînes de montagnes.

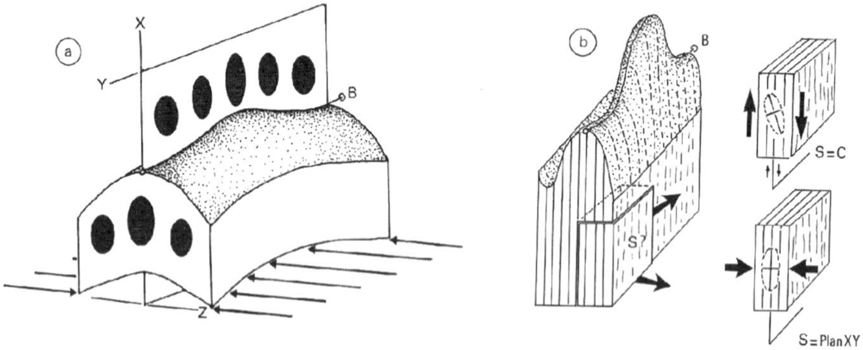

Figure 9.23 – **a) pli à axe courbe dû à un aplatissement hétérogène dans les plans XY et XZ de la déformation ; b) significations différentes de la surface de schistosité (S) d'un pli à axe courbe.**

9.5 La notion de stratigraphie mécanique

La notion de stratigraphie mécanique s'est développée au début des années 1990, en lien intime avec l'apparition des notions d'équilibrage des coupes et des modèles de plis qui font l'objet des sous-parties suivantes. En réalité, si l'expression « stratigraphie mécanique » est relativement récente, elle ne fait que développer un concept *bien plus ancien* (voir par exemple la coupe du Jura de Buxtorf, 1916, dans Goguel, 1952, ou les travaux de Rich, 1934, qui préfigure la notion de plis de rampe sur le chevauchement de la Pine Mountain) : *les roches sédimentaires de la croûte supérieure constituent un milieu hétérogène du point de vue de la rhéologie, dans le plan vertical comme dans le plan horizontal, et répondent ainsi différemment à la déformation en fonction de leurs lithologies.*

La stratigraphie mécanique est donc la description d'une pile sédimentaire non sur des critères d'âges ou sédimentologiques mais sur la base du *comportement mécanique* des séries (Corbett *et al.*, 1987 ; Cooke, 1997). Elle consiste à discrétiser la pile sédimentaire en ensembles lithologiques *compétents* (c'est-à-dire, mécaniquement rigides) ou *incompétents* (comportement ductile à l'échelle de temps de la déformation), parfois aussi appelés « groupes mobiles ». Ces groupes incompétents constituent ainsi des niveaux de décollement, ou « couches savons », qui vont faciliter les déplacements, qu'ils soient d'origine tectonique ou gravitaire.

La notion de stratigraphie mécanique est dépendante de *l'échelle d'observation* : un niveau de décollement décimétrique contrôlera le développement de structures centimétriques à métriques, alors qu'une épaisse série évaporitique influera sur la géométrie d'un front de chaîne, voir sur la structure d'échelle régionale (voir l'exemple du Zagros externe, chapitre 10.3). Elle est fortement contrôlée *par l'épaisseur des unités et la nature des contacts* (Cooke & Underwood, 2001), et peut varier dans le temps en fonction de l'évolution de paramètres comme *la température, la pression,* ou *les circulations de fluides.*

L'établissement de la stratigraphie mécanique peut se faire directement, en déterminant *sur le terrain ou à partir de coupes géologiques* quels sont les principaux niveaux de décollement, ou indirectement, en réalisant *des essais mécaniques* sur différents niveaux de la pile sédimentaire.

Pour illustrer le concept de stratigraphie mécanique, nous avons choisi de présenter le cas d'étude *du front sud du Haut Atlas marocain*, appelé « Front Sud Atlasique » (FSA, Fig. 9.24). Ce massif appartient à la chaîne des Atlas s.l. chaîne intracontinentale qui résulte de l'inversion au Cénozoique de bassins triasico-liasiques globalement est-ouest. Le secteur choisi se situe à l'intersection entre deux domaines bien distincts, l'un d'influence téthysienne à l'est, l'autre d'influence atlantique à l'ouest (Fig. 9.24). Cette dichotomie, ajoutée à un héritage hercynien complexe, induit des variations latérales rapides de la pile stratigraphique. Il en a résulté, lors de l'inversion des bassins mésozoïques, *une grande diversité des structures et de la morphologie le long du front sud de la chaîne*, contrôlée par une *stratigraphie mécanique contrastée et surtout très variable latéralement.*

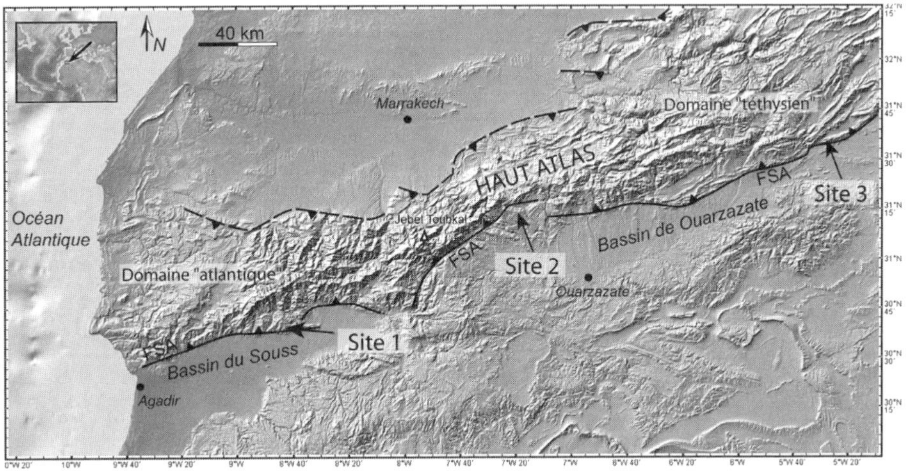

Figure 9.24 – **Carte schématique de la région du Haut Atlas au Maroc, figurant le Front Nord Atlasique (en pointillé) et le Front Sud Atlasique (FSA, trait continu) qui limitent la chaîne respectivement au nord et au sud. Le Haut Atlas, bien qu'intracontinental, supporte le plus haut sommet d'Afrique du Nord (Jebel Toubkal, au centre de la figure, 4 167 m d'altitude). Le fond topographique montre la forte variabilité de la morphologie le long du flanc sud, avec ou sans rupture de pentes.**

- *Le Nord du bassin du Souss, site 1*

Le premier site choisi est situé dans la partie Occidentale du Haut Atlas de Marrakech, au nord du bassin d'avant-pays du Souss (localisation Fig. 9.24). Le front topographique correspond à un vaste anticlinal à cœur cambrien, plissé harmoniquement avec les séries crétacées sus-jacentes (Fig. 9.25). Le Trias et le Jurassique sont ici totalement absents. Le flanc avant (sud) de l'anticlinal frontal montre des plis de second ordre qui se développent à la faveur de niveaux de décollements secondaires dans le Crétacé supérieur (Sénonien).

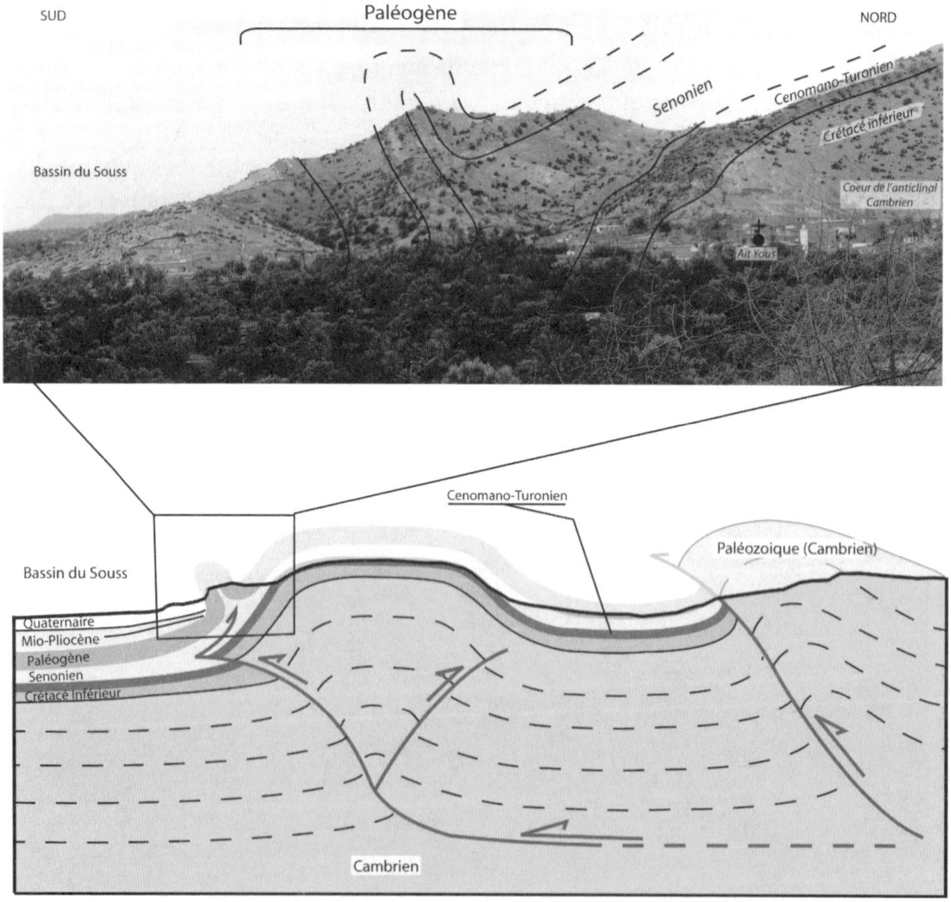

Figure 9.25 – **Haut : photographie de terrain du Front Sud Atlasique au nord du bassin d'avant-pays du Souss (voir localisation site 1, figure 9.24). Bas : interprétation de la structure sous forme de coupe géologique schématique. Le front est matérialisé par un anticlinal à cœur de matériel paléozoïque (Cambrien), et affecté sur son flanc avant par des décollements secondaires. Modifié d'après Missenard *et al.*, 2007.**

• *Le Nord-Ouest du bassin d'Ouarzazate, site 2*

Le second site est situé à environ 130 km à l'est du précédent, mais toujours sur le Front Sud Atlasique. Les observations de terrain permettent d'établir la coupe présentée figure 9.26. La structure est radicalement différente de celle observée à l'ouest : les séries mésozoïques forment un vaste monoclinal à pendage vers le Sud, puis deviennent horizontales vers le bassin d'avant-pays d'Ouarzazate. L'ensemble de la structure est contrôlé par un niveau de décollement dans la série sous jacente, constituée de silts cambro-ordoviciens ; ce niveau de décollement est à l'origine de la géométrie particulière dite « en zone triangulaire » (*Triangle zone*), typique des fronts de chaînes (Fig. 9.26). La déformation s'exprime dans le socle précambrien sous la forme de failles inverses à fort pendage, probablement héritées du rifting mésozoïque, puis inversées. Ces failles délimitent des blocs rigides qui sont à l'origine de l'augmentation par paliers successifs de l'altitude de la chaîne vers le nord jusqu'à plus de 4 000 m au Jebel Toubkal, point culminant de l'Afrique du Nord (Fig. 9.24).

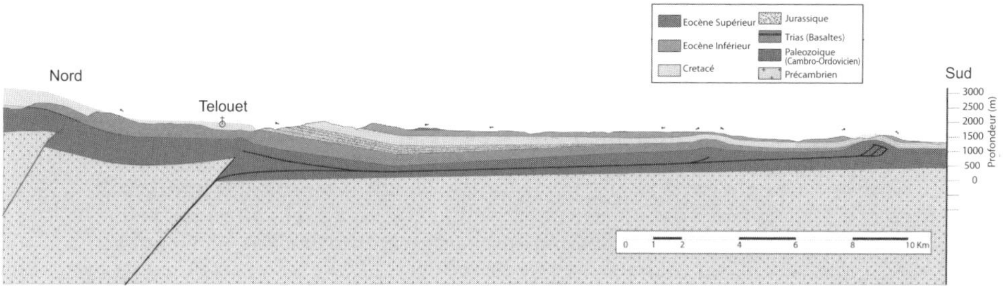

Figure 9.26 – Coupe géologique du Front Sud Atlasique au Nord Ouest de la ville d'Ouarzazate (voir localisation site 2, figure 9.24). Le socle est découpé en bloc par des accidents à forts pendages qui s'amortissent dans des flyschs ordoviciens, formant une vaste zone triangulaire. Modifié d'après Missenard *et al.*, 2007.

• *Le flanc Sud du Haut Atlas Central, site 3*

Le troisième site se trouve à une centaine de kilomètres plus à l'est du précédent. Dans ce secteur, du point de vue morphologique, le front est matérialisé par une série de collines allongées selon la direction est-ouest (Fig. 9.27). Ces collines correspondent à une série d'écailles tectoniques imbriquées, contrôlées par l'activation d'un niveau de décollement localisé dans les séries triasiques et liasiques. Les accidents s'enracinent au nord dans le socle paléozoïque rigide, à la faveur d'anciennes failles normales inversées.

• *Synthèse*

L'ensemble de ces observations permet d'établir la stratigraphie mécanique comparée des trois sites brièvement présentés ci-dessus (Fig. 9.28). Les barres blanches soulignent les séries incompétentes, qui constituent des niveaux de décollement préférentiels. Ceux-ci peuvent être majeurs, comme dans le Cambrien, l'Ordovicien, le Trias et le Lias, ou secondaires, comme dans le Crétacé Supérieur du premier site.

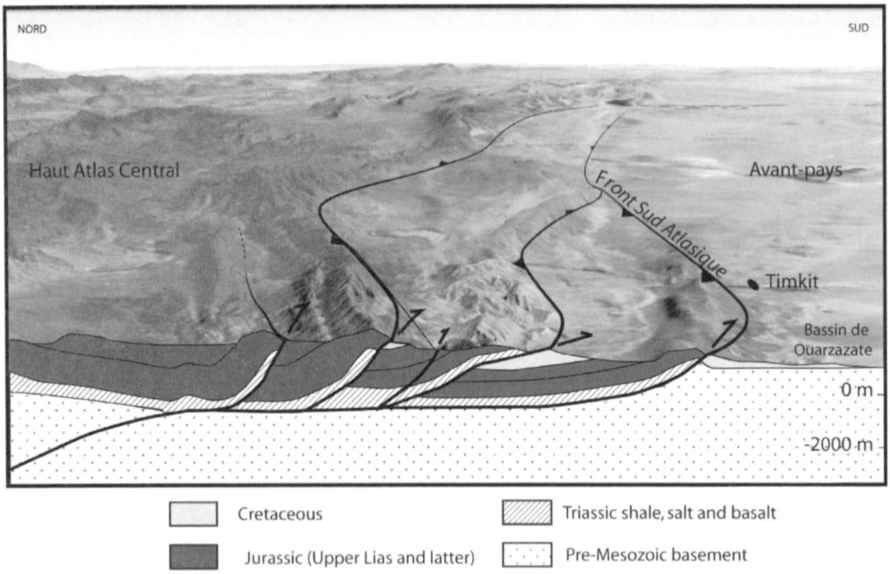

Figure 9.27 – **Coupe géologique schématique du Front Sud Atlasique (d'après Teixell *et al.*, 2003) intégrée dans une vue oblique vers l'Est (source : Google Earth) dans la région de Timkit (voir localisation site 3, figure 9.5.1). Le front est constitué par une série de reliefs allongés selon la direction est-ouest, contrôlés par une succession d'écailles tectoniques développés à la faveur d'un niveau de décollement dans les séries du Trias et du Jurassique inférieur.**

On constate ainsi que sur une distance relativement courte, le long d'un même accident majeur, la position du ou des niveaux de décollements peut varier considérablement. Les structures induites par l'activation de ces niveaux de décollements sont de fait très diverses, depuis un anticlinal frontal relativement simple jusqu'à des imbrications complexes. La morphologie du front de chaîne est elle-même directement liée à cette variabilité.

Il est important de souligner que la distribution des séries compétentes et incompétentes dans la pile sédimentaire est en premier ordre contrôlée par l'héritage tectonique, même si des facteurs externes comme les circulations de fluides ou des changements de conditions de pression et de température peuvent ultérieurement modifier cette stratigraphie mécanique. En effet, on voit ici que le développement des écailles tectoniques sur le site 3 est en lien avec l'apparition de niveaux évaporitiques triasico-jurassiques, niveaux absents plus à l'Est. Il s'agit là d'une conséquence directe du développement des bassins au début du Mésozoïque, dont l'épaisseur du remplissage s'accroît vers l'Ouest. De la même manière, l'histoire hercynienne est à l'origine de la préservation d'épais schistes ordoviciens qui constituent aujourd'hui un niveau de décollement préférentiel dans une région très localisée, alors qu'ils sont partout ailleurs érodés. L'histoire passée des zones étudiées est donc un facteur déterminant sur l'organisation structurale actuelle des chaînes de montagnes.

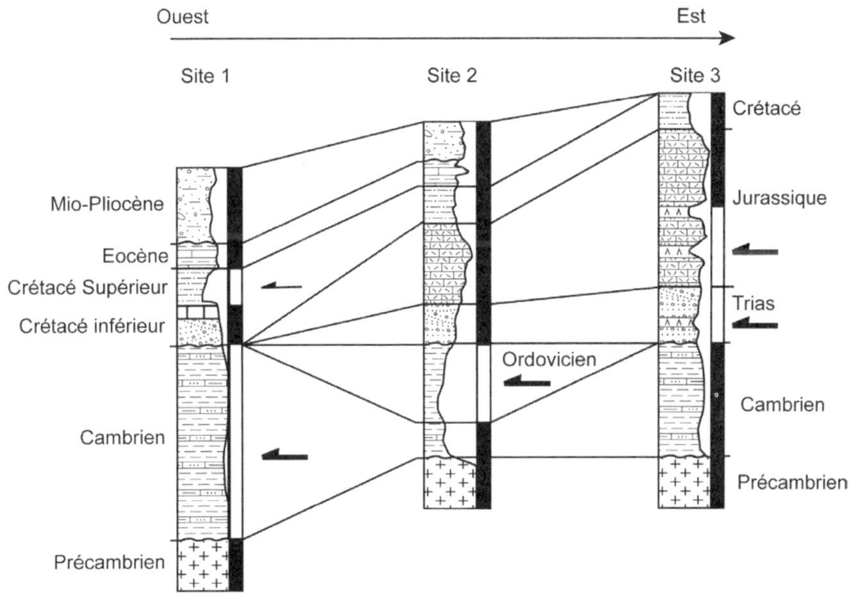

Figure 9.28 – Synthèse de l'étude des trois sites présentés sous la forme de logs lithostratigraphiques et mécaniques. Les barres verticales noires représentent les niveaux compétents, les barres blanches les niveaux incompétents. Les niveaux de décollement sont représentés par des flèches noires. Ils se localisent dans des niveaux différents selon les sites, donnant lieu au développement de structures tectoniques variées.

9.6 LES MODÈLES DE PLIS

Le terme de chaîne en « chevauchements- plissement » (*Fold and Thrust Belt*) est aujourd'hui largement utilisé pour désigner les orogènes dans lesquels la couverture sédimentaire est affectée par des déformations à la fois plicatives et cassantes. Cette étroite coexistence entre plis et failles est connue depuis longtemps : les premières tentatives de hiérarchisation de ce type de structures remontent à la fin du XIXe siècle (voir Frizon de Lamotte et Buil, 2002).

Les progrès réalisés en imagerie de subsurface, associés au développement des concepts d'équilibrage des coupes (voir chapitre 9.7), ont permis des avancées considérables dans la compréhension de ces structures. Nous nous limiterons ici essentiellement à une description géométrique des différents types de structures, laquelle fait l'objet d'un consensus depuis le début des années 1980 (voir en particulier Suppe, 1985) même si certains aspects, dont les problèmes mécaniques posés, sont toujours vivement débattus.

En préambule, on rappellera deux points qui nous semblent fondamentaux. Les modèles présentés :

- ne sont *que* des modèles. Il s'agit de structures idéalisées qui ne reflètent que partiellement la complexité des objets naturels ;

- sont reliés entre eux par *le facteur temps*. Il existe un continuum entre les différents types de structures présentées, qui ne sont que des modèles extrêmes, toutes les solutions intermédiaires étant possibles.

9.6.1 Les plis de décollement (*Detachment folds*)

Les plis de décollement sont probablement les structures les plus simples, décrites par exemple dès 1916 dans le Jura (Buxtorf, 1916, repris par Goguel, 1952). Ils se forment lorsqu'un niveau compétent, constitué par exemple de carbonates ou de grès, est encadré au toit et à sa base par deux niveaux de décollement, un décollement supérieur et un décollement inférieur (Fig. 9.29a et b). Le niveau de décollement inférieur peut être constitué d'évaporites ou d'argiles ; le niveau de décollement supérieur peut simplement correspondre à l'atmosphère ou à de l'eau, qui n'opposent aucune résistance mécanique au plissement. Ce dernier a lieu par flambage, ou flexion, de la série compétente (*cf.* § 9.2).

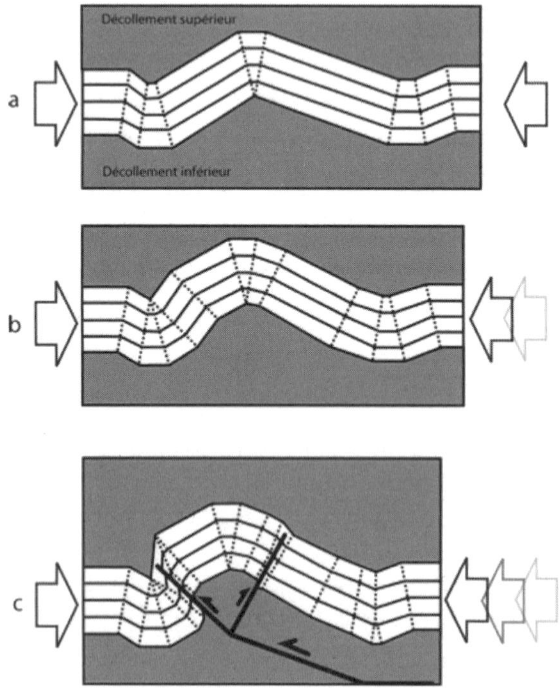

Figure 9.29 - **Exemple de pli de décollement entre deux niveaux incompétents. Lorsque le raccourcissement augmente, le pli se rompt : un chevauchement dit tardif recoupe les séries et provoque une accentuation du pendage du flanc, ici presque inversé. Avec l'accentuation de la déformation, un rétro-chevauchement peut apparaître et rompre le flanc arrière, à droite sur l'illustration. Modifié d'après Mitra, 2002.**

Ce type de pli est généralement relativement symétrique, mais le plan axial peut être basculé si le niveau de décollement inférieur perd de son efficacité (diminution de viscosité). La longueur d'onde est généralement importante, ce type de pli pouvant être d'échelle lithosphérique. Ces plis présentent fréquemment des structures secondaires à l'intrados (disharmonie, failles inverses) et à l'extrados (structures extensives) (*cf.* § 9.2.3). L'augmentation du raccourcissement peut provoquer la rupture du pli, dont l'un des flancs est alors recoupé par un chevauchement tardif (*Break-Thrust*, fig. 9.29c). Dans ce cas, on notera que la déformation cassante est tardive par rapport à la déformation plicative De tels plis faillés sont par exemple bien illustrés dans le Zagros (voir en particulier la figure 10.3.9).

9.6.2 Les plis de propagation (*Fault-propagation fold*)

Le raccourcissement d'une série horizontale à stratigraphie mécanique contrastée donne lieu à l'activation d'un ou plusieurs niveaux de décollements. Le glissement qui se produit à la faveur de ces niveaux de décollement conduit au développement de « failles plates », ou « paliers ». Si un de ces niveaux de décollement perd latéralement son efficacité, par exemple en raison de variations latérales de faciès, la déformation cassante va alors se propager vers le haut, avec le développement d'une rampe de bloc inférieur (Fig. 9.30). En réponse à cette propagation, les séries susjacentes situées au toit du niveau de décollement vont accommoder la déformation par plissement, en formant un pli dit « de propagation ». Dans ce type de pli, le glissement sur la faille est donc contemporain de la déformation plicative. Le pli va se développer à l'extrémité de la faille dans une zone à géométrie triangulaire en coupe appelée *trishear zone* (Fig. 9.30). Le flanc arrière du pli va lui être basculé progressivement, pour devenir parallèle à la rampe de bloc inférieur.

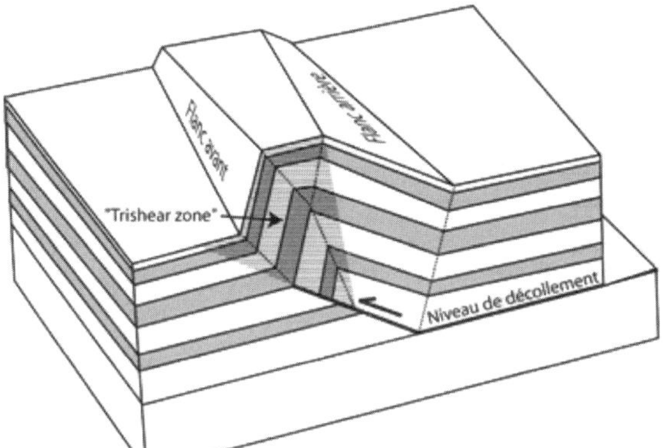

Figure 9.30 – **Exemple de pli de propagation. Un niveau de décollement horizontal sert de palier, sur lequel s'enracine une rampe. À l'aplomb de la rampe, les séries sont plissées passivement, au fur et à mesure de la propagation de la rampe vers la surface. Le flanc avant est nettement plus penté que le flanc arrière, dont le pendage est parallèle à la rampe. À l'aplomb de celle-ci, la déformation se localise dans une zone triangulaire appelée *Trishear zone*. Les charnières sont figurées en pointillés fins.**

Les plis de propagation sont généralement asymétriques : le flanc avant est à pendage fort, vertical, voire inverse, alors que le flanc arrière a le même pendage que la rampe de bloc inférieur. Le déplacement sur la rampe devient nul à son extrémité.

9.6.3 Les plis de cintrage sur rampe (*Fault-bend folds*)

Les plis de cintrage sur rampe se forment lorsque deux niveaux de décollement sont activés et reliés entre eux par une rampe de bloc inférieur. Le pli se forme ainsi par simple cintrage des couches au-dessus des transitions entre les niveaux de décollement et la rampe (Fig. 9.31). Ce type de pli est généralement relativement symétrique, le flanc avant ayant un pendage proche de celui du flanc arrière, lequel épouse la géométrie de la rampe. Les couches situées au toit traversent passivement les charnières, en enregistrant la déformation qui leur est associée : ainsi la partie supérieure d'une couche est-elle en compression lors du passage palier inférieur/rampe, et en extension lors du passage rampe/palier supérieur ; il en est de même mais en séquence opposée pour sa partie inférieure.

La formation d'un pli de cintrage sur rampe est contemporaine du glissement sur le plan de faille, comme pour le pli de propagation, dont elle peut constituer une évolution.

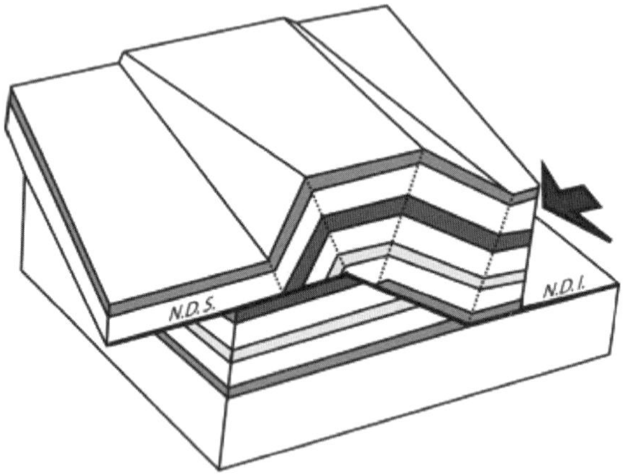

Figure 9.31 – **Modèle théorique de pli de cintrage sur rampe. Un niveau de décollement supérieur (N.D.S.) et un niveau de décollement inférieur (N.D.I.) sont reliés par une rampe de bloc inférieur. Le pli « épouse » la morphologie des paliers et de la rampe. Les charnières sont figurées en pointillés fins.**

9.6.4 Plisser en extension ?

Les modèles de plis présentés brièvement ci-dessus sont des concepts nés des observations réalisées dans des domaines compressifs. Pourtant, ces concepts directement liés à ceux de la stratigraphie mécanique, peuvent parfaitement s'appliquer en régime extensif - à l'exception toutefois du flambage. En effet, l'étirement d'une série à stratigraphie mécanique contrastée va elle aussi donner lieu à l'activation des niveaux de décollements efficaces, lesquels se connecteront par des rampes. En réponse au glissement sur ces paliers et ces rampes, le bloc supérieur va se déformer en formant des plis dont les géométries seront très similaires à ce qui est observé en contexte compressif. Ainsi, si deux niveaux de décollement sont reliés par une rampe, l'étirement donnera lieu à la formation d'un pli de cintrage sur rampe, mais cette fois-ci en régime extensif (Fig. 9.32). Le lecteur pourra se référer par exemple à Benedicto *et al.*, 1996, pour des exemples illustrés par des profils sismiques sur la marge du golfe du Lion.

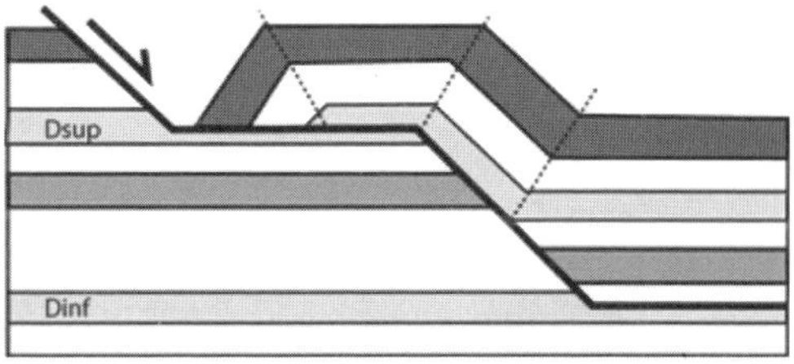

Figure 9.32 - Exemple en coupe de pli de cintrage sur rampe en contexte extensif. L'activation de deux niveaux de décollement (inférieur, noté Dinf, et supérieur, noté Dsup), et la rampe qui les connecte, donne lieu au plissement passif de la série stratifiée située au toit de ces plans de glissement. Celle-ci adopte alors une géométrie symétrique, les charnières (en pointillés) étant transportées. Comme dans le cas compressif, le flanc arrière du pli adopte le pendage de la rampe, à laquelle il est parallèle.

Ce type de modèle permet ainsi d'expliquer pourquoi, dans des domaines en extension, on observe des séries dont le pendage est parallèle aux failles. De la même manière, le concept de *trishear zone*, zone triangulaire de déformation située dans le secteur de propagation d'une rampe, peut s'appliquer en extension (Fig. 9.33).

9.7 L'équilibrage des coupes et la restauration

9.7.1 Principe

Une coupe est dite équilibrée (*balanced cross-section*) s'il existe un chemin cinématique possible entre l'état actuel, proposé sur la coupe, et un état anté-déformation supposé. La restauration d'une coupe géologique consiste à établir les étapes de ce chemin cinématique jusqu'à l'état anté-déformation supposé.

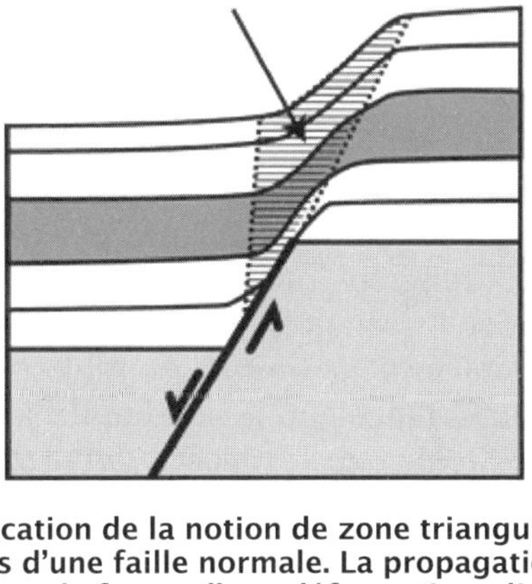

Figure 9.33 - Application de la notion de zone triangulaire de déformation (*trishear zone*) au cas d'une faille normale. La propagation de l'accident vers le haut s'exprime sous la forme d'une déformation plicative qui s'amortie vers la surface.

Pour illustrer ces définitions, nous prendrons le cas de trois couches, initialement horizontales dans leur état anté-déformation (Fig. 9.34a). Ces couches sont affectées par un épisode de déformation compressive, qui donne lieu à la formation d'un pli (Fig. 9.34b). Ce pli est dans un second temps recoupé par un chevauchement tardif qui affecte son flanc avant, et un rétrochevauchement (Fig. 9.34c).

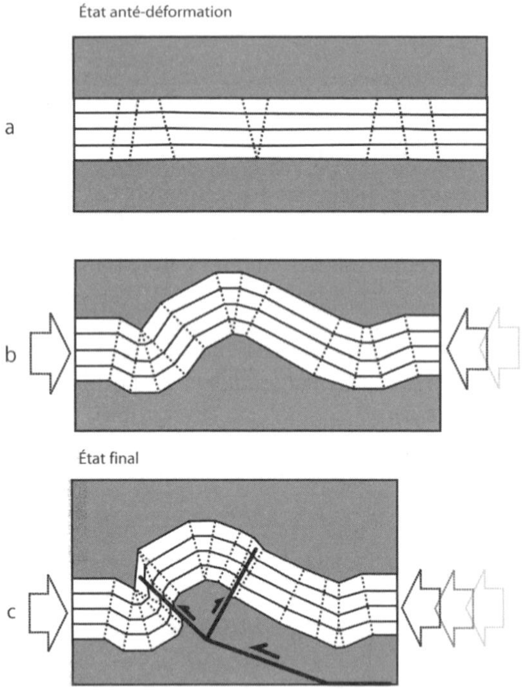

Figure 9.34 – **Exemple d'évolution d'une structure dans le temps depuis un état initial (a) anté-déformation, avec une série isopaque horizontale, jusqu'à un état final (c), ou les couches sont uniformément raccourcies et affectées par un pli et deux accidents inverses.**

Le géologue qui cherche à construire la coupe de la structure dispose dans la plupart des cas exclusivement des données de surfaces : pendages des couches, position des contacts normaux (stratigraphiques) et anormaux (tectoniques) (Fig. 9.35a). Il doit extrapoler ces données parcellaires en profondeur. Graphiquement, un grand nombre de solutions sont ainsi *a priori* possibles, comme celle proposée figure 9.35b. Pourtant, géométriquement, le nombre de solutions réalistes possibles est limité : dans l'exemple de la coupe proposée figure 9.35b, les couches les plus profondes montrent un raccourcissement beaucoup moins important que les couches les plus superficielles. Cette solution n'est donc pas réaliste, le raccourcissement à l'échelle de la structure devant être identique pour toutes les couches.

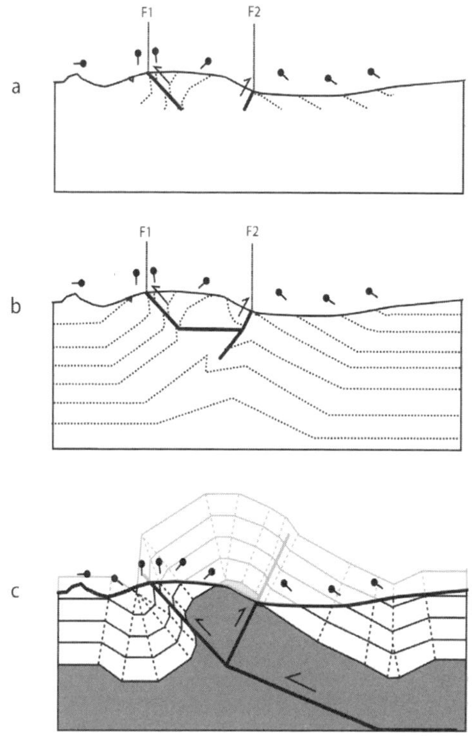

Figure 9.35 – **(a) Données de terrain utilisées pour la construction d'une coupe géologiques : pendages, contacts entre les niveaux stratigraphiques, position et jeu des failles. (b) Proposition de coupe respectant les données de surface, mais non réaliste : les niveaux les plus profonds présentent un raccourcissement beaucoup plus faible que les niveaux superficiels, alors que le raccourcissement doit être homogène à l'échelle de la structure. (c) Proposition de coupe équilibrée, respectant les données de surface. La structure proposée correspond à celle illustrée figure 9.34., et peut donc être restaurée pour remonter à un état initial ou les couches sont horizontales, et de même longueur.**

À l'inverse, la solution proposée figure 9.35c est théoriquement possible : si l'on restaure la coupe en annulant le jeu des failles et en « dépliant » les plis (voir les figures 9.34c, 9.34b, puis 9.34a), on retrouve bien l'état anté-déformation supposé, avec des couches horizontales, continues et de même longueur. Cette coupe est dite équilibrée. Il est important ici de préciser que cette solution n'est généralement pas unique : il s'agit donc d'une solution possible, mais le fait qu'elle soit équilibrée ne garantit pas sa véracité. Cependant, toute coupe qui n'est pas équilibrée est de facto fausse.

9.7.2 Hypothèses posées

La réalisation d'une coupe équilibrée repose sur plusieurs hypothèses fortes :

- l'état initial anté-déformation est connu ;

- la déformation est réalisée exclusivement dans le plan de la coupe : il n'y a pas d'échappement de matière latéralement ;
- il n'y a pas de variation du volume des unités au cours de la déformation.

Chacune de ces hypothèses doit être discutées dans le contexte de la coupe réalisée. L'état initial peut être plus complexe que supposé, si par exemple des séries disparaissent latéralement. La seconde hypothèse peut être invalidée s'il existe une composante tangentielle sur les failles, ou si la coupe n'est pas perpendiculaire aux structures. Enfin, la dissolution de carbonates peut induire des variations de volume de la pile sédimentaire.

9.7.3 Comment procéder ?

Les modèles de plis présentés précédemment constituent des aides importantes pour l'équilibrage des coupes. En effet, ces modèles sont par définition équilibrés, et répondent à des règles de construction géométriques précises. Dans le cas par exemple d'un pli de rampe (Fig. 9.31), le flanc arrière du pli impose le pendage de la rampe, qui lui est parallèle : le dessin de la coupe doit donc refléter cette contrainte de construction. Il en est de même pour les charnières, dont la position et le pendage sont imposés par la géométrie théorique du pli. Le géologue structuraliste commence donc par projeter les données dont il dispose sur le plan de coupe, choisi le modèle de pli qui lui semble le plus adapté, et extrapole les données au dessus et en dessous de la surface topographique en tenant compte des contraintes géométriques imposées par le modèle choisi.

La méthode la plus utilisée pour valider l'équilibrage d'une coupe est purement géométrique : il s'agit de vérifier la conservation des longueurs ou des aires. En effet, entre l'état actuel, déformé, et l'état initial supposé, les longueurs des bancs, tout comme leurs surfaces dans la représentation en coupe, doivent être conservées. Tant que cette conservation n'est pas effective, la coupe n'est pas équilibrée, et est donc fausse.

10 La tectonique cassante/ductile régionale

10.1 Les décollements de couverture : un exemple le Jura

La chaîne du Jura (Fig. 10.1) est séparée des Alpes par le bassin molassique dans lequel se sont accumulés 5 000 m de dépôts détritiques marins et d'eau douce d'âge oligocène supérieur-miocène (≈ 30 – 15 Ma). À l'Ouest et au Nord, elle est bordée par les grabens de la Bresse et du Rhin qui appartiennent au rift cénozoïque d'Europe occidentale (Chap. 6, § 6.1.2). Le Jura interne est formé d'un système de plis isopaques et de chevauchements à vergence vers l'ouest. Le Jura externe est formé de plateaux peu ou pas plissés séparés par des faisceaux étroits de plis et de failles inverses constituant les arcs Lédonien et Bisontin (Fig. 10.1).

Les failles du Jura ont été réactivées pendant le plissement. Celles de direction N-S à NNE-SSW sont des failles normales (contemporaines de la formation du rift d'Europe occidentale) réactivées en failles inverses (failles-plis, Fig. 6.24a). Dans le Jura externe, des failles de direction NE-SW, d'âge paléozoïque supérieur (300-250 Ma), (voir § 9.4.1), ont été réactivées en failles inverses dans les faisceaux de plis. Dans le Jura interne, les failles de direction NW- SE à N-S ont été réactivées en failles décrochantes senestres.

La cartographie géologique montre que les formations les plus anciennes qui affleurent dans le Jura sont des niveaux à évaporites (anhydrite et sel), très ductiles, d'âge triasique supérieur dans le Jura externe et triasique moyen dans le Jura interne. C'est ce qui a conduit depuis longtemps à l'idée que la couverture sédimentaire du Jura est décollée de son socle (Buxtorf, 1907). Entre les années 1950 et 1960, de nombreux forages effectués dans le Jura externe en ont apporté la preuve. Dans l'arc Lédonien, les forages occidentaux (MT3-2, C, Fig. 10.2a) montrent que les formations d'âge jurassique avec à leur base un niveau à évaporites triasiques (≈ 210 Ma) recouvrent anormalement le remplissage tertiaire (Oligocène-Pliocène, ≈ 36 à 4 Ma) du graben de la Bresse ; ce recouvrement atteint 6 km suivant une direction NW-SE. Les forages orientaux (L1, L2, B, V, Fig. 10.2a) montrent, eux, une série sédimentaire stratigraphiquement

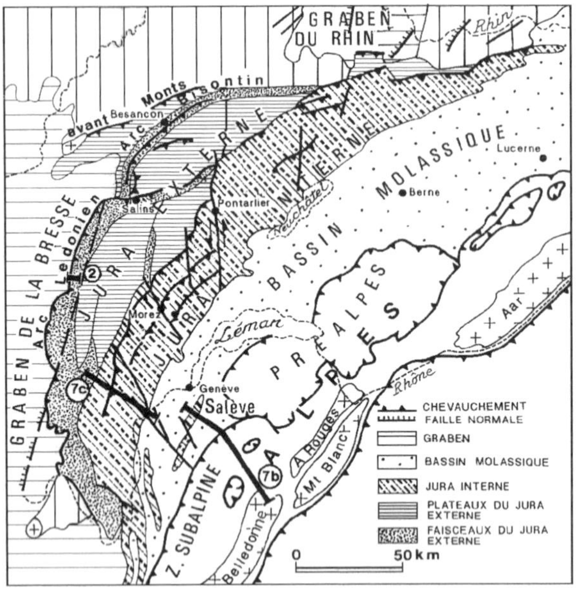

Figure 10.1 – Esquisse structurale du Jura et des régions voisines (d'après Chauve et Periaux *in* Debelmas, 1974, *Géologie de la France*, Doin, Paris). Les deux traits épais indiquent la position des deux profils ECORS (Fig. 9.7b et 9.7c).

normale, d'âge paléozoïque supérieur à jurassique reposant sur un socle hercynien. Cependant, comme il y a continuité latérale des formations d'âge triasique supérieur-jurassique (de C à V sur la Fig. 10.2a) et que celles-ci sont, à l'Ouest, déplacées horizontalement de 6 km, force est d'admettre que là où la succession stratigraphique apparaît normale, la couverture est, elle aussi, déplacée d'une quantité égale et qu'il y a *décollement de la couverture* sur son socle.

On peut donc distinguer (Fig. 10.2b) : (1) le *socle* recouvert de formations sédimentaires solidaires du socle, constituant ce qu'on appelle le *tégument*, (2) le *niveau de décollement* et (3) *la couverture décollée*. Cette dernière peut elle-même comporter des niveaux lithologiques très ductiles constituant autant de niveaux de décollement potentiels. Le recouvrement anormal est appelé *chevauchement* (thrust), s'il est de grande amplitude (plusieurs dizaines à la centaine de kilomètres) on l'appelle *charriage* (overthrust).

10.2 La géométrie des plis et des chevauchements de couverture et la mesure du raccourcissement : l'Overthrust Belt du Wyoming (USA)

La chaîne de l'Overthrust Belt du Wyoming est un segment (280 km de long) des cordillères nord-américaines qui s'étendent sur plus de 4 000 km, du nord du Canada

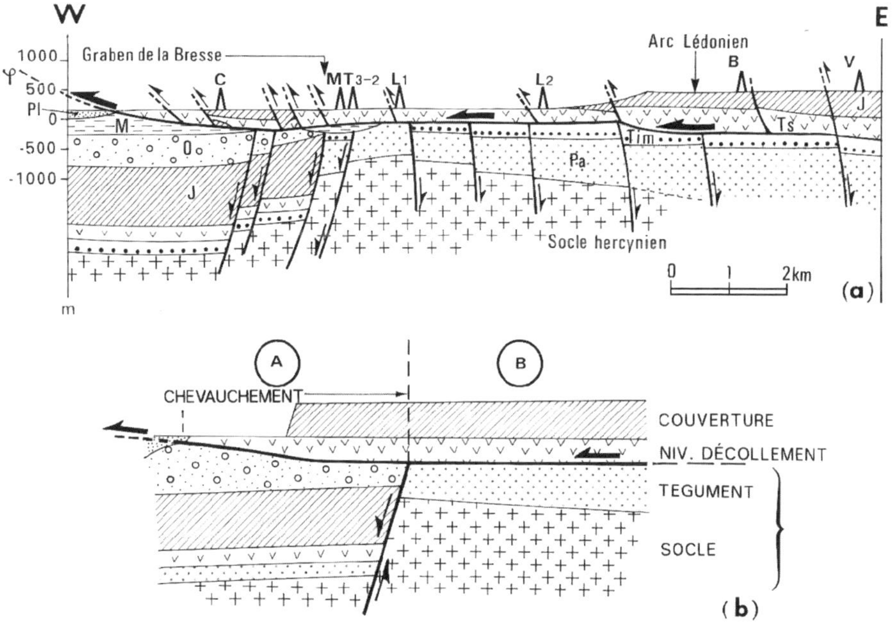

Figure 10.2 – a) Coupe de la bordure occidentale du Jura externe passant par les forages de Courlans (C.), Montmorot (M), Lons (L.), Briod (B) et Vevy (V.) (d'après Chauve *et al.*, 1988, *Bull. Soc. Géol. France*, (8), VI (S), 861-870). Pa : Paléozoïque supérieur, Tim : Trias inférieur-moyen Ts : Trias supérieur J : Jurassique, O : Oligocène, M : Miocène, Pl : Pliocène. b) Schéma d'un décollement de couverture.

jusqu'au Mexique (Fig. 10.3a). Elle constitue la bordure orientale du domaine plissé, chevauchant sur l'avant-pays cordillérain (Montagnes Rocheuses centrales et méridionales et plateau du Colorado) peu déformé, parfois affecté de grandes failles inverses (les *uplifts*, voir Fig. 6.22). Grâce aux nombreux forages et profils sismiques réalisés dans cette région pétrolifère, la géométrie de la chaîne est très bien connue, en surface comme en profondeur.

L'Overthrust Belt du Wyoming est formé d'un empilement d'unités (appelées *nappes*) déplacées de plusieurs dizaines de kilomètres vers l'est sur des plans de failles de faible pendage (*surfaces de charriage*) pentées vers l'ouest. Les unités charriées dites *allochtones* (du grec, autre terre) reposent anormalement sur d'autres unités ou sur un substratum non déplacé dit *autochtone* (du grec, sa propre terre = formée sur place). Dans l'Overthrust Belt du Wyoming, toute la couverture paléozoïque à cénozoïque est décollée sur le socle précambrien, peu ou pas déformé dans la partie orientale de la chaine, mais affecté de failles inverses dans les régions occidentales (Fig. 10.3b).

2.1. *La géométrie des plis et des chevauchements.* Les chevauchements (ici les charriages) ont une géométrie caractéristique en rampes et paliers (Fig. 10.4a) : les *paliers* (flats) sont des surfaces de chevauchement parallèles au litage sédimentaire et les *rampes* (ramps) des surfaces qui le recoupent selon un angle faible (20-30°).

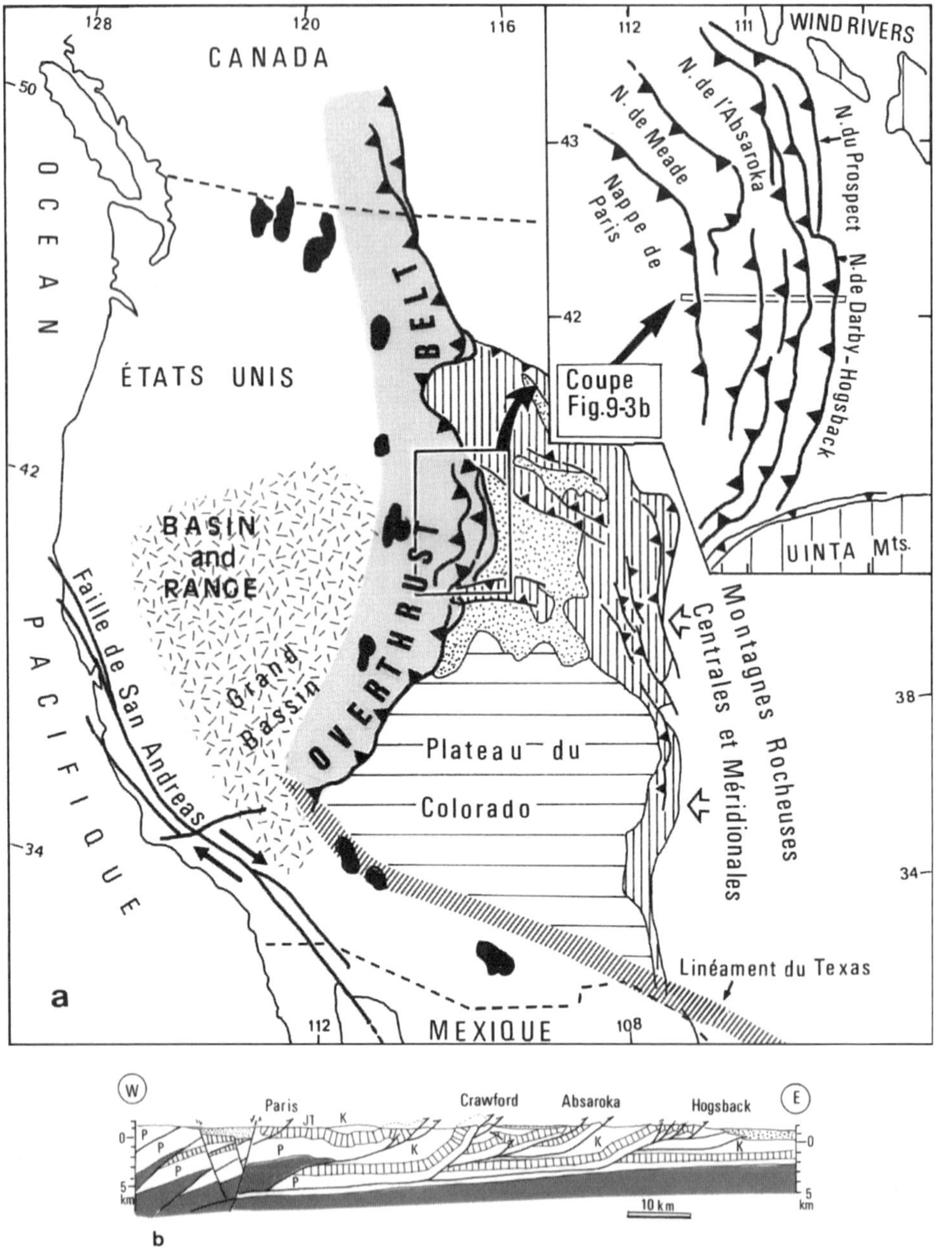

Figure 10.3 – a) Carte schématique de l'Ouest des États-Unis. En grisé la situation de l'Overthrust Belt et en noir les «metamorphic core complexes» (d'après Aubouin *et al.*, 1986, *Bull. Soc. Géol. France*, (8), II (5), 741-751, modifié). En encart, l'Overthrust Belt du Wyoming ; b) Coupe de l'Overthrust Belt du Wyoming (d'après Dixon J.S., 1982, *A.A.P.G. Bull.* (66), 10, 1560-1580).

Dans un dispositif en rampes et paliers, lors du déplacement de l'unité supérieure (ou toit), il se forme un pli anticlinal au sommet de la rampe et un synclinal à son pied ; plis et chevauchements sont donc étroitement liés géométriquement. L'origine des rampes est variée ; celles-ci résultent souvent du cisaillement de couches cassantes, parfois de l'activation d'anciennes failles normales (Fig. 6.24c) ou de discontinuités lithologiques obliques à la stratification (pente de talus). De ce fait les rampes peuvent être perpendiculaires (*rampe frontale*), obliques ou parallèles (*rampe latérale*) au déplacement de la nappe (Fig. 10.4b). Les plis liés à la formation de ces rampes ont une direction identique à celles-ci.

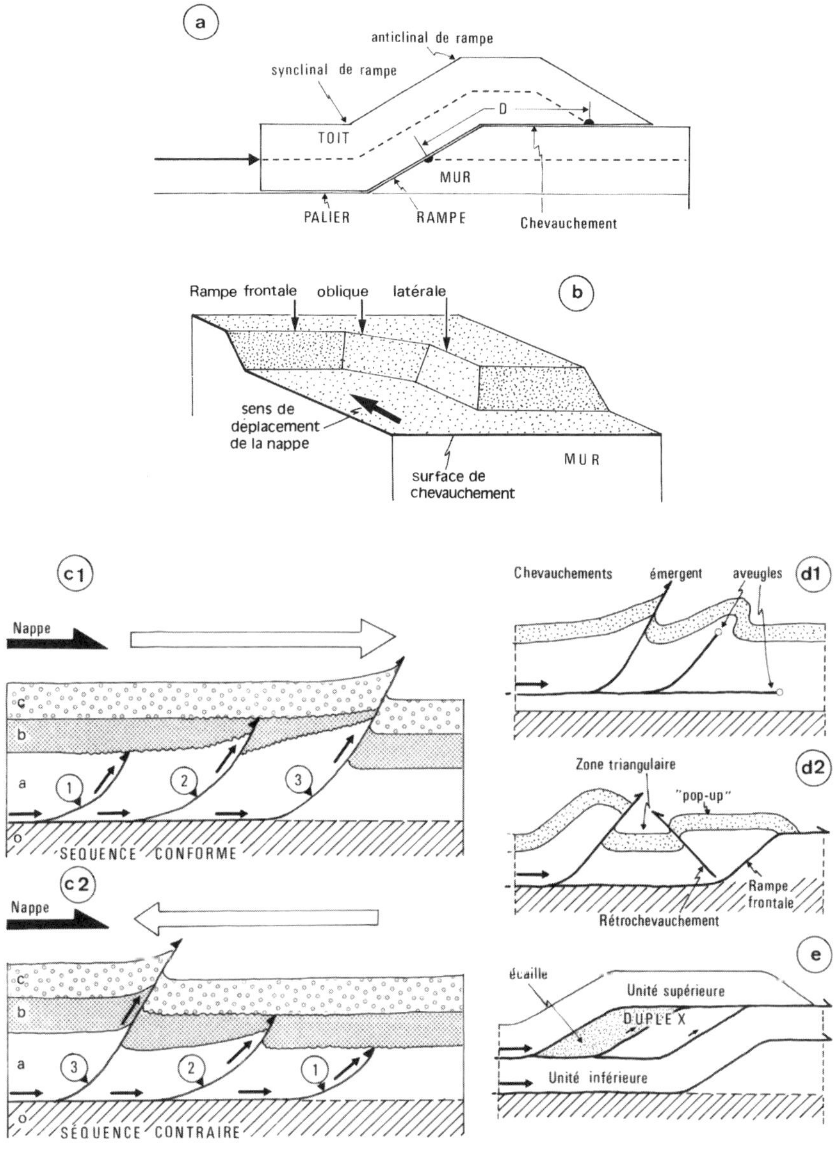

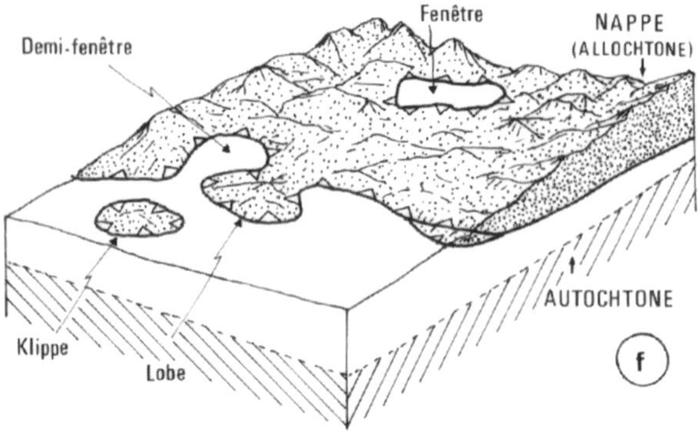

Figure 10.4 – **a) Schéma d'un chevauchement avec rampe et paliers ; b) différents types de rampes ; c) séquences d'apparition de chevauchements : c1) séquence conforme et c2) séquence contraire (flèches vides et chiffres indiquent l'ordre de formation des chevauchements) ; d1) exemples de terminaisons de chevauchements, d2) complications locales de la structure de la nappe ; e) géométrie d'un duplex ; f) nappe et structures associées.**

Les surfaces de chevauchement sont la plupart du temps multiples et séparent à leur terminaison frontale des *écailles* (= unités peu déplacées les unes par rapport aux autres) *imbriquées*. Celles-ci peuvent se former successivement en séquence dans le sens du déplacement des nappes (*séquence conforme* ou piggy back sequence, Fig. 10.4c1) ou en sens inverse du déplacement (*séquence contraire* ou overstep sequence, Fig. 10.4c2). Dans l'Overthrust Belt du Wyoming la progression des nappes est conforme : les nappes internes (à l'ouest) se mettent en place au Crétacé inférieur et moyen, les médianes au Crétacé terminal et les externes au début du Tertiaire.

La surface des chevauchements peut atteindre la surface du sol (chevauchement émergent) ou bien s'amortir sur un pli anticlinal ou le long d'un plan de litage (chevauchement aveugle, Fig. 10.4d1). Une rampe frontale et un *rétrochevauchement* à pendage opposé délimitent vers le haut un coin extrusif (pop-up structure) et vers le bas une zone triangulaire (Fig. 10.4d2). Un système d'écailles imbriquées compris entre deux chevauchements forme un duplex (Fig. 10.4e).

L'érosion des nappes peut amener à l'affleurement, au milieu des unités allochtones, des unités sous-jacentes ou même l'autochtone (Fig. 10.4f) qui forme une *fenêtre* si celui-ci est complètement entouré d'unités charriées ou une *demi-fenêtre* s'il ne l'est que partiellement. Au front de la nappe l'érosion dégage des *lobes* encore rattachés à celle-ci ou des *klippes*, isolés. Klippes et fenêtres permettent de mesurer le déplacement minimum d'un chevauchement.

10.3 Le prisme orogénique

10.3.1 Introduction

Les chaînes de montagne récentes sont toutes reconnaissables par leur relief accidenté, atteignant plusieurs kilomètres d'altitude. Ce relief résulte de la déformation de la croûte continentale dans une zone de convergence. La géométrie de ce relief selon une section orthogonale à la chaîne est généralement asymétrique avec une pente moyenne faible (2-3°) du côté le plus large et un peu plus forte (4-5°) du côté le plus étroit. Les structures tectoniques (failles, plis) qui arment la chaîne sont à vergence opposée, vers l'extérieur de l'orogène.

Afin d'expliquer la forme de ce relief de nombreux travaux de modélisation analogique et numérique ont été réalisés depuis une vingtaine d'années. Les modèles analogiques, utilisant des matériaux granuleux tels que le sable, s'appuient sur la théorie du *coin orogénique* (*orogenic wedge*) dont les propriétés rhéologiques sont définies par le comportement du matériel de type Coulomb. Le coin orogénique dont la pente de sa surface (α) est face à la convergence, est souligné à sa base, par un niveau de décollement de pente opposée d'angle β. La théorie du coin critique de Coulomb prédit que le prisme se déforme (déformation interne) et que sa pente augmente jusqu'à ce qu'il ait atteint la valeur critique au-delà de laquelle la déformation se fait par glissement à la base du prime. La déformation interne du prisme se fait par apparition et développement de chevauchements vers l'avant (*forward thrust*), à faible pendage, et/ou de (rétro) chevauchements (*backthrust*) vers l'arrière, à fort pendage (Fig. 10.5) (Davis et Engelder, 1985). Toute modification du prisme, tant à sa base (friction) que dans sa masse (allègement par érosion ou épaississement par sédimentation), entraîne une modification des contraintes dans le prisme et induit une nouvelle déformation de celui-ci jusqu'à ce qu'il retrouve sa géométrie à l'équilibre (Fig. 10.6). Les modèles numériques, plus complexes, permettent de simuler d'autres facteurs tels l'isostasie, le champ de température, ainsi que l'érosion et la sédimentation.

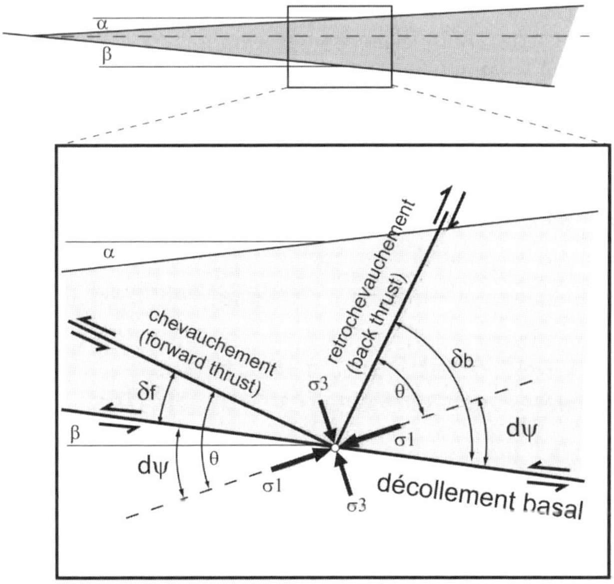

Figure 10.5 – Orientation des axes principaux des contraintes et position des chevauchements conjugués dans un prisme tectonique (d'après Davis et Engelder, 1985).

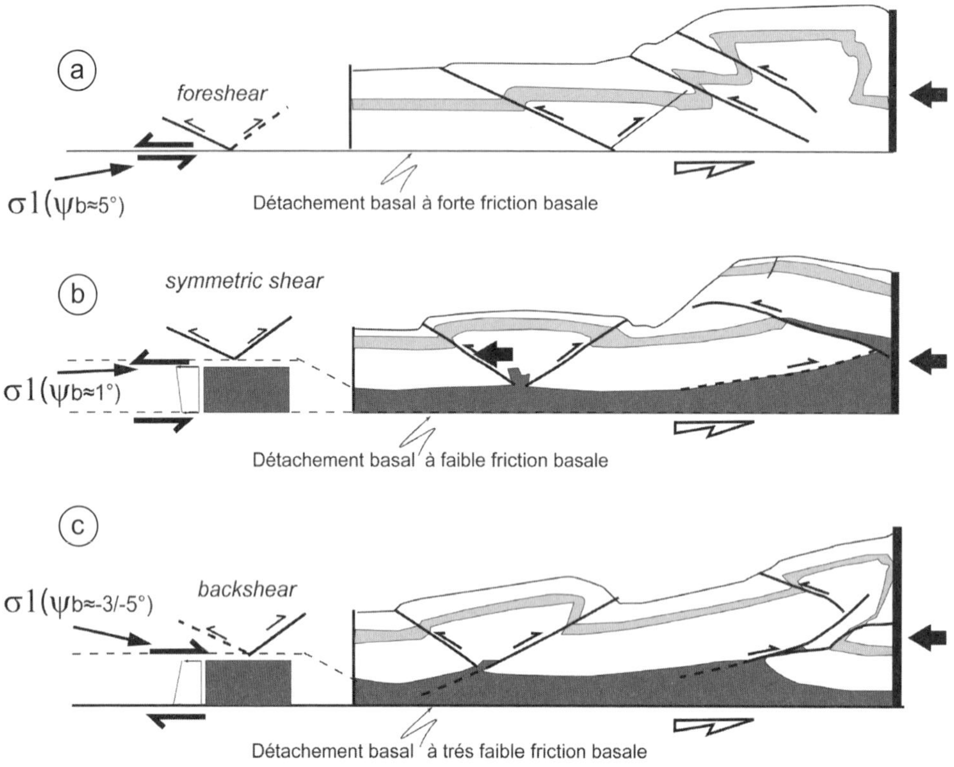

Figure 10.6 – Différents types de déformation interne d'un prisme tectonique selon le comportement mécanique basal ; a : comportement purement frictionnel, b et c : comportement avec viscosité basale croissante ou décroissante. Selon le cas la vergence des chevauchements est vers l'avant (a), dans les deux sens (b) et vers l'arrière (rétro) (c). À gauche : orientation de la contrainte principale à la base du prisme. (D'après Bonini, 2007, modifié).

Nous renvoyons le lecteur à l'importante littérature publiée sur ce sujet.

10.3.2 L'apport des modèles analogiques à la compréhension de l'évolution des Alpes

La chaîne alpine étudiée depuis plus d'un siècle fournit une somme d'informations considérable surtout de ses premiers kilomètres. La campagne de sismique réflexion franco-italienne ECORS-CROP, en 1986, a donné une image crustale complète de la chaîne suggérant une organisation dissymétrique complexe (Fig. 10.7). Toutes ces informations permettent de tester les modèles analogiques et numériques régulièrement proposés et de valider ou non les concepts avancés.

Les grands traits géologiques de la chaîne alpine

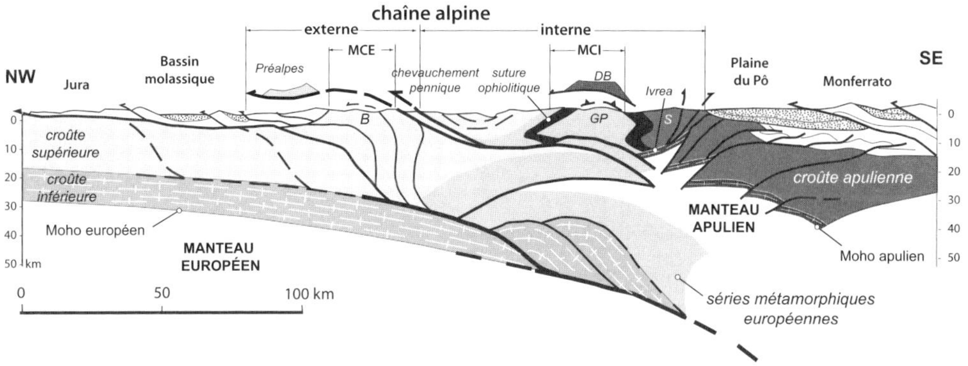

Figure 10.7 - Modèle structural des Alpes établit à partir des données de la campagne sismique ECORS-CROP au travers des Alpes occidentales franco-italiennes, en 1990. La chaîne des Alpes ici est décrite brièvement sur la transversale NW-SE, du Jura à la plaine du Pô, le long du profil « ECORS-CROP alpine seismic traverse » (Roure *et al.*, 1990) (Fig. 10.7).

La chaîne comprend à l'ouest une *partie externe*, dite subalpine, où la couverture sédimentaire méso et cénozoïque plissée et écaillée arme les premiers reliefs importants (massifs des Bornes, de la Chartreuse…). Immédiatement à l'est s'élèvent *les massifs cristallins externes* (MCE : Belledonne (Fig. 10.7B), Mont Blanc – Aiguilles Rouges), qui représentent le socle métamorphique hercynien des formations sédimentaires subalpines. Cette partie externe chevauche vers l'ouest sur un bassin détritique d'avant-chaîne (le bassin molassique) né de la surrection de la chaîne et de son érosion. Plus à l'ouest une succession de plis et de failles affectent les terrains mésozoïques et forment un domaine plissé d'avant-chaîne, le Jura, dont l'ensemble déformé est décollé et translaté vers l'ouest sur le Trias et jusque sur les dépôts oligocènes de la dépression de la Bresse.

À l'est s'étend la *chaîne alpine* dite « interne » très déformée ; l'ensemble des terrains sont allochtones. Un chevauchement majeur – le chevauchement pennique frontal – sépare le domaine interne du domaine externe. Les Alpes internes sont constituées de terrains métamorphiques méso et cénozoïques généralement métamorphisés et d'un socle paléozoïque complexe également métamorphique, apparaissant en dôme au cœur de la chaîne où ils forment des massifs montagneux élevés dits « massifs cristallins internes » (MCI : Mont Rose, Grand Paradis (GP, Fig. 10.3.3), Dora Maira). Des unités sédimentaires mésozoïques métamorphiques calcschisteuses (schistes lustrés) et des ophiolites démembrées enveloppent les MCI et s'enracinent dans des accidents verticaux ou fortement inclinés à l'ouest. Ces derniers jalonnent la limite (suture) entre le craton européen à l'ouest et au nord, et le craton apulien au SE. Ils sont les témoins du domaine océanique (Téthys alpine) qui s'étendait entre les domaines continentaux européen et apulien au cours du Jurassique – Crétacé inférieur. La croûte apulienne profonde affleure dans la zone de Sezia (S) et le manteau apulien remonte très haut, au droit du « corps d'Ivrea ». Au-delà vers le SE, dans les Alpes italiennes, une série d'écailles de socle et de sa couverture, à vergence SE découpe la croûte apulienne. Enfin de grandes écailles à vergence NW, chevauchent les dépôts molassiques du bassin d'avant-pays de la plaine du Pô.

Enfin des unités tectoniques situées en position haute dans la chaîne, largement charriées vers l'est depuis les zones internes, recouvrent certaines parties externes de la chaîne (nappes helvétiques, Préalpes). Des lambeaux apuliens reposent en klippes (DB : Dent Blanche) sur la partie interne de la chaîne.

Apport des modèles analogiques

Dans les nombreuses expériences réalisées depuis une vingtaine d'années, les matériaux analogues utilisés sont des produits granulaires (poudres de silice et sables) qui sont accrétés contre une butée et se déforment selon le modèle du *coin critique* de Coulomb (Fig. 10.5). Reporté à la chaîne on distingue le *coin orogénique*, dont la partie supérieure (*orogenic lid*) est largement chevauchante et la partie inférieure formée par sous placage et accrétion frontale de la plaque inférieure (Fig. 10.8). La plaque inférieure, pre-structuré dans sa partie « interne », simule l'héritage structural faillé en grands blocs crustaux. Au cours des diverses expériences l'érosion est active dans le coin orogénique alors que la sédimentation forme un bassin d'accumulation dans l'avant-pays.

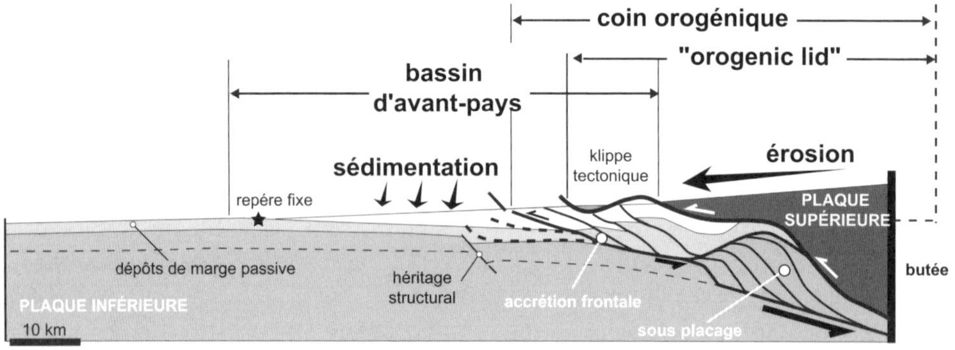

Figure 10.8 – Modèle d'avant-pays de chaîne illustrant l'interaction des processus de surface (érosion et sédimentation) et la tectonique (d'après Bonnet *et al.*, 2008, modifié).

Parmi les nombreux modèles publiés nous avons retenu ceux de Cécile Bonnet (2007, 2008), qui renseignent assez précisément sur les interactions entre la tectonique, l'érosion et la sédimentation lors de l'évolution de la chaîne alpine occidentale.

À partir de leurs modélisations Bonnet *et al.* (2008) ont montré que l'évolution du coin orogénique, et donc la structure finale de la chaîne, était très sensible aux conditions rhéologiques de départ mais aussi au taux d'érosion et de sédimentation.

Parmi les nombreuses expériences réalisées a été retenue celle qui, avec un faible taux d'érosion et de sédimentation, illustre le mieux la coupe des Alpes occidentales le long du profil ECORS (Fig. 10.9).

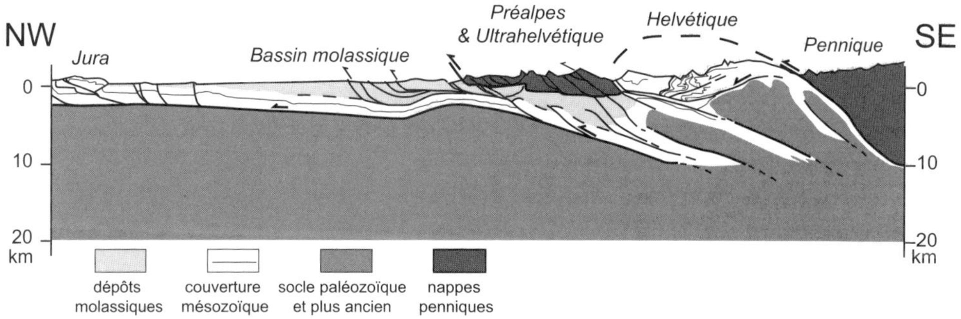

Figure 10.9 - Géométrie des structures des Alpes occidentales (d'après Spicher A., 2005, modifiée, in Bonnet *et al.* C., 2008, fig. 10).

Détaillons les informations apportées par la modélisation : la figure 10.10 présente trois étapes de l'expérience. Pour suivre son évolution dans le temps et l'espace, trois points de référence A, B et C ont été pris au toit du socle de la partie pre-structuré de la plaque européenne (= blocs crustaux faillés lors de la formation de la marge téthysienne).

Les trajectoires des points de références dont on suit l'évolution sur le graphe déplacement horizontal/surrection-enfouissement, mettent en évidence 3 étapes de l'évolution orogénique de la chaîne.

Dans un *premier temps* (Fig. 10.10a) (t0-t15 à t22) la plaque européenne subducte sous la plaque supérieure ; les points A, B et C sont rapidement enfouis à 3-4 km de profondeur. Dans un *deuxième temps* (Fig. 10.10b) (t16-t28) les points B et C commencent une remontée de 7 à 8 km, moins rapide que l'enfouissement, accompagnée d'une importante érosion ; les produits de l'érosion s'accumulent dans l'avant-pays (bassin molassique). Le point A, le plus externe, poursuit sont enfouissement alors que remontent déjà les points B et C. Cette deuxième étape s'explique par le sous-placage du soubassement pre-structuré et la formation d'un empilement antiforme de nappes de socle (formation des massifs cristallins externes – MCE). Lors de la *troisième étape* (Fig. 10.10c) (t29-t38) c'est le substratum européen homogène qui est sous plaqué ; la surrection des points repères est moins rapide et la déformation se fait surtout par accrétion frontale (formation du Jura). Les irrégularités de la pente de la trajectoire de la surrection (exhumation) visibles sur le graphe sont enregistrées dans l'histoire thermochronologique des roches de ces parties de la chaîne.

Les nombreux modèles régulièrement publiés de plus en plus compliqués, basés sur la théorie du coin critique de Coulomb, tentent souvent avec succès de rendre compte de certains aspects des zones de convergence en général (prisme d'accrétion) et des chaînes de collision en particulier. Toutefois ces modèles sont impuissants pour expliquer ces contextes dans leur ensemble, notamment dans leur évolution profonde. Ce sont alors des modélisations analogiques utilisant des matériaux de rhéologies variées autres que granulaires tels ceux proposés par Shemenda et son équipe

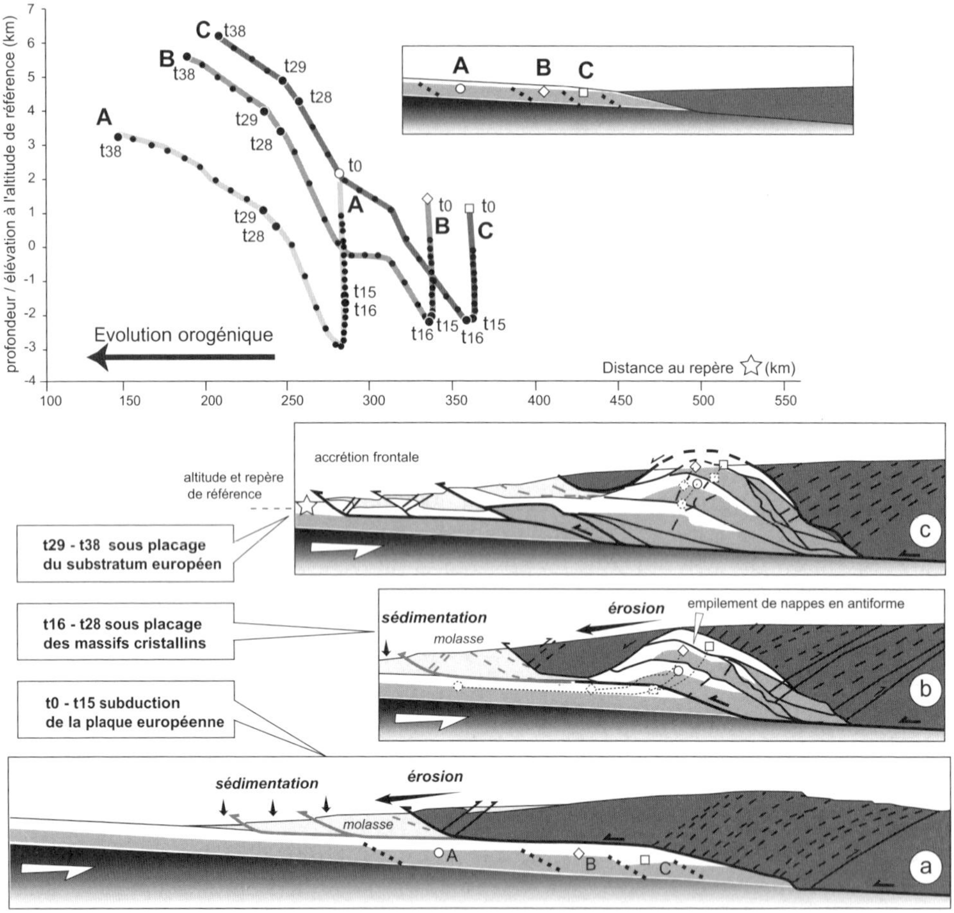

Figure 10.10 – **Illustration de l'enfouissement et de l'exhumation ou cours de la déformation du prisme orogénique : exemple des Alpes occidentales. Modélisation de Bonnet *et al.*, 2008, (Fig. 11, modifiée) ; (détails dans le texte).**

(Shemenda, 1994). Ce sont aussi des modélisations numériques faisant appel à des lois physiques où la rhéologie des roches, les conditions physiques (T°, P°, vitesse de déformation…) sont introduites dans des protocoles de calcul nécessitant des moyens de calcul importants qui sont mis en œuvre (par exemple voir Burov *et al.*, 2001).

10.3.3 Un exemple de prisme orogénique et son évolution : le Zagros

La chaîne du Zagros est une chaîne orogénique qui s'étend sur près de 2000 km dans une direction nord-ouest/sud-est et qui résulte de la fermeture de la Néo-Téthys au Crétacé Supérieur puis de la *collision continentale entre la plaque Arabe et le bloc*

Iran à l'Oligo-Miocène (Sherkati et Letouzey, 2004 ; Fig. 10.11). Les plus hauts sommets culminent à plus de 4000 m, mais l'altitude moyenne est de l'ordre de 1200 m. La morphologie de la chaîne est *asymétrique*, avec une pente relativement faible du nord-est vers le sud-est, et marquée par une série de ressauts topographiques en direction de l'avant-pays. Du fait d'un climat aride, la morphologie des structures tectoniques y est remarquablement préservée ; de plus, le potentiel pétrolier de l'avant-pays du Zagros a donné lieu à de nombreuses campagnes d'exploration. La structure de ce système orogénique est donc relativement bien contrainte aujourd'hui.

La chaîne du Zagros est classiquement divisée en deux grands domaines : *le Dezful* au nord-ouest, et *l'arc du Fars* au sud-est. Cette distinction morphologique est contrôlée par la structure crustale de la chaîne et son héritage. Dans le Dezful, la chaîne est étroite (130 km environ) et les structures rectilignes, alors que le Fars s'étend sur une largeur de près de 300 km et les structures présentent une courbure concave vers le sud-ouest (Fig. 10.11). Ce contraste entre les deux domaines est classiquement expliqué par la pré-existence dans le Fars de *bassins salifères précambriens* dont les épaisses séries évaporitiques (formation des sels d'Hormuz) ont permis la propagation de la déformation sur des distances importantes.

Les zones dites internes du Zagros, situées au nord-est sont constituées essentiellement de séries méso-cénozoiques métamorphiques et magmatiques. Elles sont limitées au sud-ouest par un accident chevauchant majeur, la *Main Zagros Fault* (MZF, Fig. 10.11), qui les sépare des zones externes, constituées d'une épaisse couverture sédimentaire méso-cénozoique plissée.

Parmi les nombreux travaux publiés sur les zones externes du Zagros, nous avons choisi de présenter les résultats de Matteo Molinaro qui couplent l'évolution du prisme orogénique à sa structure lithosphérique.

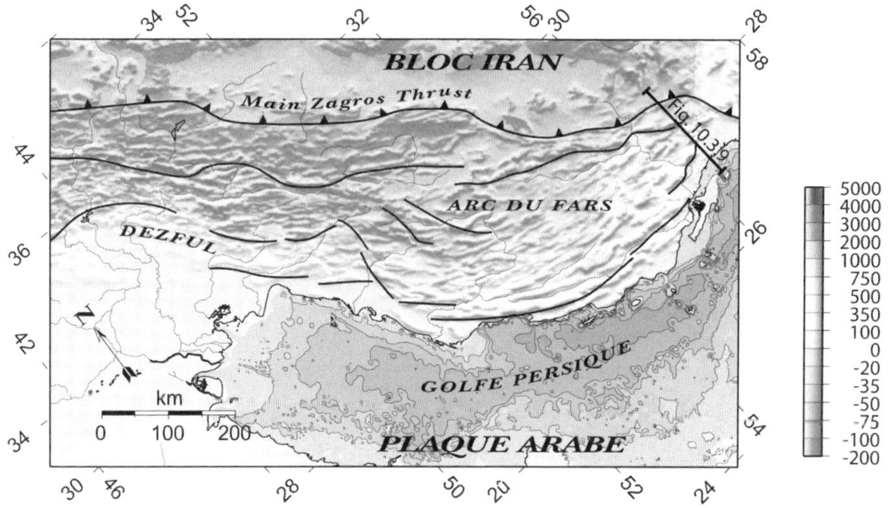

Figure 10.11 – **Carte topographique du Zagros et localisation de la coupe présentée figure 10.13.**

• *Structure lithosphérique actuelle de l'arc du Fars*

Molinaro et *al.*, 2005a, ont réalisé un travail de modélisation géophysique d'échelle lithosphérique sur la base de l'algorithme de Zeyen et Fernandez, 1994. Cette modélisation consiste à *inverser* différents paramètres comme la topographie, le géoide, les anomalies gravimétriques, ou le flux de chaleur, pour proposer un modèle de la structure lithosphérique. Dans ce type de modèles, la structure crustale est contrainte par les données connues (géométrie du prisme, épaisseurs sédimentaires, nature de la croûte inférieure, profondeur du Moho…), alors que la profondeur de la limite lithosphère asthénosphère est un paramètre « libre » qui est ajusté par essai erreur jusqu'à obtention d'une bonne adéquation entre données calculées et données observées.

Le résultat de la modélisation le long d'un profil passant au travers de la chaîne a permis de montrer que la lithosphère était *très amincie sous le Zagros,* la limite lithosphère-asthénosphère remontant à *près de 100 km de profondeur contre 200 km sous le golfe persique* (Fig. 10.12). Un tel amincissement en contexte de convergence est interprété par les auteurs comme la conséquence du *détachement du slab téthysien* au cours du cénozoïque. Ce détachement induit un *soulèvement isostatique* à l'aplomb de la zone amincie, la densité moyenne de la lithosphère étant thermiquement diminuée.

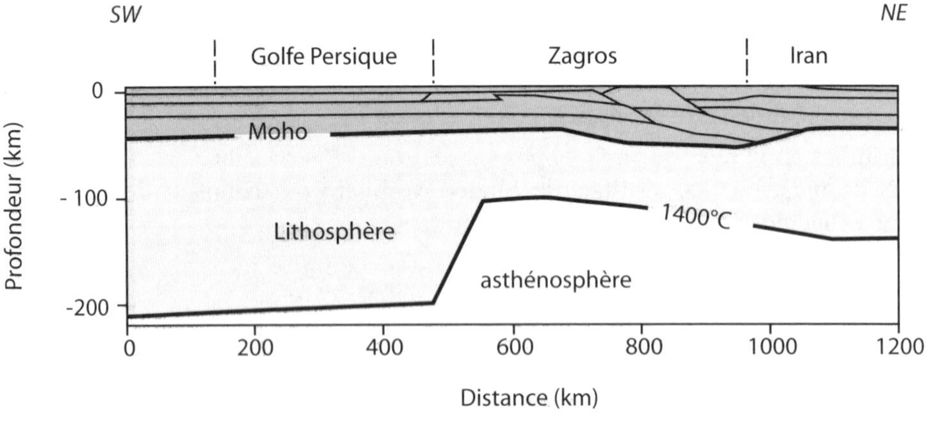

Figure 10.12 - Modèle de la structure profonde du Zagros (modifié d'après Molinaro *et al.*, 2005). Le modèle est issu de l'inversion de données gravimétriques, de géoide, de flux de chaleur et de topographie. Il montre un important amincissement de la lithosphère sous le Zagros, l'asthénosphère atteignant des profondeurs de l'ordre de 100 km. L'échelle verticale est fortement exagérée par rapport à l'échelle horizontale.

• *Structure crustale du Fars*

La coupe équilibrée, et sa restauration (voir la notion de coupe équilibrée, chapitre 9) présentée sur la figure 10.13 (localisation Fig. 10.11) illustre la géométrie des structures dans la partie orientale de l'arc du Fars. Elle a été réalisée à partir des données de surface, d'imagerie satellitaire, de données aéromagnétiques, et complétée des données de sismologie. Les huit à neuf premiers kilomètres sont constitués par des *séries sédimentaires* plissées et faillées, par opposition à un *socle rigide protérozoique.* Au toit du socle, les sels d'Hormuz constituent *un niveau de décollement efficace* qui découple la déformation entre le socle rigide et les structures plissées. La géométrie des structures conduit les auteurs à interpréter les plis dans la couverture comme des plis de décollement, *recoupés tardivement* par des accidents liés à l'activation des failles de socle. Plusieurs arguments étayent cette interprétation : la géométrie symétrique des plis, l'obliquité de la trace des failles de socle en surface par rapport aux axes de plis précoces, l'existence de décalages verticaux de niveaux repères de part et d'autre des accidents de socle, les mécanismes au foyer enregistrés.

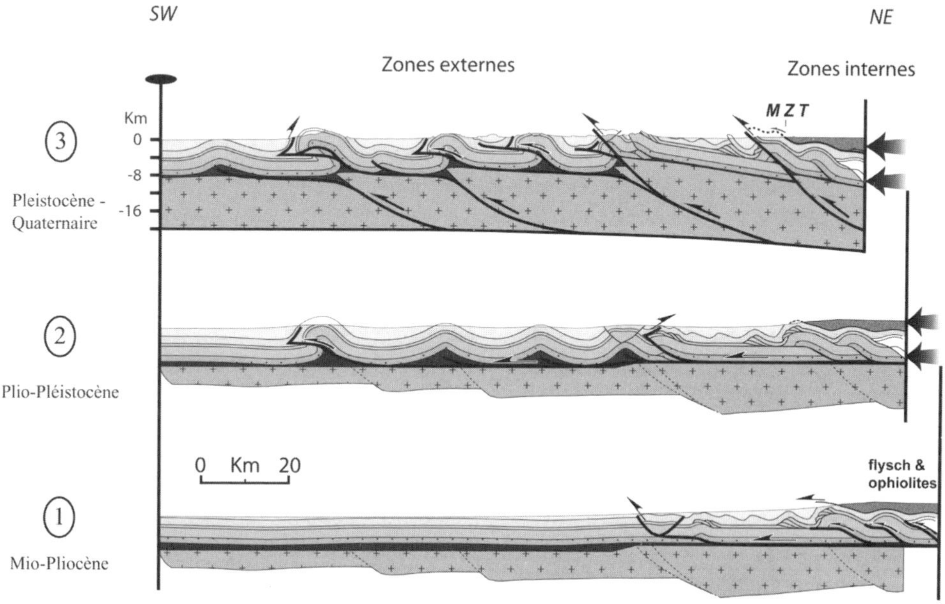

Figure 10.13 - Coupe équilibrée déduite des données de surface, des images satellitaires, des cartes aéromagnétiques, et restauration des structures dans l'arc du Fars (modifié d'après Molinaro *et al.*, 2005). La déformation s'exprime dans un premier temps sous la forme de tectonique de couverture, avec un raccourcissement de l'ordre de 45 km. Les failles de socle viennent ensuite recouper les plis antérieurs.

Cette coupe et sa cinématique associée illustrent ainsi une évolution dans le temps du style de la déformation, qui dans un premier temps s'exprime sous la forme *d'une tectonique de couverture (thin-skin tectonic),* et voit dans un second temps **l'activation des failles de socles**, qui recoupent les structures pré-existantes (*thick-skin tectonic).*

• *Interprétation en termes de prisme de Coulomb*

La cinématique déduite de la coupe équilibrée (Fig. 10.3.9) permet de mettre en évidence trois étapes et souligne bien le passage d'une tectonique de couverture à une tectonique de socle, probablement au cours du Plio-Pleistocène. La première étape voit l'empilement d'écailles tectoniques dans les zones internes du Zagros au cours du

Miocène moyen à supérieur. La déformation se propage ensuite dans la couverture à l'avant du système sous la forme de plis de décollement, favorisés par la présence des sels d'Hormuz. Enfin, les failles de socle découpent les structures pré-existantes en blocs.

L'existence d'un présumé détachement de slab dans la chaîne a conduit Molinaro *et al.*, 2005, à relier ce détachement au changement de style tectonique observé à partir des données de géologie structurale.

Ces auteurs proposent ainsi que le détachement du slab induit *un soulèvement isostatique* dont le maximum est centré sur les zones internes du Zagros. Ce soulèvement, d'origine thermique (diminution de la densité moyenne de la lithosphère), *modifie l'angle critique* β *du prisme orogénique* (Davis *et al.*, 1983 ; voir chapitre 10.3) en le diminuant (Fig. 10.14). Le *rééquilibrage* du prisme, qui était alors contrôlé par le décollement principal dans les sels d'Hormuz, se fait *en activant les failles de socles héritées*. Ainsi, le changement radical de style tectonique observé au Plio-Pléistocène (passage d'une tectonique de couverture à une tectonique de socle) correspondrait à

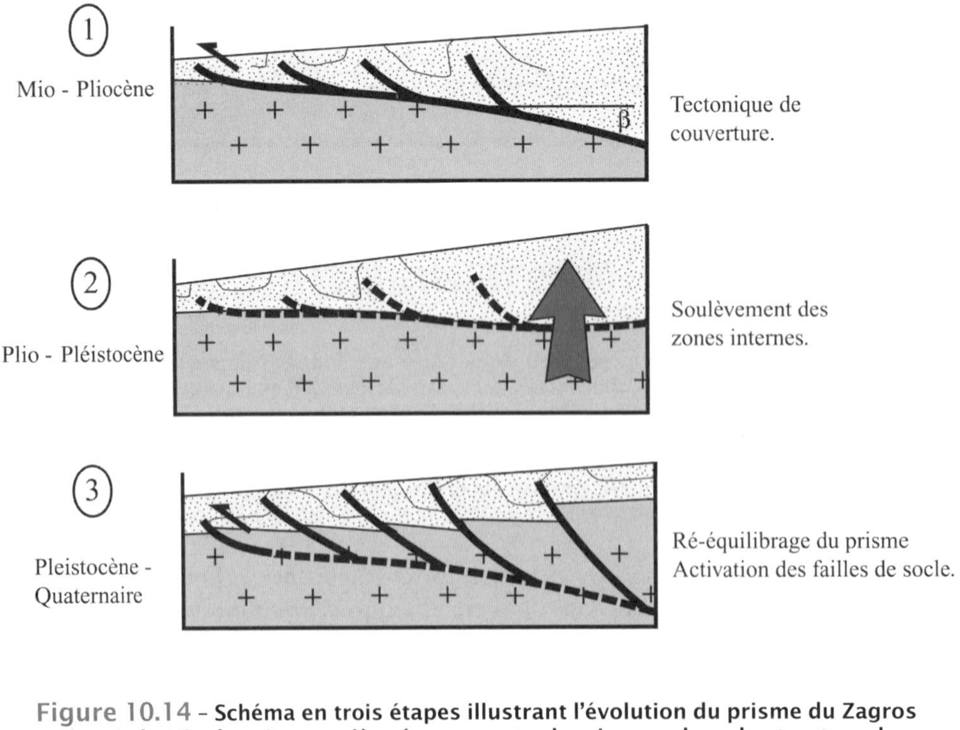

Figure 10.14 – Schéma en trois étapes illustrant l'évolution du prisme du Zagros depuis le Miocène. La première étape montre la mise en place de structure de couvertures à l'aplomb du niveau de décollement que constituent les sels d'Hormuz, au contact socle/couverture. La seconde étape figure le détachement du slab, et le basculement du prisme en réponse au soulèvement isostatique. Enfin, la troisième étape présente le rééquilibrage du prisme, avec l'activation des structures de socle. Modifié d'après Molinaro *et al.*, 2005.

une modification de la géométrie du prisme, en réponse à des processus géodynamiques de grande échelle.

10.4 L'exhumation des roches métamorphiques dans les chaînes de montagne

La présence de roches métamorphiques au cœur des grandes chaînes de collision est connue depuis très longtemps (Miyashiro A., 1961 ; Ernst W.G., 1974) mais reste toujours à l'origine de questions essentielles à la compréhension de la formation de ces chaînes.

10.4.1 Les roches métamorphiques de HP et UHP - BT

Certaines des roches métamorphiques du cœur des chaînes se sont formées dans des conditions de haute pression (HP) ou de très haute pression (UHP) et de basse à moyenne température. De lithologie variée selon la nature du protolithe, elles sont caractérisées par des paragenèses typiques des faciès métamorphiques schistes verts de HP, schistes bleus et éclogites. Les conditions géodynamiques permettant de telles transformations sont celles qui règnent dans les zones de subduction et notamment dans les zones de convergence où les marges continentales sont profondément impliquées. Dans ces zones les roches sédimentaires des marges et leur substratum crustal, ainsi que les roches des fonds océaniques qui les jouxtaient, ont été rapidement entraînées dans la zone de subduction, déformées et enfouies à plusieurs dizaines voire à plus de 100 kilomètres de profondeur. Or ces roches sont actuellement visibles au cœur des chaînes, où elles culminent parfois à plus de 3-4 kilomètres d'altitude, et affleurent souvent aux contacts des unités tectoniques dilacérées, discontinues (nappes, écailles) de l'édifice tectonique.

Comment ces roches si profondément enfouies ont-elles pu remonter rapidement (on parle de roches exhumées et le phénomène invoqué est l'exhumation) vers le haut des chaînes ? Pour poser le problème et avancer quelques réponses nous prendrons pour exemple le cas des Alpes occidentales.

10.4.2 Les roches métamorphiques profondes de moyenne et haute température

Parfois associées aux roches de HP et UHP, coexistent au cœur des chaînes, des roches métamorphiques de haute température (HT). Il s'agit alors de roches de facies schistes verts, amphibolites et sont très souvent accompagnées de roches partiellement fondues appelées anatexites. Ces roches forment de vastes dômes, de forme simple appelés « dômes métamorphiques », plus connus sous le terme originel de *metamorphic core complex* (Coney PJ., 1980). Leur formation représente également un phénomène d'exhumation mais distinct du précédent.

Pour comprendre ce phénomène nous prendrons comme exemple le cas des dômes métamorphiques égéens, en Grèce.

10.4.3 L'exhumation des roches métamorphiques : un phénomène complexe encore mal connu

Outre la présence des roches exhumées, les chaînes de montagne montrent des failles normales, dites de détachement. Ces failles sont associées à un phénomène d'extension qui contribue, en même temps que l'érosion, à la destruction des reliefs. Il a été constaté que certains détachements fonctionnaient pendant la convergence (détachements syn-orogéniques) et d'autres fonctionnaient après l'arrêt de la convergence (détachements post-orogéniques). Les mêmes accidents extensifs pouvaient d'ailleurs naître pendant la convergence et continuer de fonctionner après sont arrêt. L'estimation de l'importance de l'extension dans le processus général d'exhumation n'est toujours pas bien connue. Toutefois il semble que l'érosion et l'extension de la chaîne bien qu'agissant certainement au cours de son évolution ne soient pas des acteurs suffisants pour permettre l'exhumation profonde observée.

Depuis les années 85 de nombreux modèles ont été proposés pour tenter d'expliquer l'exhumation des roches métamorphiques. Leur approche est soit numérique soit analogique. Divers paramètres, essentiellement thermiques et mécaniques sont pris en compte. Sortant du cadre prévu dans ce manuel, nous renvoyons le lecteur intéressé aux articles référencés dans les travaux récents de synthèse (par exemple in Jolivet *et al.*, 2003).

10.4.4 L'exhumation dans les Alpes

Les données P-T-t issues des analyses thermodynamiques, radio et thermochronologiques des roches métamorphiques exhumées sont de plus en plus précises et sont autant de contraintes qui doivent sont pris en compte dans la mise au point des modèles. On constate notamment que les chemins du métamorphisme sont de plus en plus précis et surtout de plus en plus compliqués (Fig. 10.15) ; ils diffèrent par exemple d'une unité tectonique à l'autre et soulignent ainsi le caractère hétérogène de la déformation dans les parties internes de la chaîne. Rappelons que les paragenèses métamorphiques précoces de la partie prograde du chemin métamorphique – c'est-à-dire l'enfouissement des roches – sont souvent détruites et seul le pic de P-T n'est connu ; enfin au cours de l'exhumation les paragenèses précoces sont souvent partiellement détruits et apparaissent en reliques difficiles à déchiffrer et à caractériser.

Dans l'état des recherches l'évolution métamorphique des Alpes occidentales peut s'expliquer dans un modèle simplifié à trois étapes (Jolivet *et al.*, 2003) :

- Dans une *première étape* (Fig. 10.15 et a, Fig. 10.16), au cours de l'Éocène – Oligocène inférieur (55-30 Ma), la subduction de l'Europe sous l'Apulie entraîne en profondeur des lambeaux de croûte océaniques (unités du mont Viso) emballés dans des formations calcschisteuses (schistes lustrés) entre 20 et 80 km de profondeur où ils se transforment en éclogites (1-2 GPa – 400 à 600 °C). À l'Éocène supérieur les unités crustales continentales européennes les plus orientales (Dora Maira) sont enfouies à plus de 100 km de profondeur où elles se transforment dans des conditions d'UHP (3 Gpa-700 °C). Vers le haut du prisme orogénique les roches, moins enfouies, sont transformées dans le faciès des schistes bleus (0.8-1.5 GPa – 200 à

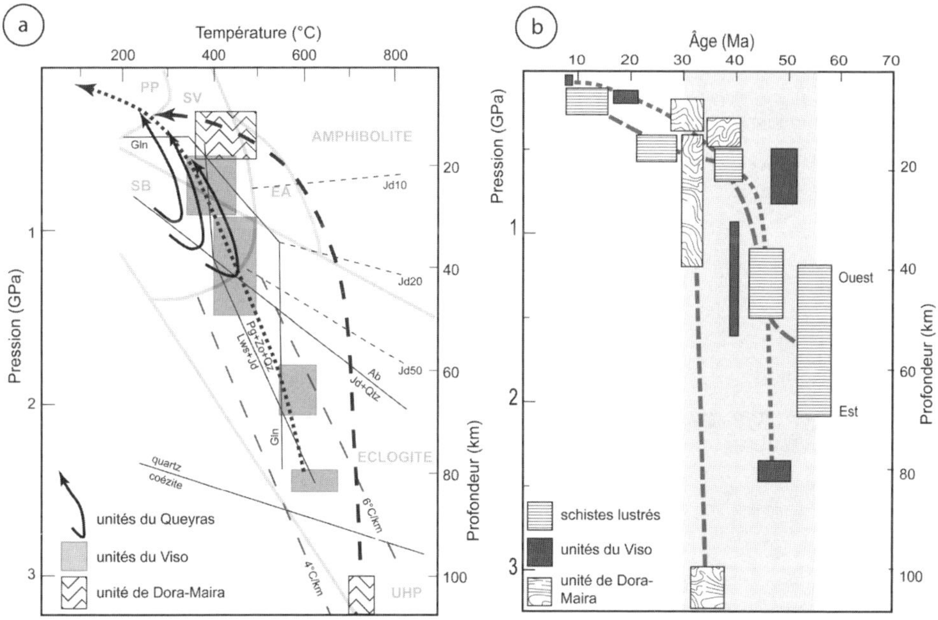

Figure 10.15 – Le métamorphisme dans les Alpes occidentales sur la transversale Queyras – Viso-Dora Maira. - a) Diagramme P-T des différentes unités tectoniques. Les trajets rétrogrades de ces unités sont de plus en plus profonds (P° élevée), à des températures plus hautes, d'ouest en est, dans la chaîne (in Nicollet 2010 , Fig. 12-2, simplifiée). b) Diagramme pression-temps montrant l'exhumation plus récente et très rapide des roches d'UHP (Dora-Maira) par rapport aux unités éclogitiques du Mont Viso et aux schistes lustrés (*in* Nicollet 2010, Fig. 12-6, modifiée).

400 C). Vers la fin de cette première étape les roches les plus profondément enfouies sont remontées à moins de 20-30 km de profondeur : première et rapide exhumation.

- Dans une *deuxième étape* (Fig. 10.16b), entre 30 et 20 Ma, la déformation superficielle crustale migre vers l'est dans la plaque européenne, tandis que la plaque apulienne poinçonne le prisme orogénique, provoquant la poursuite (modérée) de l'exhumation de ses parties internes. Le système devient à double déversement et des détachements accompagnent l'exhumation. Le matériel est alors rétromophosé dans le faciès des schistes verts (< 1GPa-300 à 450 °C) (Fig. 10.15). L'érosion probablement importante réduit les reliefs et alimente les formations détritiques (molasses) qui se déposent dans les bassins périphériques à la chaîne.
- Au cours de la *dernière étape* (Fig. 10.16c) la bordure européenne est découpée en grandes écailles crustales, qui par leur jeu inverse parachèvent l'exhumation. Des détachements superficiels facilitent cette dernière. L'érosion façonne toujours la chaîne en décapant les parties les plus profondément enfouies qui deviennent alors accessibles à l'observation.

Au total, des roches métamorphiques de HP et d'UHP, nées à des profondeurs très différentes se retrouvent, après exhumation, ensemble en surface. Les différences

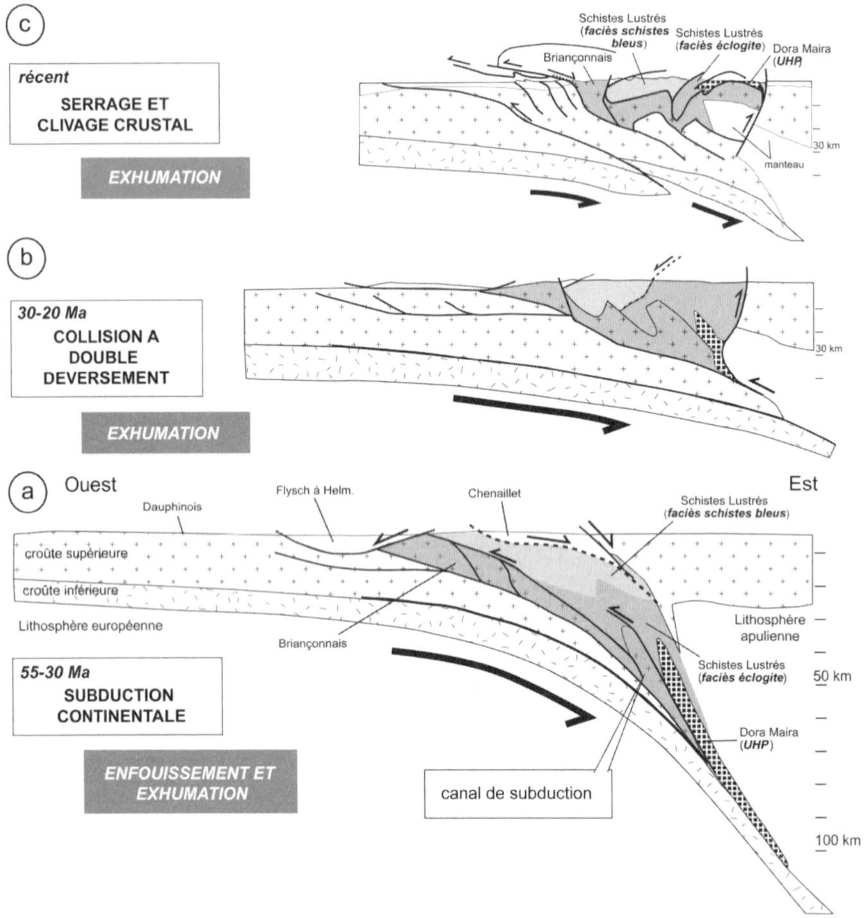

Figure 10.16 - Évolution schématique de la tectonique et du métamorphisme des Alpes occidentales sur la transversale Queyras - Viso-Dora Maira.(In Jolivet *et al.*, fig. 4, modifiée). a) subduction continentale, enfouissement et exhumation dans le canal de subduction ; b) poinçonnement du prisme orogénique, déformation à double vergence et exhumation générale de la partie interne de la chaîne, fortement érodée ; propagation de la déformation superficielle vers l'extérieur (ouest) de la chaîne ; c) Clivage crustal, serrage profond et détachement localisé en surface, accompagnant l'étape finale de l'exhumation.

d'âge des transformations métamorphiques et la diversité des chemins P-T imposent d'imaginer des mécanismes d'exhumation complexes. Les travaux récents montrent qu'elle a dû se faire à plusieurs niveaux dans la zone de convergence : dans le prisme d'accrétion avec un parcours ne dépassant pas 30-40 km de profondeur et dans le canal de subduction (espace très mal connu, pour ne pas dire encore mystérieux, compris entre le toit de la plaque plongeante et le mur de la plaque subduite), où les roches ont été entraînées à plus de 100 km de profondeur. Au cours du temps, en fonction de l'évolution géodynamique de la convergence (variation du pendage de la subduction, diminution de la vitesse de subduction...) et de l'action des divers phénomènes géologiques (minéralogique, tectonique...), les conditions thermiques et dynamiques changent et modifient le comportement des roches ; ainsi se modifient les chemins d'exhumation. Dans le cas des Alpes occidentales (Fig. 10.16) on suppose qu'il y a eu réduction puis fermeture du canal de subduction entre 30 et 20 Ma.

10.4.5 De l'exhumation syn-orogénique et l'exhumation post-orogénique

Les études comparatives récentes des chaînes alpines périméditerranéennes permettent de mieux comprendre les différences tectoniques qui existent entre elles et de relier ces différences aux processus géodynamiques qui les ont crées. L'apport des données de tomographie sismique est, dans cette problématique, déterminante. Le modèle d'évolution présenté (Jolivet *et al.*, 2003) (Fig. 10.17) s'appuie sur le mécanisme de recul (retrait) de la zone de subduction au cours de la convergence dont on trouve des effets en dans la géodynamique récente et actuelle de la Méditerranée occidentale et centrale (domaine égéen).

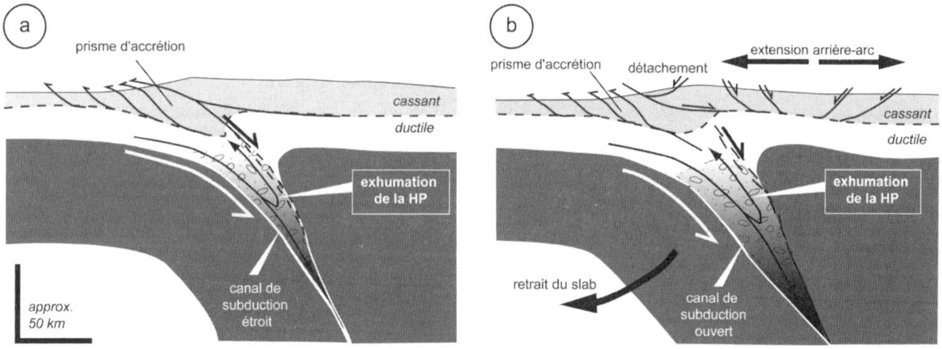

Figure 10.17 – Deux situations possibles d'exhumation des roches métamorphiques de HP dans une chaîne de subduction continentale (d'après Jolivet *et al.*, 2003). Dans le cas a) la subduction reste à pendage constant et le canal de subduction relativement étroit permet l'enfouissement puis l'exhumation des roches de HP et de UHP ; c'est la situation des Alpes occidentales à l'Éocène - Oligocène. Dans le cas b) le retrait du slab augmente la largeur du canal de subduction et crée une extension en arrière arc qui amplifie l'exhumation des roches de HP ; c'est le cas de la chaîne alpine égéenne.

Ce modèle inspiré de la portion égéenne de la chaîne alpine s'appuie sur la coexistence au sein de la chaîne de roches de HP (les schistes bleus de Cyclades) rétromophosées en schistes verts et de roches de HT formant des dômes migmatisés souvent plutonisés. Les datations radiochronologiques indiquent, dans le cas des Cyclades, que les schistes bleus formés à l'Éocène sont exhumés au cours de l'Oligo – Miocène (Fig. 10.17a) et sont atteints par une exhumation à HT au début du miocène. L'extension crustale au-dessus de la zone de convergence serait due au retrait du slab plongeant et à l'élargissement du canal de subduction (Fig. 10.17b). Au même moment, plus au sud en Crète, se formaient dans la zone de subduction de nouveaux schistes bleus. De syn-orgénique, l'exhumation des roches métamorphiques de HP devient progressivement post-orogénique, par migration (retrait) de la plaque plongeante.

10.4.6 La formation des dômes métamorphiques : l'exemple du domaine égéen

Les dômes métamorhiques se forment dans les zones crustales en extension où la température au niveau du Moho est supérieure à 800°C (Tirel *et al.*, 2004). Dans ces conditions la croûte supérieure cassante s'étire avec l'apparition de failles normales (détachements) ; l'amincissement qui en résulte est compensé par une remontée de la croûte ductile (Fig. 10.18). Caractérisés par un détachement assymétrique (d'un seul coté) juxtaposant la croûte supérieure cassante à la croûte ductile remontée des profondeurs, les dômes métamorphiques sont des témoins d'une exhumation de roches de HP, moindre que dans les zones de subduction, d'un autre type, que l'on rencontre dans les chaînes de montagnes.

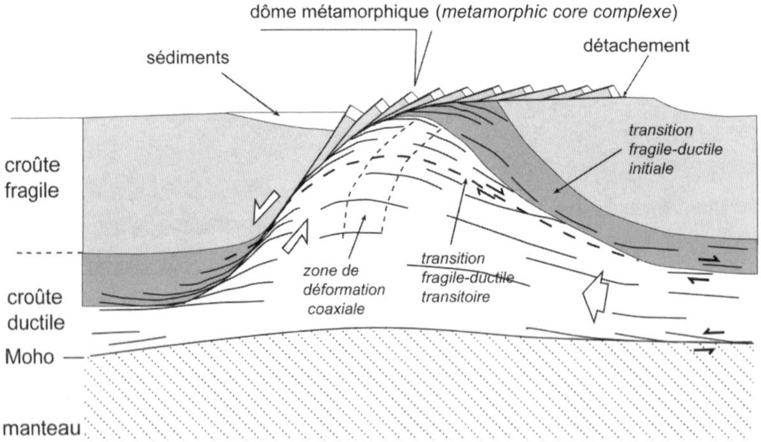

Figure 10.18 – Structure en coupe d'un dôme métamorphique (*metamorphic core complex*), d'après Brun et Van Den Driessche, 1994).

La chaîne alpine hellénique montre un exemple très intéressant où les deux mécanismes d'exhumation que l'on vient de décrire rapidement se superposent. Un modèle proposé récemment par J.-P. Brun et C. Facenna (2008) propose une explication de l'évolution de l'exhumation des roches de HP en relation avec celle de la zone de subduction.

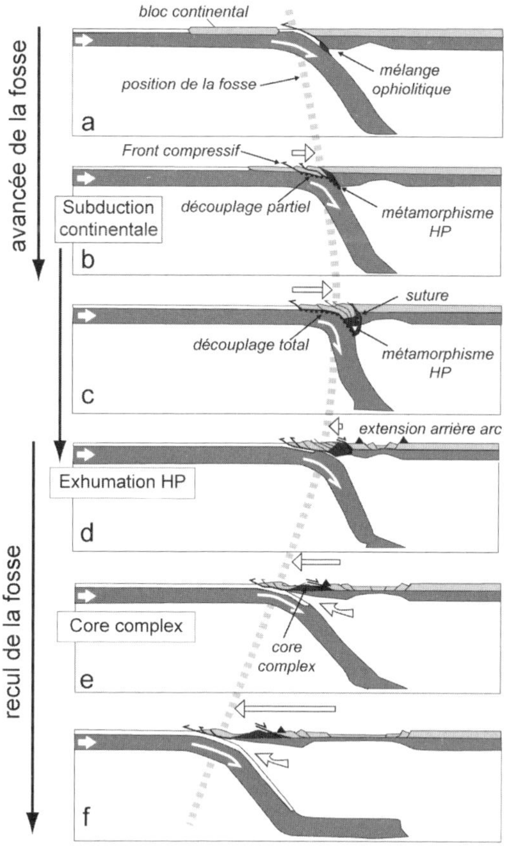

Figure 10.19 – Modèle d'exhumation de roches métamorphiques par retrait du slab dans la zone de subduction (d'après Brun JP. et Faccenna C., 2008). Explications dans le texte.

La subduction d'une lithosphère portant un bloc continental de dimension réduite (moins de 500 km de long) entraîne la croûte continentale en profondeur où elle est métamorphisée sous HP (Fig 10.19a et b). Les roches ainsi transformées peuvent être déjà en partie exhumées dans le canal de subduction (*cf.* § 10.4.5). Difficilement subductable la croûte continentale se désolidarise de son manteau en formant un empilement d'écailles se propageant vers l'extérieur de la chaîne. Dans cette première étape la fosse migre dans le sens de la subduction. Lorsque la totalité de la croûte continentale est complètement découplée (Fig 10.19c) la lithosphère subductante s'enfonce plus librement et se verticalise. La partie crustale déformée et métamorphisée remonte rapidement (exhumation principale) tandis que la partie la plus interne de la chaîne, subit un étirement (extension d'arrière-arc) accompagné d'un magmatisme typique d'arc (Fig. 10.19d). La fosse amorce un recul en même temps que la diminue le pendage de la zone de subduction. Le dégagement du coin lithosphérique entre la zone de subduction et la croûte subduite étirée permet la remontée des isothermes, le réchauffement de la base de celle-ci et la naissance de dômes (*core complex*). Se réalise alors l'achèvement de l'exhumation des roches métamorphiques de HP, formées précédemment lorsqu'elles ont été entraînées plus ou moins profondément dans le canal de subduction.

10.5 La tectonique salifère

La notion de « tectonique salifère » est un concept relativement récent en géologie structurale, bien que le rôle des séries évaporitiques dans le comportement mécanique d'une pile sédimentaire soit identifié depuis longtemps. Les premières descriptions de structures dites « salifères » remontent au milieu du XIXe siècle : dès cette époque, la mobilité du sel est mise en évidence sous la forme de diapirs. Ainsi les niveaux de sel sont-ils connus (1) pour jouer le rôle de niveau de décollement (couche savon), en particulier dans les prismes orogéniques (voir chapitre 10.3), (2) pour avoir la capacité de migrer verticalement à travers une pile sédimentaire (notion d'halocinèse). Le rôle de piège pétrolier des diapirs est lui aussi bien identifié. Pourtant, jusque récemment, les mécanismes, les modalités et les conséquences des mouvements de ces séries évaporitiques sous couverture sédimentaire restaient mal connus.

Ces dernières années, deux développements techniques ont permis de mieux comprendre ces phénomènes : la mise en œuvre de modèles analogiques en laboratoire, et l'imagerie sismique des marges passives.

La tectonique salifère peut être définie comme l'ensemble des déformations induites par la présence et les mouvements *verticaux et horizontaux* d'un niveau évaporitique dans une pile sédimentaire. Le moteur à l'origine de la migration du sel est d'abord *gravitaire* et peut être accentué par la tectonique. La migration et les structures issues de la déformation sont contrôlées par le *comportement ductile* de ces formations aux échelles de temps géologique, et sont facilitées dans le plan vertical par *leur faible densité*.

10.5.1 Propriétés rhéologiques des évaporites et conséquences en termes de mode de déformation

De manière générale, la déformation par fluage du sel est contrôlée par la loi suivante :

$$d\varepsilon/dt = A \exp^{(-Q/RT)} * \sigma^{n}$$

où : epsilon est la déformation, t le temps, σ la contrainte, T la température et A une constante dite pré exponentielle, Q l'énergie d'activation et n l'exposant à la contrainte. Ces trois derniers paramètres dépendent des propriétés intrinsèques du matériau.

Dans la nature, les séries évaporitiques contiennent généralement quelques pourcents de saumures et peuvent être considérées comme hydratées : l'exposant à la contrainte vaut alors 1 et le comportement est considéré comme newtonien. Le fluage est dit « de diffusion », et la viscosité du matériau est très faible, de l'ordre de 10^{-17} à 10^{-19} Pascal/seconde.

La résistance mécanique du sel est également très faible, de l'ordre de 1 à 2 Mpa, soit plusieurs ordres de grandeur inférieure à celle des autres matériaux constituant la croûte (Fig. 10.20). On peut montrer que quels que soient l'état d'hydratation du sel et la pression partielle de fluides dans les sédiments, une couverture sédimentaire de l'ordre du kilomètre d'épaisseur a toujours une résistance significativement plus forte que celle du sel sous-jacent.

La tectonique salifère est également favorisée par la faible densité du sel. Celle-ci est de l'ordre de 2.2 en surface, et présente la propriété de diminuer linéairement avec la profondeur pour atteindre des valeurs de l'ordre de 2.15 à 5 km de profondeur. Elle est ainsi généralement plus élevée que les roches sédimentaires détritiques ou carbonatées dans le premier kilomètre, mais devient ensuite plus faible en profondeur.

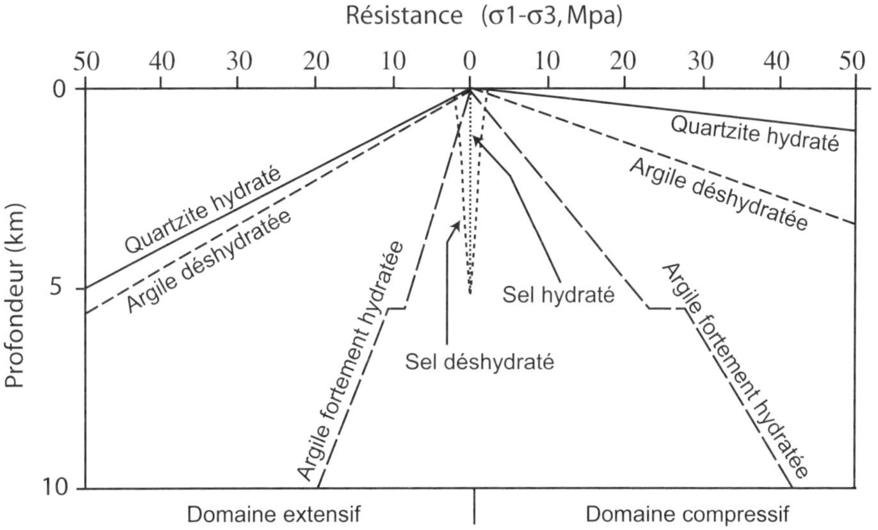

Figure 10.20 – Profil de résistance pour différentes lithologies comparées à celle du sel, hydraté ou déshydraté, en extension à gauche et en compression à droite. La résistance du sel, en particulier lorsqu'il est hydraté, est toujours plus faible que celle des matériaux de la croûte supérieure, sauf dans la partie la plus superficielle (quelques centaines de mètres de profondeur). D'après Weijermars *et al.*, 1993.

Ainsi, le comportement ductile des séries évaporitiques s'oppose au comportement fragile des séries sédimentaires sus-jacentes. Ce contraste de rhéologie et ses conséquences en terme de déformation sont bien documentés à l'aide des modèles analogiques de type silicone/sable, la silicone représentant les séries évaporitiques à comportement newtonien (Fig. 10.21). Ce type de modèles illustre le fait que lorsque la silicone flue de manière ductile, le sable se déforme avec un comportement cassant. Ce contraste dans l'expression de la déformation est une des caractéristiques les plus marquantes de la tectonique salifère. Le niveau de sel permet un découplage total de la déformation entre les séries situées au dessus, fracturées et/ou plissées, et celles situées en dessous, non déformées. Il n'y a donc pas d'enracinement des structures observées en surface en dessous du niveau de sel.

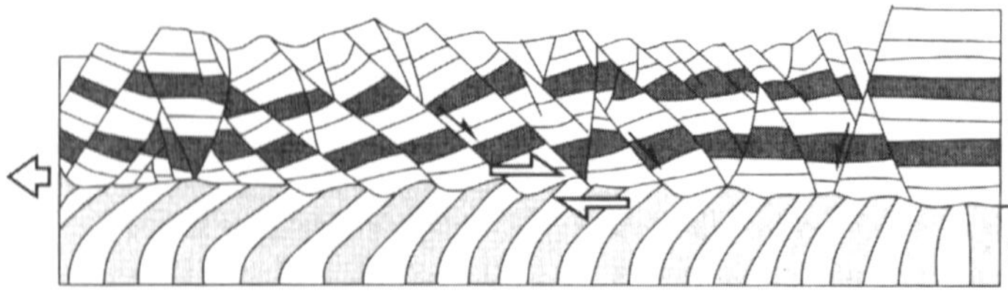

Figure 10.21 – **Modèle analogique interprété (d'après Faugères et Brun, 1984). La couche inférieure, à la base du modèle, est constituée de silicone au comportement newtonien simulant la couche de sel. Les niveaux supérieurs sont constitués de sable, dont le comportement cassant reproduit les séries sédimentaires sus-jacentes. La bordure gauche du modèle est déplacée vers la gauche : le sel flue alors sous l'effet de la gravité, alors que le sable se fracture pour accommoder la déformation. Ce type de modèles, très étudié depuis une vingtaine d'années, permet de reproduire et de comprendre le fonctionnement et l'architecture des structures liées à la tectonique salifère.**

10.5.2 Moteurs de la tectonique salifère, échelles de temps et d'espace

Le principal moteur à l'origine de la tectonique salifère et des mouvements horizontaux comme verticaux qui lui sont associés est d'ordre gravitaire. Deux situations peuvent être envisagées.

L'instabilité gravitaire peut tout d'abord être déclenchée par la formation d'une pente basale. C'est classiquement le cas des marges passives, où la subsidence thermique qui suit le rifting provoque l'enfoncement du pied de marge. Ce type d'instabilité peut également se mettre en place dans un prisme orogénique, si la base du niveau de sel est soulevée dans les parties internes de l'orogène et abaissé dans l'avant-pays par subsidence flexurale.

L'instabilité gravitaire peut aussi avoir pour origine une surcharge sédimentaire : dans le cas d'une marge passive, les apports venant du continent s'accumulent sur le plateau continental et débordent sur le haut de marge. Leur simple poids peut alors initier le glissement des sédiments de la marge.

Les phénomènes tectoniques peuvent contribuer à la déformation et à la mise en mouvement du niveau de sel. En contexte extensif, l'étirement favorise en particulier les mouvements verticaux des évaporites, qui comblent les espaces disponibles ouverts dans la couverture. En contexte compressif, le sel est expulsé dans le cœur des structures plissées ou le long des failles traversant la couverture.

Les échelles de temps et d'espace associées à la tectonique salifère sont beaucoup plus importantes que celles habituellement considérées pour les évènements géodynamiques type orogénèse ou rift. En effet, la tectonique salifère peut être active pendant plusieurs dizaines de millions d'années, tant que le sel permet le glissement et que l'instabilité gravitaire est entretenue, par subsidence au bas de la marge ou par des apports sédimentaires en haut de marge par exemple. Le phénomène est très lent, avec des vitesses d'un ordre de grandeur inférieures à celles d'origine géodynamique. La tectonique salifère affecte des domaines dont la largeur peut dépasser 200 km, et pour lesquels une pente de quelques dixièmes de degrés suffit pour déclencher la mobilité des sédiments au dessus du sel.

10.5.3 Un exemple : la marge passive Atlantique de l'Angola

Le couplage entre les données de sismique marine et les résultats des modèles analogiques permet aujourd'hui de décrire et comprendre la structure d'une marge contrôlée par des phénomènes de tectonique salifère. Parmi les exemples classiques, on peut citer la marge passive Atlantique de l'Angola au sud-ouest de l'Afrique, ou la marge passive du nord du golfe de Mexico (Fig. 10.22).

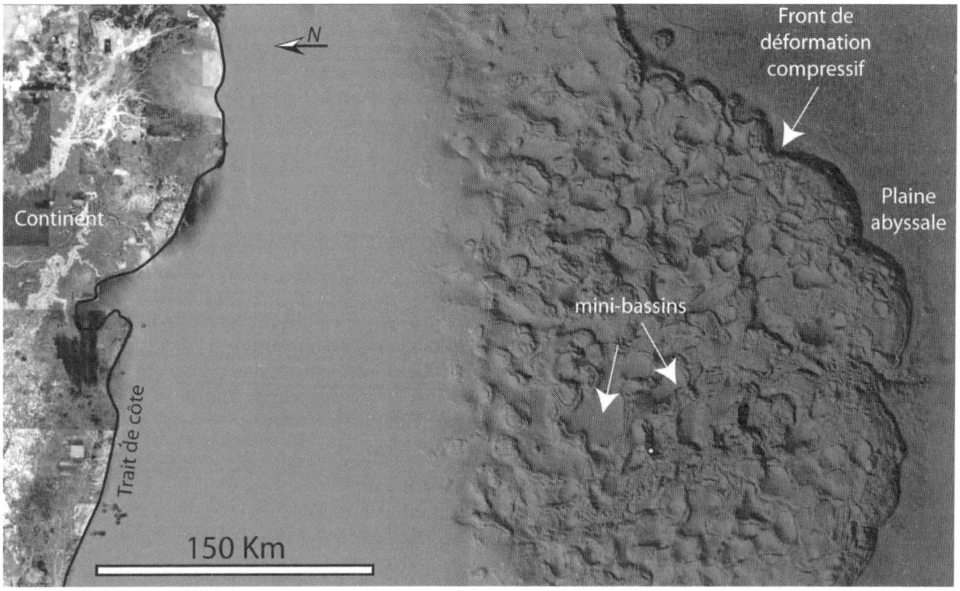

Figure 10.22 – **Bathymétrie en reliefs ombrés de la marge américaine du Golfe du Mexique (données *Google Earth*). La côte est située au nord, sur la gauche de l'image. La couverture sédimentaire glisse vers la plaine abyssale et se morcelle en petits bassins séparés par des rides de sel ou des diapirs. Dans sa partie basse, la couverture « butte » sur le pied de marge et la déformation devient compressive, avec un front chevauchant très marqué dans la bathymétrie.**

La figure 10.23 présente un profil sismique interprété par Fort *et al.* (2004) de la marge d'Angola. Du haut de la marge à sa base, on observe ainsi des structures diverses : cette variabilité des structures en fonction de la position sur la marge est appelée « zonation structurale ». Cette diversité des structures, qui résulte de variations radicales de l'état de contrainte local, est une des caractéristiques importante de la tectonique salifère.

Au sommet de la marge, les séries post-sels sont affectées par de nombreuses failles normales conjuguées qui délimitent des blocs basculés, et forment des grabens. En descendant la pente, les failles normales isolent totalement des blocs, qui « flottent » sur la couche de sel, d'où leur appellation de radeaux (*rafts*). Lorsque ces radeaux s'enfoncent dans le sel, ils forment de petits bassins (*mini-basins*). Ces radeaux sont délimités par des remontées de sel, les diapirs, qui se déplacent passivement avec leurs radeaux accolés vers le pied de marge. La croissance des diapirs est favorisée par la faible densité du sel, la charge des sédiments qui tend à expulser le sel vers la surface, et le déchargement tectonique lié aux mouvements différentiels entre les radeaux. Ces trois mécanismes se combinent dans des proportions variables, mais le déchargement tectonique, c'est-à-dire l'espace ouvert par les failles normales, semble avoir un rôle prépondérant.

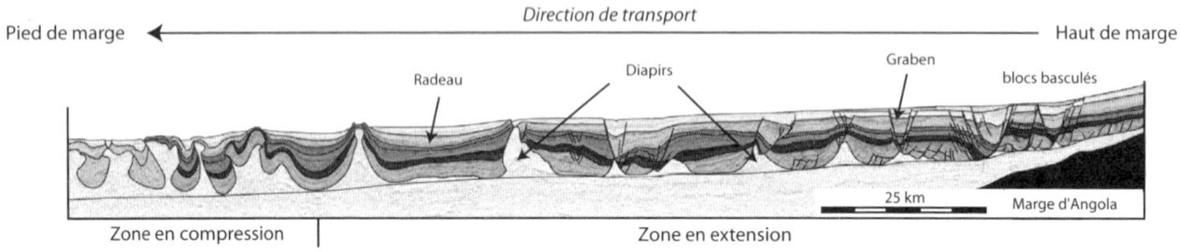

Figure 10.23 – Interprétation d'un profil sismique perpendiculaire à la marge Atlantique d'Angola, modifié d'après Fort *et al.*, 2004. Le profil illustre le glissement des séries sédimentaires albiennes à pliocènes sur du sel Aptien. La couverture glisse sur le sel vers le pied de marge et montre une grande diversité de structures : diapirs, grabens, blocs basculés dans la partie supérieure de la marge ; plis et déformation compressive dans la partie inférieure. Les variations d'épaisseur des séries sont contrôlées par la tectonique salifère, qui est ici active depuis l'Albien.

Le régime tectonique local au pied de la marge est très différent de celui observé sur les parties hautes, puisque d'un état de contrainte extensif, on passe à un état de contrainte compressif. Les structures associées sont alors des plis de décollement et des failles inverses. La série évaporitique glissée du haut de la marge s'accumule sur son pied, où elle est épaissie, et déborde sur la plaine abyssale, formant un front de déformation très marqué sous la forme d'un escarpement topographique. Les diapirs, transportés passivement vers le pied de marge, s'amplifient sous l'effet de la contrainte compressive : localement, le sel peut être amené en surface, voir recouvrir totalement certains radeaux qui se trouvent alors totalement englobés dans les évaporites. Ces structures particulières, où les séries sont totalement encapsulées dans la couche de sel, présentent un intérêt du point de vue pétrolier, les blocs étant hermétiquement préservés dans le niveau imperméable d'évaporites, mais constitue aussi un défi pour l'imagerie sismique, qui peine à traverser le sel.

LÉGENDES DU CAHIER PHOTOGRAPHIQUE

Planche 1 : Plis et plissement

a) Le front sud de la chaîne du Zagros externe, en Iran

Une succession d'anticlinaux forme des reliefs modérément érodés. Les axes de plis de direction E-W, longs de 10 à plus de 80 kilomètres, sont localement tordus. Les terminaisons périanticlinales sont bien visibles. Certains anticlinaux dont les axes sont courts sont proches de dômes. Des percements diapiriques circulaires, affectent certains plis. Les synclinaux ennoyés sous les dépôts récents sont peu visibles. *(Document MGDS : Marine Geoscience Data System, Lamont-Doherty Earth Observatory, Columbia University, USA).*

b) Plis en chevron

Les calcaires du Crétacé supérieur (Sénonien) sont déformés par des plis à flancs droits et charnières étroites (= plis en chevron). Leur plan axial est vertical. *(Montagne de Bures, Dévoluy, Alpes, France).*

c) Anticlinal droit

Les calcaires du Tithonien sont déformés en anticlinal droit (plan axial vertical). Des plis secondaires apparaissent à l'intérieur de la structure (disharmonie). *(Saint Julien en Beauchène, Dévoluy, Alpes, France).*

d) Anticlinal

Anticlinal dans les calcaires et marnes du Crétacé inférieur *(ouest de la Montagne de Ceüse, Hautes Alpes, France)*. Noter la variation de l'angle du pli le long du plan axial.

e) Plis cylindriques

Succession d'anticlinaux et de synclinaux cylindriques dans les calcaires lités du Jurassique supérieurs de St May (*vallée de l'Aygues, Drome, France*).

f) Déformations dans un pli

Détail de la figure e montrant des cisaillements potentiels et des fentes en échelons antérieurs au plissement et des fentes d'extrados syn-plissement.

Planche 2 : Failles

a) Failles normales conjuguées

Des pélites brunes et des calcaires lacustres blancs sont recoupés par deux failles normales conjuguées. Le rejet faible (10-15 cm) forme un petit horst. Le sol (brun) non affecté cachète les failles. (Région d'Isparta, Turquie).

b) Faille normale active

Faille normale dans les sables et conglomérats continentaux quaternaires du bassin de Burdur (*Pisidie, Turquie méridionale*). La faille a joué lors du séisme du 12 mai 1971, Magnitude 6.3.

c) Miroir de faille normale

Le miroir de faille recoupe des calcaires crétacés de la région de Kortikuli (*Bey Daglari, Turquie méridionale*). Il a été dégagé par l'exploitation des éboulis du versant (encore visibles à gauche).

d) Faille normale

Faille normale dans les calcaires lités du Lias des Causses (*St.-Affrique, Aveyron, France*). Faille à rejet vertical de 60 cm et pendage de 65°.

e) Faille décrochante

Miroir de faille décrochante recoupant des calcaires en gros bancs. De grosses cannelures horizontales sont bien visibles sur ce miroir ; le jeu est senestre. (*Faille des Cévennes, Pégairolle de Buèges, Hérault, France*).

f) Faille inverse

Faille inverse dans des marnes. Rejet inverse d'un mètre environ. (Oxfordien, *Massif d'Aujour, Veynes, Hautes Alpes, France*).

Planche 3 : Failles décrochantes actives

a) Faille normale active

De grandes failles décrochantes sénestres majeures séparent le Tibet du désert du Tarim (faille de l'Alting Tagh -AT-) ou recoupent le Tibet (faille de Kunlun -K-) (*Provinces du Xinjiang, du Tibet et de Qinhai, Chine*). (Document *MGDS*).

b) Relief positif sur une faille décrochante

Chainon localisé sur la courbure en compression de la faille de l'Alting Tagh (localisation sur la figure a, image *Landsat*, extrait).

c) Faille décrochante active

Torsion du réseau hydrographique le long d'un accident satellite de la faille de l'Altyn Tagh (localisation en a). L'ampleur du déplacement horizontal est environ de 10 mètres. (Image *Google Earth*).

d) Décrochements dextres et sénestres conjugués

Les séries sédimentaires détritiques du Balouchistan (*Makran centra, Afganistan sud*), sont découpées par un système de décrochements dextres (dominants) et sénestres, contemporains. (Image *Google Earth*).

e) Faille décrochante active de Kunlun

Rupture de surface produite lors du séisme de Kokoxili (14/11/2001, Mw 7.9, rupture sur 250-270 km) : les fentes et les rides indiquent un jeu senestre ; le déplacement horizontal est de 10 mètres environ. (Image *Google Earth*).

Planche 4 : Grands systèmes tectoniques extensifs

a) Le rift est-africain

Vue de la partie centrale du rift est-africain, à la jonction du segment nord-Kenya (au nord) et du segment des grands lacs (au sud-ouest) (Document *MGDS*).

b) Le fossé nord-Kenya (détail)

Une dépression centrale (vert clair), est bordée de failles NS, qui découpent des gradins parallèles. Sur les bords s'étendent les épaulements surélevés (brun). Quelques cônes volcaniques accidentent le fossé et les épaulements. (Document *MGDS*).

c) La dépression des Afars

À l'extrémité ouest de la dorsale du Golfe d'Aden, s'ouvre la dépression des Afars. Elle est encadrée à l'ouest par le plateau éthiopien et au sud par celui de Somalie. Des failles normales très importantes séparent les plateaux de la dépression (Document *MGDS*).

d) Failles normales dans les Afars

Des failles normales NNE-SSW et E-W produisent des horsts et grabens aux formes très nettes (tectonique active). Des volcans et de larges coulées occupent la région (localisation en c). (Document *MGDS*)

e et f) La province extensive du « Basins and Ranges »

Elle s'étend à l'ouest des Montagnes Rocheuses nord-américaines. Sur plus de 800 km EW et 1 000 km NS elle est formée de nombreux 1/2 horsts et grabens parallèles NS. Ce système original en blocs basculés a son origine probable dans le réchauffement et l'étirement de la croûte continentale sous l'effet de la subduction de la dorsale pacifique sous la plaque nord-américaine. (Document *MGDS*).

Planche 5 : Structures tectoniques cassantes

a) Système de fentes en échelon

Système de fentes en échelon affectant des calcaires noirs du Trias (*province de Anhui, Chine*). Les fentes (blanches), sont remplies de calcite. La vue étant une coupe verticale elles indiquent une tectonique en extension ; l'ensemble a été basculé vers la gauche de 30°, postérieurement à l'extension.

b) Failles décrochantes et structures cassantes associées

Sur cette photo on peut voir deux petites failles décrochantes sénestres ; celle du bas montre en son milieu un domino géodique de calcite et des ½ fentes alternées à ses extrémités. Le déplacement est sénestre, de 2-3 cm. (Calcaire, *Les Matelles, Hérault, France*).

c) Stylolites tectoniques

Deux générations de stylolites tectoniques affectent les calcaires : les premiers formés sont horizontaux et à pics verticaux ; ils sont nés en extension ; les seconds verticaux, à pics horizontaux se sont formés en compression. (Calcaires, *Navacelles, Hérault, France*).

d) Miroir de faille

Sur la surface de faille lustrée par la friction on peut voir des stries et de cannelures parallèles. (*Le Mas d'Alary, Permien de Lodève, Hérault, France*).

e) Brèche tectonique

Brèche formée par fracturation et arrachement lors du jeu décrochant (sénestre) sur une faille verticale (vue parallèle au plan de faille), recoupant des bancs calcaires inclinés vers la droite. (*Puèchabon, Hérault, France*).

f) Miroir de faille à stries de recristallisation

Des stries de recristallisation de calcite (blanches) recouvrent le miroir de faille dans les calcaires marneux gris. Jeu inverse. (*Snake, River, Wyoming, USA*).

Planche 6 : Structures de glissement (tectoglyphes)

a) Tectoglyphes de cristallisation et de dissolution

L'association de tectoglyphes de cristallisation (calcite beige clair) et de dissolution (traces linéaires gris foncé) est cogénétique. La vue est dans un plan vertical et le jeu est dextre. (Calcaire, *Navacelles, Hérault, France*).

b) Gradin de cristallisation

Dans cette lame mince d'un gradin de cristallisation la calcite cristallisée (gris clair « sale ») fibreuse et encombrée d'impuretés a cristallisé pendant le mouvement sur la faille. La roche encaissante (gris foncé) est microfracturée dans la contre-marche de la structure (Calcaire micritique, *Navacelles, Hérault, France*).

c) Escalier et strie de cristallisation

C'est sur un gabbro faillé que se sont formées les cristallisations de calcite (plaquage clair) visibles sur cette image. (*Ophiolites du Chenaillet, Queyras, Alpes, France*).

d) Tectoglyphes de cristallisation et mécanique

Sur ce miroir de faille sont génétiquement associées des tectoglyphes de cristallisation (calcite, blanc jaunâtre) et mécaniques (blanc en haut à gauche) : le jeu est senestre. (Grés glauconieux, *Aptien, Diois, Alpes, France*).

e) Escaliers de cristallisation en serpentine

La surface de faille de cette péridotite serpentinisée montre deux générations de tectoglyphes de cristallisation : la première (vert bleuté, chrysotile) est recouverte obliquement par la seconde (vert pale, chrysotile plus hydraté). (*Ophiolites du Vourinos, Grèce*).

f) Stries mécaniques en relief

Les traces linéaires en relief sur le miroir de faille, appelées « traînées », sont issues de l'abrasion différentielle à l'arrière d'un élément résistant de la roche. Le jeu est senestre. (Brèche tectonique calcaro-dolomitique, *Akarnanie, Grèce*).

g) Miroir de faille à tectoglyphes mécaniques

Sur le miroir de la brèche à matrice limoneuse d'une faille importante se sont formées de fines et longues stries mécaniques gravées sur la surface polie (*Puechabon, Hérault, France*).

h) Tectoglyphes sur galet

Galet strié de la Molasse Rouge (Oligocène) (*Montmaur, Veynes, Hautes Alpes, France).* Des cupules de pression, d'origine également tectonique, ornent la partie haute gauche du galet.

Planche 7 : Structures tectoniques diverses

a) Schistosité de crénulation

La stratification soulignée par l'alternance lithologique forte (couleurs contrastées), fortement inclinée à droite est recoupée et déformée par une schistosité de crénulation moyennement espacée, faiblement inclinée vers la gauche (*Paléozo*ïque, *Mont Louis, Pyrénées orientales, France*).

b) Schistosité par aplatissement et dissolution

La schistosité verticale s'est développée au cœur d'un anticlinal, parallèlement au plan axial du pli, lequel est souligné par un niveau calcaire gris foncé. (*Éocène continental, Pyrénées catalanes, Espagne*).

c) Schistosité de fracture

Sur le flanc d'un anticlinal dans des calcaires marneux (*Jurassique sup. Dévoluy, Alpes*) s'est formée une schistosité de fracture, dont l'orientation et l'espacement changent selon la lithologie.

d) Brèche de faille

Une brèche de faille incohérente borde une faille verticale (Calcaires marneux *du jurassique moyen, Causse du Larzac, Aveyron, France*).

e) Gouge de faille

Une gouge (matériel écrasé incohérent), de couleur gris bleuté jalonne une faille normale dans des calcaires lacustres (*Oligocène, Limagne de Clermont Ferrand, France*).

f) Brèche tectonique

Couloir de brèche dans des calcaires cristallins (*Jurassique, Pyrénées Orientales, France*).

Planche 8 : Mylonites

Sur la *faille ductile de la Marche*, accident tectonique décrochant hercynien majeur en bordure nord du Massif central français, se développe une *série de mylonites* formées au dépend de roches granitiques mises en place vers 330-305 Ma.

En moins de 2 mètres le granite, très peu affecté (*protomylonite* naissante planche 8a) est transformé en une *ultramylonite* évoluée (planche 8g).

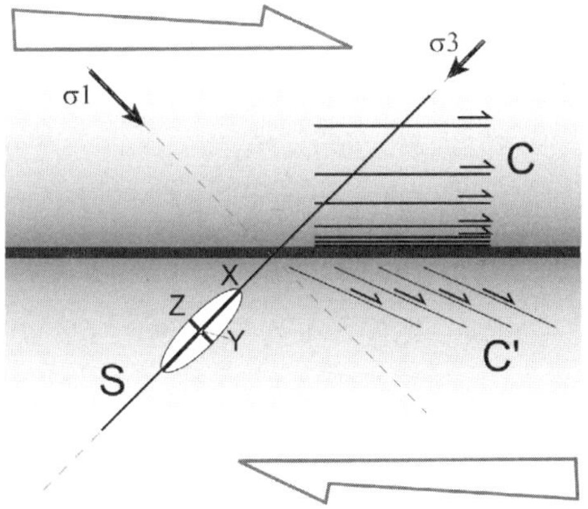

La déformation se fait par :

- apparition de *cisaillement (C),* parallèles à la faille ;
- développement d'une *foliation (S),* oblique à la faille ;
- apparition locale de cisaillements *secondaires (C'),* obliques à la faille ;
- diminution de la taille des cristaux ;
- le quartz se déforme très tôt de manière ductile et souligne la foliation (S) (planche 8c), puis forme des rubans parallèles à la faille ductile (planche 8f) ;
- le feldspath, mécaniquement plus résistant, subsiste plus longtemps en s'arrondissant (granulation, planche 8e) ; autour de certains d'entre eux (planche 8g) s'observent de figures dites périclastiques, de *type* σ ou δ, nées du mouvement différentiel rotationnel lors de la déformation cisaillante ;
- des *plis* anisopaques, asymétriques et souvent en fourreau, se forment dans la partie la plus intensément déformée (planche 8e et 9) ;
- le sens général du déplacement sur la faille déduit de toutes les informations structurales ci-dessus est sénestre.

Bibliographie

Manuels généraux

Aubouin J., Brousse R. et Lehman J.P., 1968 – *Précis de Géologie*, Tome 3 : *Tectonique, Tectonophysique*, Dunod, 544 p.

Choukroune P., 1995 – *Déformations et déplacements dans la croûte terrestre*, Masson, 126 p.

Dercourt J., 2006 – *Géologie et Géodynamique de la France Outre-mer et européenne,* Dunod, 3e édition, 400 p.

Debelmas J., Mascle G. et Basile C., 2008 – *Les Grandes structures géologiques*, Dunod, 5e édition, 322 p.

Davis G.H., 1984 – *Structural Geology of Rocks and Regions*, John Wiley & Sons, 492 p.

Gidon M., 1987 – *Les Structures Tectoniques*, B.R.G.M., Manuel et Méthodes, n° 15, 206 p.

Goguel J., 1965 – *Traité de Tectonique,* Masson, 457 p.

Hobbs B.E., Means W.D. et Williams P.F., 1976 – *An Outline of Structural Geology,* J. Wiley & Sons, 571 p.

Jolivet L., Brun J.P., Meyer B., Prouteau G., Rouchy J-L. et Scaillet B., 2008 – *Géodynamique Méditerranéenne*, Vuibert et Société Géologique de France, éditeurs, 216 p.

Lliboutry L., 1998 – *Tectonophysique et Géodynamique. Une synthèse Géologie structurale – Géophysique interne*, Masson, 462 p.

Mattauer M., 1973 – *Les Déformations des Matériaux de l'Écorce Terrestre*, Hermann, 493 p.

Means W.D., 1976 – *Stress and Strain, Basic Concepts of Continuum Mechanics for Geologists*, Springer-Verlag, New-York, Heidelberg, 338 p.

Nicolas A., 1989 – *Principes de Tectonique*, Masson, 223 p.

Nicolas A. et Poirier J.P., 1976 – *Crystalline Plasticity and Solid State Flow in Metamorphic Rocks*, J. Wiley & Sons, 444 p.

Nicollet C., 2010 – *Métamorphisme et Géodynamique*, Dunod, 288 pages.

Philip H., Bousquet J-C. et Masson F., 2007 – *Séismes et risqué sismiques. Approche sismotectonique*, Dunod, 340 p.

Price N.J. et Cosgrove J.N., 1990 – *Analysis of Geological Structures*, Cambridge Univ. Press, 511 p.

Ramsay J.G., 1967 – *Folding and Fracturing of Rocks*, McGraw-Hill Book Company, 568 p.

Ramsay J.G. et Huber M.I., 1983, 1987 – *Modern Structural Geology*, vol. 1 : *Strain Analysis*, vol. 2 : *Folds and Fractures*, Acad. Press, 700 p.

Turcotte D.L. et Schubert G., 1982 – *Geodynamics. Applications of Continuum Physics to Geological Problems*, J. Wiley & Sons, 450 p.

Vialon P., Ruhland M. et Grolier J., 1976 – *Éléments de Tectonique Analytique*, Masson, 118 p.

Pour en savoir plus : précis et articles

* *Les références des manuels généraux et celles figurant dans les légendes des figures de cet ouvrage ne sont pas rappelées ci-dessous.*

Références bibliographiques spécifiques aux différents chapitres

Chapitre 1 : Présentation

Keary P. et Vine J.F., 1990 – *Global Tectonics*, Blackwell, 302 p.

Le Pichon X., Francheteau J. et Bonnin J., 1976 – *Plate Tectonics, Developments in Geotectonics*, 6, Elsevier, 311 p.

Mattauer M. et Mercier J.L., 1984 – « Chaînes de montagnes (typologie) », *Encyclopedia Universalis*, vol. 4. 569-578.

« La Dérive des Continents ; la Tectonique des Plaques », 1979 – *Bibliothèque Pour La Science*, éd. française de Scientific American, diffusion Belni, Paris, 215 p.

Chapitre 2 : Notions élémentaires de contrainte et de déformation

Jaeger J.C., 1969 – « *Elasticity, Fracture and Flow, with Engineering and Geological Applications* », *Science Paperbacks*, Fletcher & Son, 268 p.

Chapitre 3 : Étude phénoménologique de la réponse des roches à la contrainte

Guyon E. et Roux S., 1987 – « Les matériaux hétérogènes », *La Recherche*, 18, n° 19, 1050-1058.

Patterson M.S., 1978 – *Experimental Rock Deformation. The Brittle Field*, Springer-Verlag, 254 p.

Poulet M., 1976 – « Apport des expériences de mécanique des roches à la géologie structurale des bassins sédimentaires », *Rev. Inst. Français du Pétrole*, 31 (5), 781-822.

Chapitre 4 : La déformation cassante des milieux rocheux continus

Anderson E.M., 1951 – *The Dynamics of Faulting*, Oliver & Boyd, 206 p.

Griffith A.A, 1924 – « *The theory of rupture* », *in Proc. 1st Inst. Congr. Appl. Mech. Proc. Delft*, 54-63.

Hubbert M.K., 1937 – « *Theory of scale models as applied to the study of geologic structures* », *Geol. Soc. Amer. Bull.*, 48, 1459-1520.

Patterson M.S., 1978 – *Experimental Rock Deformation. The Brittle Field*, Springer-Verlag, 254 p.

PRICE N.J., 1968 – *Fault and Joint Development in Brittle and Semi Brittle Rocks*, Pergamon, 176 p.

Chapitre 5 : La déformation cassante des milieux rocheux discontinus

ANGELIER J., TARANTOLA A., VALETTE B. et MANOUSSIS S., 1982 – « *Inversion of field data in fault tectonics to obtain regional stress. I. Single phase fault populations : a new method of computing stress tensor* », *Geophys. J.R. Astron. Soc.*, 69, 607-621.

ATKINSON BK., 1987 – « *Introduction to fracture mechanics and its geophysical applications* », *in* Atkinson BK., (Ed.), *Fracture Mechanics of Rocks*, Academic Press, 1-26.

ARMIJO R., CAREY E. et CISTERNAS A., 1982 – « *The inverse problem in microtectonics and the separation of tectonic phases* », *Tectonophysics*, 82, 145-160.

BYERLEE J., 1978 – « *Friction of rocks* », *Pure Appl. Geophys.*, 116 (415), 615-626.

BOTT M.H.P., 1959 – « *The mechanics of oblique faulting* », *Geol. Mag.*, 96, 109-117.

CAREY E., 1979 – « Recherches des directions principales de contraintes associées au jeu d'une population de failles », *Rev. Géol. Dyn. Géogr. Phys.*, 21, 57-66.

COLETTA B., LETOUZET J., PINEDO R., BALLARD J .F. et BALE P., 1991 – « *Computerized X-ray tomography analysis of sandbox models : Examples of thin-skinned thrust systems* », *Geology*, 19, 1063-1067.

COWIE P.A. et SCHOLZ C.H., 1992 – « *Physical explanation for the displacement – length relationship of faults, using a post-yield fracture mechanics model* » *Journal of Structural Geology*, 14, 1133-1148.

ETCHECOPAR A., VASSEUR G. et DAIGNERES, 1981 – « *An inverse problem in micro-tectonics for determination of tectonic phases* », *J. Struct. Geol.*, 3, 51-65.

HIGGINS M.W., 1971 – « *Cataclastics rocks* », *Prof. Pap. U.S. geol. Surv.,* paper n°687, 97 p.

KIM Y-S. et SANDERSON D.J., 2010 – « *Inferred fluid flow through fault damage zones based on the observation of stalactites in carbonate cave* », *Journal of Structural Geology*, 32, 1305-1316.

KIM Y-K., PEACOCK D.C.P. et SANDERSON D.J., 2004 – « *Fault damage zones* », *Journal of Structural Geology*, 26, 503-517.

MARCHAL D., GUIRAUD M., RIVES T. et VAN DEN DRIESSCHE, 1998 – « *Space and time propagation processes of normal faults* », *in* Jones G., Fisher Q.J. & Knipe R.J., (Eds) *Faulting, Fault Sealing and Fluid Flow in Hydrocarbon Reservoirs,* Geological Society, Special Publications, 147, 51-70.

MARCHAL D., GUIRAUD M. et RIVES T., 2003 – « *Geometric and morphologic evolution of normal fault planes and traces from 2D to 4D data* », *Journal of Structural Geology*, 25, 135-158.

MC GRATH A. et DAVISON I., 1995 – « *Damage zone geometry around fault tips* », *Journal of Structural Geology*, 17,7, 1011-1024.

MC KENZIE D.M., 1967 – « *The relation between fault plane solutions for earthquakes and the directions of the principal stresses* », *Bull. Seismol. Soc. Am.*, 59, 591-601.

MERCIER J.L. et CAREY-GAILHARDIS E., 1989 – « *Regional state of stress and characteristic fault kinematics instabilities shown by aftershock sequences : the aftershock sequences of the 1978 Thessaloniki (Greece) and 1980 Campania-Lucania (Italia) earthquakes as examples* », *Earth Planet. Sc. Lett.*, 92, 247-264.

MERCIER J.L., CAREY-GAILHARDIS E. et SEBRIER M., 1991 – « *Paleostress determinations from fault kinematics : application to the neotectonics of the Himalayas – Tibet and Central Andes* », *Phil. Trans. R. Soc. London*, 337, 41-52.

SEGALL P. et POLLARD D.D., 1980 – « *Mechanisms of discontinuous faults* », *J. Geophys. Res.*, 85, 4337-4350.

SIBSON R.H., 1977 – « *Fault rocks and fault mechanism* », *Journal geol. Soc.* London, vol.133.191-213.

TANAKA H., 1992 – « *Cataclastic lineations* », *Journal of Structural Geology*, 14, 1239-1252.

WISE D.U., DUNN D.E., ENGELDER J.T., GEISER P.A., HATCHER R.D., KISH S.A., ODOM A.L. et SCHAMEL S., 1984 – « *Fault-related rocks : Suggestions for terminology* », *Geology*, v.12, 391-394.

ZECK H.P., 1974 – « *Cataclastites, Hemiclastites, Holoclastites, Blasto-ditto, and Myloblastites-Cataclastites rocks* », *American Journal of Sciences*, 2/4, 1064-1073.

Chapitre 6 : La tectonique cassante à l'échelle régionale

BOILLOT G., 1990 – *Géologie des marges continentales*, Masson Éd., Paris 3e éd., 135 p.

Colloque « Rift d'Assal », Réunion extraordinaire de la Soc. Géol. France, Djibouti (23-29/2/1980), *Bull. Soc. Géol. France*, 1980, (7), 22, 793-1013.

CORNET F.H., 1980 – « Discussion de la tectonique de rift observée dans la région de l'Afar », *Bull. Soc. Géol. France*, (7), 22, 965-973.

COURTILLOT V., 1982 – « *Propagating rift and continental breakup* », *Tectonics*, 1, 239-250.

GILLSCRIT R., COWARD M. et MUGNIER J.L., 1987 – « *Structural inversion and its controls : examples from the Alpine foreland and the French Alps* », *Geodynamica Acta* (Paris), 1 (1), 5-34.

ILIES J.H. et GREINER G., 1978 – « *Rheingraben and the alpine system* », *Geol. Soc. Am. Bull.*, 89, 770-782.

LEMOINE M., 1984 – « La marge occidentale de la Téthys ligure et les Alpes occidentales », *Les marges continentales actuelles et fossiles autour de la France*, (Coord. Boillot G.), Masson, Paris, 155-248.

SYLVESTER A.G., 1988 – « *Strike-slip faults* », *Geol. Soc. Am. Bull.*, 100, 1666-1703.

TCHALENKO J.S., 1970 – « *Similarities between shear zones of different magnitudes* », *Geol. Soc. Amer. Bull.*, 81, 1625-1640.

WERNICKE B. et BURCHFIELD B.C., 1982 – « *Mode of extensional tectonics* », *J. Struct. Geol.*, 4 (2), 105-115.

WILSON J.T., 1965 – « *A new class of faults and their bearing on continental drift* », *Nature*, 207, 343-347.

ZOBACK M.L., ANDERSON R.E. et THOMPSON G.A., 1981 – « *Cenozoic evolution of the state of stress and style of tectonism of the Basin and Range province of the Western United States* », *Phil. Trans. R. Soc. London*, A300, 407-434.

Chapitre 7 : La déformation ductile des roches

BARD J.P., 1980 – *Microtextures des Roches Magmatiques et Métamorphiques*, Masson, Paris, 192 p.

BERTHE D., CHOUKROUNE P. et JEGOUZO P., 1979 – « *Orthogneiss, mylonite and noncoaxial deformation of granites : the example of the South Armorican shear Zone. J. Struct.l* », *Geology*, 1, 1, pp.31-42.

BORRADAILE G.J., BAYLI M.B. et POWELL C.Mc A; Eds. 1982 – *Atlas of Deformational and Metamorphic Rock fabrics*, Springer-Verlag, Berlin, 551 p.

BOUCHEZ J.L., 1977 – *Le Quartz et la cinématique des zones ductile*, Thèse, Univ. de Nantes, 175 p.

GRATIER J.P., 1984 – *La Déformation des roches par dissolution-cristallisation. Aspects naturels et expérimentaux de ce fluage avec transfert de matière dans la croûte supérieure,* Thèse, Univ. Scient. et Méd. Grenoble, 315 p.

JAOUL O., 1990 – « *Multicomponent diffusion and creep in Olivine* », J. Geophys. Res., 95, 17631-17642.

PASSCHIER C.W. et TROUW R.A. 1996 – *Micro-tectonics,* Springer, 289 p.

PHILIBERT J., 1985 – *Diffusion et transport de matière dans les solides*, Les Éditions de Physique, Les Ulis, 472 p.

POIRIER J.P., 1985 – *Creep of Crystals*, Cambridge Univ. Press, 260 p.

QUERE Y., 1988 – *Physique des Matériaux*, Ellipse édition marketing, 464 p.

RIBE N.M. et YANG YU, 1991 – « *A theory for plastic deformation and textural evolution of olivine polycristal* », *J. Geophys.* Res., paper n090JB 02721.

SNOKE A.W., TULLIS J. et TODD V.R. 1998 – « *Fault-related rocks : A photographic Atlas* », Princeton University Press. 617 p.

SPRY A., 1969 – *Metamorphic Textures*, Pergamon Press, 350 p.

Chapitre 9 : La déformation cassante/ductile et le plissement

BENEDICTO, A., LABAUME, P., SEGURET, M. et SERANNE, M., 1996 – « *Low-angle crustal ramp and basin geometry in the Gulf of Lion passive margin : the Oligocene-Aquitanian Vistrenque graben* », SE France, *Tectonics*, 15, 6, 1192-1212, 1996.

BIOT M.A., 1961 – « *Theory of folding of stratified viscoelastic media and its implications in tectonics and orogenesis* », *Geol. Soc. Am. Bull.*, 72, 1595-1620.

COBBOLD P.R. et QUINQUIS H., 1980 – « *Development of sheat fold in shear stress regimes. In Shear zones in rocks* », J. Carreras, P.R. Cobbold, J.G. Ramsay et S.White eds. *J. Struct. Geol., 22(1/2), 119-126.*

COOKE, M.L. et UNDERWOOD, C.A., 2001 – « *Fracture termination and step-over at bedding interfaces due to frictional slip and interface opening* », *Journal of Structural Geology*, v. 23, p. 223-238.

CORBETT, K., FRIEDMAN, M. et SPANG, J., 1987 – « *Fracture development and mechanical stratigraphy of Austin chalk, Texas Amer* », *Assoc. Petroleum Geol. Bull.*, 71, 17-28.

FEODOSSIEV V., 1976 – *Résistance des Matériaux,* Mir éd., 582 p. (Traduction française, Mir, 1976).

FRIZON DE LAMOTTE, D. et BUIL, D., 2002 – « La question des relations entre failles et plis dans les zones externes des chaînes de montagnes. Ébauche d'une histoire des idées au cours du XXe siècle », *Travaux Du Comité Français D'histoire De La Géologie*, Troisième série, T.XVI.

HUDDELSTON P.J., « *Fold morphology and some geometrical implications of theories of fold development* », *Tectonophysics*, 16, 1-46.

MISSENARD, Y., TAKI, Z., FRIZON DE LAMOTTE, D., BENAMMI, M., HAFID, M., LETURMY, P. and SÉBRIER, M., 2007 – « *Tectonic styles in the Marrakesh High Atlas (Morocco): The role of heritage and mechanical stratigraphy* », *Journal of African Earth Sciences*, 48 (4), 247-266.

MITRA, S. 2002 – « *Structural models of faulted detachment folds* », *AAPG bull.* 86(9), 1673-1694.

NASH W.A., 1974 – *Résistance des matériaux, 1. Cours et Problèmes*, McGraw Hill, 211 p. (éd. Française, McGraw Hill, Paris, 1977).

RAMBERG H., 1963 – « *Fluid dynamics of viscous buckling applicable to folding of layered rocks* », *Bull. Am. Assoc. Petr. Geol.*, 47, 484-515.

RICH, J.L., 1934 – « *Mechanics of low-angle overthrust faulting as illustrated by Cumberland Thrust Block* », Virginia, Kentucky, and Tennessee, *Amer. Assoc. Petroleum Geol. Bull.*, 18, p. 1584-1596.

TEIXELL, A., ARBOLEYA, M.L., JULIVERT, M. et CHARROUD, M., 2003 – « *Tectonic shortening and topography in the central High Atlas (Morocco)* », *Tectonics*, 22 (5), 1051, doi:10.1029/2002TC001460T.

SUPPE, J., 1985 – « *Principles of structural geology* », Prentice-Hall Inc, Englewood Cliffs, 537 p.

WISS R.J., 1988 – « *Description and classification of folds in single surfaces* », *J. Struct. Geol.*, 10, (6), 607-623.

Chapitre 10 : La tectonique cassante/ductile régionale

AUBOUIN J. et PLAUCHUT B., (eds), 1986 – « Géologie des Cordillères Nord-Américaines », Séance spécialisée de la Soc. Géol. France. Paris (22-23/4/1985), *Bull. Soc. Geol. France,* (8),II, (5), 681-860.

BONNET C., MALAVIELLE J. et MOSAR J. 2008 – « *Surfaces processes versus kinematics of thrust belts : impact on rates of erosion, sedimentation and exhumation – insights from analogue models* », *Bull. Soc. géol. Fr.* t.179, 3, 297-314.

BONINI M., 2007 – « *Deformation patterns and structural vergence in brittle-ductile thrust wedges ; An additional analogue modeling perspective* », *J. Struct. Geology*, 29, 141-158.

BRUN J.P. et FACENNA C., 2008 – « *Exhumation of high-pressure rocks driven by slab rollback* », *Earth and Planetary Sciences letters*, 272, p.1-7.

BRUN J.P. et VAN DEN DRIESSCHE J., 1994 – « *Extensional gneiss domes and detachment fault systems : structure and kinematics* », *Bull. Soc. Géol. France*, 165, pp.519-530.

BUROV E., JOLIVET L., LE POURHIET L. et POLIAKOV A., 2001 – « *A thermomechanical model of exhumation of HP and UHP metamorphic rocks in Alpine mountain belts* », *Tectonophysics*, v.342, 113-136.

CHEMENDA A.J., 1994 – *Subduction: insights from physical modeling*, *Kluwer*, Dordrecht, 215 p.

CONEY P.J., 1980 – « *Cordilleran metamorphic core complexes : an overview* », *In* ML. CRITTENDEN., P.J.CONEY et G.H.DAVIS Eds., Cordilleran metamorphic core complexes, *Geol Soc. Amer. Mem.*, 153, 7-34.

CAIRE A., 1960-63 – « Problèmes de tectonique et de morphologie jurassienneé », *Mém. Soc. Géol. France*, Livre à la mémoire du Prof. P. Fallot, t.II,105-158.

DAVIS D.M. et ENGELDER T., 1985 – « *The role of salt in fold-and-thrust belts* », *Tectonophysics,* 119, 67-88.

DAVIS, D., SUPPE, J. et DAHLEN, F.A., 1983 – « *Mechanics of Fold-and-Thrust Belts and Accretionary Wedges* », *Journal of Geophysical Research*, vol. 88, n°. B2, 1153-1172.

DEBELMAS J., 1974 – « Les Alpes Franco-Italiennes », *Géologie de la France,* Doin, Paris, 540 p.

GLANGEAUD L., 1953 – « Tectonique comparée des nappes de glissement dans le Jura bressan et diverses régions méditerranéennes », *Bull. Soc. Géol. France*, (6), III, 697-702.

JOLIVET L., BRUN J.P., MEYER B., PROUTEAU G., ROUCHY JM. et SCAILLET B ., 2008 – *Géodynamique méditerranéenne*, Vuibert et SGF Eds., 218 p.

JOLIVET l., FACENNA C., GOFFE B., BUROV E. et AGARD Ph., 2003 – « *Subduction tectonics and exhumation of high-pressure metamorphic rocks in the Mediterranean orogens* », *American Journal of Sciences,* vol. 303, p. 353-409.

MOLINARO, M., ZEYEN, H. et LAURENCIN, X., 2005a • « *Lithospheric structure beneath the south-eastern Zagros Mountains, Iran : recent slab break-off ?* », *Terra Nova,* Volume 17, Issue 1, 1–6.

MOLINARO, M., LETURMY, P., GUEZOU, J.-C. et FRIZON DE LAMOTTE, D., 2005b – « *The structure and kinematics of the southeastern Zagros fold-thrust belt, Iran : From thin-skinned to thick-skinned tectonics* », *Tectonics*, vol. 24, tc3007, doi:10. 1029/2004tc001633.

MUGNIER J.L. et VIALON P., 1986 – « *Deformation and displacement of the Jura cover on its basement* », *J. Struct. Geol.,* 8 (3/4), 373-387.

ROURE F., HEITZMANN P. et POLINO R., 1990 – « *Deep structure of the Alps* », *Mém. Soc. Géol. Fr.,* Paris. 156 ; *Mém. Soc . Géol Suisse*, Zürich,1 ; *Vol. sp. Soc. Geol. It.* Roma, 1, 367 p.

SHERKATI, S. et LETOUZEY, J., 2004 • « *Variation of structural style and basin evolution in the central Zagros (Izeh zone and Dezful Embayment), Iran* », *Mar. Pet. Geol.,* 21(5), 535-554.

TIREL C., BRUN JP. et BUROV E. , 2004 – « *Thermo-mechanical modeling of extensional gneiss domes* », *Gneiss domes in orogeny,* edited by WHITNEY D.L., Boulder, Colorado, p.67-78.

ZEYEN H. et FERNANDEZ M., 1994 – « *Integrated lithospheric modelling combining thermal, gravity, and local isostasy analysis : Application to the NE Spanish Geotransect* », *Journal of Geophysical Research*, 99, 18,089-18,102.

INDEX

Pour l'éditeur, le principe est d'utiliser des papiers composés de fibres naturelles, renouvelables, recyclables et fabriquées à partir de bois issus de forêts qui adoptent un système d'aménagement durable. En outre, l'éditeur attend de ses fournisseurs de papier qu'ils s'inscrivent dans une démarche de certification environnementale reconnue.

055536 - (I) - (1,2) - OSB 80° - EPR - GCO

Achevé d'imprimer sur les presses de
Snel
Z.I. des Hauts-Sarts - Zone 3
Rue Fond des Fourches 21 – B-4041 Vottem (Herstal)
Tél +32(0)4 344 65 60 - Fax +32(0)4 286 99 61
août 2011 – 54953

Dépôt légal : septembre 2011
Dépôt légal 1re édition : janvier 1992

Imprimé en Belgique